国家级实验教学示范中心联席会
计算机学科组规划教材

新编C/C++程序设计教程

谢萍 李廷顺 周蓉 主编

清华大学出版社
北京

内 容 简 介

计算机高级语言经历了从面向过程到面向对象的发展历程，C语言以及在其基础上发展而来的C++和C#是其中的典型代表。本书将理论知识与实践案例相结合，介绍了C/C++以及C#程序设计的相关内容，由浅入深地介绍了程序设计基础知识、结构化程序设计方法（顺序结构、选择结构和循环结构程序设计）、用数组处理批量数据、用函数实现模块化程序设计、用指针访问内存中的数据、用自定义数据类型描述复杂数据、用文件保存数据、编译预处理、面向对象程序设计等内容。每个知识点均配有完整的示例程序，有利于读者理解和掌握。每章都提供了适量的习题，帮助读者巩固所学知识。

本书结构合理，重难点突出，逻辑性强，通俗易懂，可作为高等院校非计算机专业学生的程序设计入门课程的教材，也可作为成人教育及相关培训机构的教材。

版权所有，侵权必究。举报：010-62782989，beiqinquan@tup.tsinghua.edu.cn。

图书在版编目（CIP）数据

新编C/C++程序设计教程/谢萍，李廷顺，周蓉主编. --北京：清华大学出版社，2025.6.
（国家级实验教学示范中心联席会计算机学科组规划教材）. -- ISBN 978-7-302-69221-8

Ⅰ. TP312.8

中国国家版本馆CIP数据核字第2025SN7268号

责任编辑：龙启铭
封面设计：刘　键
责任校对：徐俊伟
责任印制：刘海龙

出版发行：清华大学出版社
网　　址：https://www.tup.com.cn，https://www.wqxuetang.com
地　　址：北京清华大学学研大厦A座　　邮　编：100084
社　总　机：010-83470000　　邮　购：010-62786544
投稿与读者服务：010-62776969，c-service@tup.tsinghua.edu.cn
质　量　反　馈：010-62772015，zhiliang@tup.tsinghua.edu.cn
课　件　下　载：https://www.tup.com.cn，010-83470236
印　装　者：三河市君旺印务有限公司
经　　销：全国新华书店
开　　本：185mm×260mm　　印　张：18.75　　字　数：455千字
版　　次：2025年6月第1版　　印　次：2025年6月第1次印刷
定　　价：59.00元

产品编号：111267-01

前 言

互联网的发展和各种智能设备的普及,正深刻地影响和改变着人们的生活与工作方式,计算机已经广泛地应用于信息管理、电子商务、在线教育等诸多领域。计算机的本质是"程序的机器",通过学习程序设计,可以使读者更好地理解计算机的工作原理,掌握用计算机处理问题的方法,培养计算思维,提高分析问题和解决问题的能力,适应社会的发展。

计算机程序设计语言经历了从机器语言、汇编语言到高级语言,从面向过程到面向对象的发展历程。每种程序设计语言都有其特定的用途和不同的发展轨迹,C 语言以及在其基础上发展而来的 C++和 C#是其中的典型代表。C 语言是面向过程的语言,大部分院校将其作为程序设计的入门语言。C++和 C#均为面向对象的语言。C++在 C 语言的基础上增加了面向对象的概念,使程序设计更接近人类的思考方式,侧重于类的设计而不是逻辑的设计。C#基于.NET 框架,能简便快速地开发 Windows 窗体应用程序和 Web 应用程序。

本书以党的二十大报告指出的"实施科教兴国战略,强化现代化建设人才支撑"为指导思想,符合程序设计类课程的基本要求。编者结合教学实践,针对非计算机类专业的学生,在内容上进行了合理取舍,且每个知识点均配有完整的示例程序,有利于读者理解和掌握,大大降低了初学者学习的难度。

本书共 11 章,每章都提供了适量的习题,帮助读者巩固所学知识。第 1 章介绍了计算机内部信息的表示以及 C 程序的基本语法,目的是让读者在学习编程时不仅要"知其然",更要"知其所以然",并初步了解 C 语言程序设计的基本语法。第 2 章、第 3 章和第 4 章介绍了 C 语言结构化程序设计的 3 种基本结构(顺序结构、选择结构和循环结构),目的是让读者掌握简单程序的编写方法,并初步具备计算思维能力。第 5 章介绍了一维数组、二维数组和字符数组,目的是让读者掌握处理同类型批量数据的方法。第 6 章介绍了函数的定义、调用、返回值、参数传递和变量作用域等知识,目的是让读者在处理复杂问题时建立模块化的程序设计思想,进一步提高编程能力。第 7 章介绍了通过指针访问变量和数组的方法，目的是让读者了解计算机内存的访问方法。第 8 章介绍了结构体和枚举等自定义数据类型，目的是让读者掌握描述复杂数据的方法。第 9 章介绍了文本文件和二进制文件的读写方法，目的是让读者了解计算机长期存储数据的方法。第 10 章介绍了宏定义、文件包含、条件编译等预处理命令，目的是让读者了解编译预处理的功能。第 11 章主要介绍了面向对象程序设计以及 Windows 窗体应用程序设计，通过"图书借阅系统"示例对 Windows 窗体各种控件的用法进行了讲解，注重实用性，使读者具备初步的面向对象编程能力。

本书由谢萍、李廷顺和周蓉主编，三位编者多年从事高校程序设计类课程教学工作，教学经验丰富。其中，第 1 章、第 2 章、第 3 章、第 4 章、第 8 章、第 9 章和第 10 章由谢萍编写，第 5 章、第 6 章和第 7 章由周蓉编写，第 11 章由李廷顺编写。全书由谢萍统稿。

为更好地辅助教师使用本书进行教学工作，本书提供了配套的 PPT 课件、电子教案、习题答案、示例程序等教学资源。

由于编者水平有限，书中难免有错误和不妥之处，恳请广大读者批评指正。

编　者

2025 年 2 月

目 录

第1章 程序设计基础知识 1
1.1 计算机内部信息的表示 2
1.1.1 数值信息的表示 2
1.1.2 西文字符编码 5
1.1.3 汉字编码 6
1.2 程序设计语言 6
1.2.1 程序设计语言的发展历程 6
1.2.2 C程序的结构 7
1.3 执行C程序 10
1.3.1 执行C程序的基本步骤 10
1.3.2 使用VS2022执行C程序 10
1.3.3 调试C程序 14
1.4 C程序的基本语法 16
1.4.1 标识符 16
1.4.2 基本数据类型 16
1.4.3 运算符与表达式 19
1.5 结构化程序设计方法 24
习题 25

第2章 顺序结构程序设计 27
2.1 认识顺序结构 28
2.2 C语言语句 28
2.3 数据的输入输出 29
2.3.1 用printf()函数输出数据 30
2.3.2 用scanf()函数输入数据 33
2.3.3 字符数据的输入输出 36
2.4 顺序结构程序设计示例 38

习题 39

第 3 章 选择结构程序设计 43
3.1 认识选择结构 44
3.2 关系运算和逻辑运算 44
3.2.1 关系运算 45
3.2.2 逻辑运算 46
3.3 用 if 语句实现选择结构 48
3.3.1 二路分支的 if-else 语句 48
3.3.2 单路分支的 if 语句 50
3.3.3 多路分支的 if-else if 语句 52
3.3.4 if 语句的嵌套 54
3.4 用条件运算符实现选择结构 55
3.5 用 switch 语句实现选择结构 57
3.6 选择结构程序设计示例 59
习题 63

第 4 章 循环结构程序设计 66
4.1 认识循环结构 67
4.2 用 while 语句实现循环结构 68
4.3 用 do-while 语句实现循环结构 70
4.4 用 for 语句实现循环结构 72
4.5 三种循环语句的比较 74
4.6 循环控制语句 74
4.6.1 用 break 语句提前退出循环 75
4.6.2 用 continue 语句提前结束本次循环 76
4.7 循环结构嵌套 77
4.8 循环结构程序设计示例 80
习题 85

第 5 章 用数组处理批量数据 89
5.1 认识数组 90
5.2 一维数组 91
5.2.1 一维数组的定义和引用 91
5.2.2 一维数组的存储和初始化 92
5.2.3 一维数组应用示例 93
5.3 二维数组 99
5.3.1 二维数组的定义和引用 99
5.3.2 二维数组的存储和初始化 101
5.3.3 二维数组应用示例 102
5.4 字符数组与字符串 107

  5.4.1 字符数组的定义和引用 107
  5.4.2 字符串和字符串结束标志 108
  5.4.3 字符串的输入输出 109
  5.4.4 字符串处理函数 113
  5.4.5 字符串应用示例 114
 习题 117

第 6 章 用函数实现模块化程序设计 120
 6.1 认识函数 121
 6.2 函数定义 121
 6.3 函数调用 123
 6.4 函数返回值 124
 6.5 函数声明 125
 6.6 函数参数传递 127
  6.6.1 值传递 127
  6.6.2 地址传递 128
 6.7 函数嵌套调用 130
 6.8 递归函数与递归调用 131
 6.9 变量的作用域 134
  6.9.1 局部变量 134
  6.9.2 全局变量 135
  6.9.3 变量的存储类型和生存期 137
 6.10 函数应用示例 140
 习题 145

第 7 章 用指针访问内存中的数据 150
 7.1 认识指针 151
 7.2 指针变量的声明和初始化 151
 7.3 通过指针访问变量 152
 7.4 通过指针访问数组 155
 7.5 指针作为函数参数 157
 7.6 指针应用示例 158
 习题 160

第 8 章 用自定义数据类型描述复杂数据 165
 8.1 结构体 166
  8.1.1 定义结构体类型 166
  8.1.2 定义和引用结构体变量 166
  8.1.3 结构体数组 169
  8.1.4 结构体指针 171
  8.1.5 结构体作为函数参数 173

8.1.6 结构体应用示例 174
8.2 枚举 177
  8.2.1 定义枚举类型 177
  8.2.2 定义枚举变量 178
  8.2.3 枚举应用示例 179
8.3 用 typedef 语句定义新类型名 179
习题 181

第 9 章 用文件保存数据 185
9.1 认识文件 186
9.2 文件的打开与关闭 187
  9.2.1 文件指针 187
  9.2.2 用 fopen()函数打开文件 187
  9.2.3 用 fclose()函数关闭文件 188
9.3 文件的读写 188
  9.3.1 读写文本文件 189
  9.3.2 读写二进制文件 194
  9.3.3 随机读写文件 197
9.4 文件应用示例 199
习题 202

第 10 章 编译预处理 204
10.1 认识编译预处理 205
10.2 宏定义 205
10.3 文件包含 207
10.4 条件编译 207
10.5 编译预处理应用示例 209
习题 210

第 11 章 面向对象程序设计 213
11.1 认识类和对象 214
  11.1.1 类 214
  11.1.2 对象 215
  11.1.3 类的封装 215
  11.1.4 类的继承与派生 216
  11.1.5 类的多态 216
  11.1.6 在 C#中验证类和对象的执行结果 218
11.2 C#语言基础 222
11.3 Windows 窗体应用程序设计 225
  11.3.1 Windows 窗体应用程序开发过程 226
  11.3.2 Windows 窗体中的控件 231

11.4 窗体应用程序设计示例——图书借阅系统 ... 233
    11.4.1 图书借阅系统介绍 ... 233
    11.4.2 创建图书借阅系统项目 ... 234
    11.4.3 创建图书借阅系统中的类 ... 235
    11.4.4 创建管理员登录窗体 ... 240
    11.4.5 创建主界面窗体 ... 242
    11.4.6 创建学生注册窗体 ... 243
    11.4.7 创建教工注册窗体 ... 244
    11.4.8 创建查找借阅人窗体 ... 246
    11.4.9 创建借阅人注销窗体 ... 251
    11.4.10 创建新书上架窗体 ... 253
    11.4.11 创建旧书作废窗体 ... 254
    11.4.12 创建管理数据库表窗体 ... 256
    11.4.13 创建借书窗体 ... 260
    11.4.14 创建还书窗体 ... 264
    11.4.15 创建借书清单窗体 ... 268
习题 ... 269

附录 272

附录A ASCII 码表 ... 272
附录B C语言的运算符 ... 273
附录C C语言常用库函数 ... 274
附录D 图书借阅系统中的类代码 ... 276

第 1 章

程序设计基础知识

CHAPTER 1

程序设计是采用某种语言编写出解决特定问题的计算机程序的过程，而计算机程序以二进制的形式存放在存储器中，因此掌握计算机内部信息的表示以及 C 程序的基本语法是 C 程序设计的基础。

学习目标
- 掌握数值、西文字符以及汉字等信息在计算机内部的表示形式。
- 掌握 C 语言的基本语法。
- 了解结构化程序设计方法。

1.1 计算机内部信息的表示

计算机是用于信息处理的工具,任何形式的信息(数值、西文字符、汉字等)都必须转换成二进制的形式后,才能由计算机进行处理、存储和传输。也就是说,计算机只能识别二进制信息,计算机内部是一个二进制的世界。

1.1.1 数值信息的表示

虽然计算机只能识别和处理二进制信息,但在编写程序时,编程人员通常采用十进制的形式表示数值信息,有时也会采用八进制或十六进制的形式来简化二进制的书写。因此,有必要了解数值信息的表示形式及各种进制之间的关系,以及数值信息在计算机内的存储。

1. 数制

数制也称为进位计数制,是指用一组固定的符号和统一的规则来表示数值的方法。进位计数制由以下三部分构成。

(1)数码:一组用来表示某种数值的符号,如 0、1、2、3、4、5、6、7、8、9 等。

(2)基数:数制所用的数码个数,用 R 表示,称 R 进制,其进位规律为"逢 R 进一"。

(3)位权:数码在不同位置上的权值。数的值不仅仅取决于数码的大小,还取决于它所在的位置。

2. 常见的进位计数制

常见的进位计数制有十进制、二进制、八进制和十六进制等。

(1)十进制。

十进制数由 0~9 共 10 个数码组成,基数为 10,位权为以 10 为底的幂。例如,$(199.16)_{10}= 1\times 10^2+9\times 10^1+9\times 10^0+1\times 10^{-1}+6\times 10^{-2}$。

(2)二进制。

二进制数由 0 和 1 共两个数码组成,基数为 2,位权为以 2 为底的幂。例如,$(101.01)_2= 1\times 2^2+0\times 2^1+1\times 2^0+0\times 2^{-1}+1\times 2^{-2}=(5.25)_{10}$。

(3)八进制。

八进制数由 0~7 共 8 个数码组成,基数为 8,位权为以 8 为底的幂。例如,$(75.36)_8= 7\times 8^1+5\times 8^0+3\times 8^{-1}+6\times 8^{-2}=(61.46875)_{10}$。

(4)十六进制。

十六进制数由 0~9 和 A~F(或 a~f)共 16 个数码组成,其中 A~F 分别表示 10~15,基数为 16,位权为以 16 为底的幂。例如,$(9F5.C8)_{16} = 9\times 16^2+15\times 16^1+5\times 16^0+12\times 16^{-1}+ 8\times 16^{-2}=(2549.78125)_{10}$。

3. 数制转换

数值信息可以用二进制、十进制、八进制和十六进制等各种形式来表示,虽然表示形式不同,但它们是等值的,对比下面几组数值数据。

$(158)_{10}=(10011110)_2=(236)_8=(9E)_{16}$

$(100)_{10}=(1100100)_2=(144)_8=(64)_{16}$

(1)R 进制数转换为十进制数。

将 R 进制数转换为十进制数,采用按位权展开求和的方法。整数部分的位序号从 0 开始,从右向左依次增 1;小数部分的位序号从 -1 开始,从左向右依次减 1。因此,R 进制数位序号为 n 对应的位权就是以 R 为底的 n 次幂,得到的累加和就是等值的十进制数。

【例 1-1】 分别将 $(1101.01)_2$、$(3506.24)_8$、$(8FC7.2A)_{16}$ 转换为十进制数。

$(1101.01)_2 = 1\times 2^3 + 1\times 2^2 + 0\times 2^1 + 1\times 2^0 + 0\times 2^{-1} + 1\times 2^{-2}$
$\qquad = 8+4+0+1+0+0.25=(13.25)_{10}$

$(3506.24)_8 = 3\times 8^3 + 5\times 8^2 + 0\times 8^1 + 6\times 8^0 + 2\times 8^{-1} + 4\times 8^{-2}$
$\qquad = 1536+320+0+6+0.25+0.0625=(1862.3125)_{10}$

$(8FC7.2A)_{16} = 8\times 16^3 + 15\times 16^2 + 12\times 16^1 + 7\times 16^0 + 2\times 16^{-1} + 10\times 16^{-2}$
$\qquad = 32768+3840+192+7+0.125+0.039=(36807.164)_{10}$

(2)十进制数转换为 R 进制数。

将十进制数转换为 R 进制数时,需要将整数部分和小数部分分别进行转换。

① 整数部分采用除 R 取余法。将十进制整数不断除以 R 取余数,直到商为 0。所得的余数从右到左排列,首次得到的余数排在最右边。

② 小数部分采用乘 R 取整法。将十进制小数不断乘以 R 取整数,直到小数部分为 0 或达到要求的精度为止(小数部分可能永远不会为 0)。所得的整数在小数点后从左到右排列,首次得到的整数排在最左边。因此十进制小数转换为二进制时可能存在转换误差。

【例 1-2】 将 $(57.3125)_{10}$ 转换为二进制数。

```
    整数部分              小数部分      取整数位
 2 │ 57    余数        0.3125×2=0.625    0    高位
 2 │ 28     1   低位   0.625×2=1.25      1     │
 2 │ 14     0    │    0.25×2=0.5        0     │
 2 │  7     0    │    0.5×2=1.0         1    低位
 2 │  3     1    │
 2 │  1     1    │
       0    1   高位
```

因此 $(57.3125)_{10}=(111001.0101)_2$。

【例 1-3】 将 $(426.12)_{10}$ 转换为八进制数。

```
    整数部分              小数部分       取整数位
 8 │ 426   余数  低位    0.12×8=0.96      0    高位
 8 │  53    2     │     0.96×8=7.68      7     │
 8 │   6    5     │     0.68×8=5.44      5     │
       0    6    高位   0.44×8=3.52      3    低位
```

因此 $(426.12)_{10}=(652.0753)_8$。

(3)二进制数转换为八进制数或十六进制数。

由于 $2^3=8$,$2^4=16$,即 1 位八进制数相当于 3 位二进制数,1 位十六进制数相当于 4 位二进制数。因此,二进制数转换成八进制数或十六进制数的方法很简单,只要把二进制数按 3 位或 4 位分组，然后写出每组对应的八进制数或十六进制数即可。

转换方法为：从小数点处开始向左右两边每 3 位（或 4 位）划为一组；向左划分时若最左边的一组不足 3 位（或 4 位），在最左边补 0，凑齐 3 位（或 4 位）；向右划分时若最右边的一组不足 3 位（或 4 位），就在最右边补 0，凑齐 3 位（或 4 位），然后把每 3 位（或 4 位）二进制数转换为 1 位八进制数（或十六进制数）。

【例 1-4】 将 $(11100110101.11011)_2$ 转换为八进制数和十六进制数。

<u>011</u> <u>100</u> <u>110</u> <u>101</u> . <u>110</u> <u>110</u> = $(3465.66)_8$

<u>0111</u> <u>0011</u> <u>0101</u> . <u>1101</u> <u>1000</u> = $(735.D8)_{16}$

（4）八进制数或十六进制数转换为二进制数。

八进制数或十六进制数转换为二进制数方法为：依次把八进制数（十六进制数）的每一位分解为 3 位（或 4 位）二进制数即可，整数部分的高位 0 和小数部分的低位 0 可以省略。

【例 1-5】 将 $(225)_8$ 和 $(F7.28)_{16}$ 转换为二进制数。

$(225)_8$ = <u>010</u> <u>010</u> <u>101</u> = $(10010101)_2$

$(F7.28)_{16}$ = <u>1111</u> <u>0111</u> . <u>0010</u> <u>1000</u> = $(11110111.00101)_2$

4. 数值信息的表示

数值在计算机中的表示形式称为机器数。机器数可以分为无符号数和有符号数两种。对于有符号数，其正、负符号也只能以 0 或 1 表示。通常把二进制数的最高位定义为符号位，用 0 表示正，1 表示负，其余位表示数值。例如，以计算机字长 8 位为例，十进制数–5 的机器数表示为 10000101，十进制数 100 的机器数表示为 01100100。

为了便于实现运算，计算机中将整数的机器数以补码的形式进行存储，在运算时把符号位当作数值参与运算，这样就可以不用单独考虑符号位的问题。

（1）整数的补码表示。

对于正数，其符号位为 0，数值位就是其对应的二进制数；对于负数，其符号位为 1，将其数值位按位取反（1 变 0，0 变 1）后在最低位加 1。例如，以计算机字长 8 位为例，十进制数–5 和 100 的补码表示为 $[-5]_{补}$ = 11111011，$[100]_{补}$ = 01100100。

采用补码表示后，二进制的减法可以用其补码的加法来实现，简化了计算机的硬件电路。补码运算的基本规则为 $[X]_{补} + [Y]_{补} = [X+Y]_{补}$，且 $[[X]_{补}]_{补} = X$。

【例 1-6】 假设计算机字长为 8 位，计算 8−5。

$[8]_{补}$ = 00001000，$[-5]_{补}$ = 11111011，由式子 8−5 = 8 +(−5)可得计算竖式如下。

```
   0 0 0 0 1 0 0 0
 + 1 1 1 1 1 0 1 1
 ───────────────────
 1 0 0 0 0 0 0 1 1
```

由于计算机字长是 8 位，因此最高位进位自动丢弃，运算结果符号位为 0，是正数，结果为 3。

【例 1-7】 假设计算机字长为 8 位，计算−123+76。

$[-123]_{补}$ = 10000101，$[76]_{补}$ = 01001100，可得计算竖式如下。

```
  1 0 0 0 0 1 0 1
+ 0 1 0 0 1 1 0 0
  1 1 0 1 0 0 0 1
```

运算结果符号位为 1，是负数，结果为–47（需要对计算结果再求补码）。

不同计算机字长的二进制位数所能表示的整数范围如表 1-1 所示。

表 1-1 不同的二进制位数表示的整数范围

二进制位数	无符号整数的表示范围	有符号整数的表示范围
8	0～255（2^8-1）	–128（-2^7）～127（2^7-1）
16	0～65535（$2^{16}-1$）	–32768（-2^{15}）～32767（$2^{15}-1$）
32	0～4294967295（$2^{32}-1$）	–2147483648（-2^{31}）～2147483647（$2^{31}-1$）

（2）实数的浮点表示。

实数的浮点表示是指小数点的位置不固定。任意一个十进制实数都可以表示为一个纯小数与一个以 10 为底的整数次幂的乘积，例如，十进制数 135.67 可以表示为 $0.13567×10^3$。同理，任意一个二进制实数也可以表示为一个纯小数与一个以 2 为底的整数次幂的乘积。例如，二进制实数 11101.11 可以表示为 $0.1110111×2^{101}$。

在计算机中存储实数时，小数点本身是隐含的，不占用存储空间。计算机将实数分为数符、阶码和尾数三个部分存放。例如，二进制实数 $0.1110111×2^{101}$ 的存储形式如图 1-1 所示。阶码用整数表示，阶码所占的位数决定了实数的表示范围；尾数用纯小数表示，尾数所占的位数确定了实数的精度。

| 数符 0（正数） | 阶码 101 | 尾数 1110111 |

图 1-1 二进制实数 $0.1110111×2^{101}$ 的存储形式

1.1.2 西文字符编码

目前世界上最流行的西文字符编码是 ASCII 码，即美国信息交换标准代码（American Standard Code for Information Interchange）。ASCII 码用 7 位二进制数编码来表示字符，共可以表示 128 个字符。在计算机中存储时，1 个字符占用 1 字节（8 位二进制），一般情况下，最高位设置为 0。

例如，小写字母'a'、大写字母'A'、数字字符'0'在计算机中的存储形式如表 1-2 所示。这里要注意 0 和'0'的区别，0 是数值，'0'是字符。其他字符的 ASCII 码值详见附录 A。

表 1-2 西文字符编码

西文字符	ASCII 码值	计算机内部的表示
'a'	97	01100001
'A'	65	01000001
'0'	48	00110000

1.1.3 汉字编码

汉字在计算机中同样也只能采用二进制的数字编码。汉字数量大且复杂，常用的汉字也有几千个之多，显然用一字节存储是不够的。目前的汉字编码方案有二字节、三字节甚至四字节的，本书主要介绍《国家标准信息交换用汉字编码》（GB2312-1980），简称国标码。

国标码是二字节码，用两个 7 位二进制数编码表示一个汉字。国标码共收录汉字、字母、图形等字符 7445 个，其中汉字 6763 个，含一级汉字（最常用）3755 个。例如，汉字"中"的国标码是$(5650)_{16}$，"华"的国标码是$(3B2A)_{16}$。

在计算机内部，汉字编码与西文字符编码是共存的，为了区分汉字和西文字符，将汉字编码每字节的最高位置 1，使得汉字编码每字节的值都大于 128，而西文字符编码每字节的值都小于 128。例如，汉字"中"和"华"两个汉字在计算机中存储的形式如表 1-3 所示。

表 1-3 汉字编码

汉字	国标码		计算机内部的表示	
中	$(5650)_{16}$	01010110 01010000	$(D6D0)_{16}$	11010110 11010000
华	$(3B2A)_{16}$	00111011 00101010	$(BBAA)_{16}$	10111011 10101010

1.2 程序设计语言

要使计算机能够按照人的意志完成某项任务，首先必须制定好完成该任务的执行方案，再将其分解成计算机所能识别并可以执行的指令序列，这些指令序列就是程序。程序需要使用程序设计语言来编写。

1.2.1 程序设计语言的发展历程

计算机程序设计语言的发展经历了从机器语言、汇编语言到高级语言的历程。

1. 机器语言

机器语言是由 0 和 1 组成的二进制指令。计算机能够直接识别和执行用机器语言编写的程序，但机器语言是针对特定计算机型号的语言，不同计算机型号的指令系统往往各不相同，只有计算机专业人士才能掌握，不通用。

2. 汇编语言

为了克服机器语言难以掌握的问题，人们便用一些简洁的英文字母、符号来替代特定的二进制指令，这种符号化的语言称为汇编语言。例如，用 ADD 代表加法，用 MOV 代表数据传递等。由于二进制指令与具体的计算机型号相关，因此汇编语言也是针对特定计算机型号的语言，即面向机器的语言。

显然，计算机是不认识这些符号的，这就需要一个专门的程序负责将这些符号翻译成二进制的机器语言，这种翻译程序称为汇编程序。

3. 高级语言

由于机器语言和汇编语言都依赖于具体的计算机型号，所以通常将它们统称为低级语言。为了解决低级语言所面临的问题，人们意识到，应该设计一种高级语言，这种语言接近于数学语言或人类的自然语言，同时又不依赖于计算机型号，编写出的程序能在任何型号的计算机上执行。

用高级语言编写的程序称为源程序。源程序是不能在计算机中直接执行的，必须将其翻译成机器指令才能在计算机中执行。将源程序翻译成机器指令的方式有编译方式和解释方式两种。

（1）编译方式。通过编译程序将源程序全部翻译成机器语言程序（一般称为目标程序），然后通过连接程序将目标程序与系统提供的库函数连接在一起，形成可执行程序。可执行程序是可以在计算机中直接执行的程序。

（2）解释方式。通过解释程序逐语句翻译执行，即翻译一条执行一条，不产生目标程序，每次执行都要重新翻译。

从 1954 年第一个高级语言问世以来，至今已达数百种，主要有 Basic、C、C++、C#、Java、Python 等。其中 Basic 和 C 是面向过程的结构化程序设计语言，C++、C#、Java 和 Python 是面向对象的程序设计语言。

1.2.2　C 程序的结构

为了说明 C 程序的结构，首先学习两个简单的 C 程序，虽然有关内容还未介绍，但读者可从这些例子中了解到一个 C 程序的基本组成部分和书写格式。

1. 简单的 C 程序举例

【例 1-8】在显示器屏幕上输出"This is a C program."。

示例程序如下（左侧的数字是行号）。

```
1    #include <stdio.h>                  /*编译预处理命令*/
2    int main()                          /*主函数*/
3    {                                   /*函数开始标志*/
4        printf("This is a C program.\n");  /*输出指定的信息*/
5        return 0;                       /*函数结束时返回 0,表示正常结束*/
6    }                                   /*函数结束标志*/
```

程序执行结果如下。

```
This is a C program.
```

程序结构分析：

（1）程序共 6 行，每一行都有用"/*"和"*/"括起来的内容，这是程序的注释部分。在程序中适当加上注释有助于读者对程序的理解。

（2）第 1 行中的"#include"是编译预处理命令，其含义是把指定的文件包含到本程序中来。被包含的文件通常是由系统提供的，其扩展名为".h"，因此也称为头文件。如果本例中没有将"stdio.h"文件包含进来，将无法使用 printf()函数。

（3）第 2 行中的 main()是主函数，任何 C 程序都必须有且只有一个 main()函数。main()函数后面的圆括号不能省略，函数体由一对花括号（第 3 行和第 6 行）括起来。main()前面的 int 表示该函数的类型，表明在执行完该函数后会得到一个整数。

（4）第 4 行中的 printf()是 C 语言提供的格式输出函数，其功能是在显示器屏幕上输出指定的信息，其中"\n"是换行符，该语句以分号结束。

（5）第 5 行中"return 0"的作用是在 main()函数执行结束前把整数 0 作为函数值返回。

【例 1-9】 输入圆的半径，求圆的周长。

示例程序如下（左侧的数字是行号）。

```
1    #include <stdio.h>
2    #define PI 3.1415926          /*定义 PI 为圆周率，PI 为符号常量*/
3    int main()                    /*主函数*/
4    {
5        float r, circum;          /*定义半径变量 r、周长变量 circum*/
6        float get_circum(float r); /*声明 get_circum()函数*/
7        printf("请输入圆的半径: "); /*输出提示信息*/
8        scanf("%f", &r);          /*从键盘输入圆的半径保存到 r 中*/
9        circum=get_circum(r);     /*调用 get_circum()函数计算周长*/
10       printf("圆的周长为%.2f\n", circum);   /*输出结果*/
11       return 0;
12   }
13   float get_circum(float r)     /*定义 get_circum()函数*/
14   {
15       return (2*PI*r);          /*返回周长值*/
16   }
```

程序执行结果如下。

```
请输入圆的半径: 1.5
圆的周长为 9.42
```

程序结构分析：

（1）第 2 行中的"#define"是一个编译预处理命令，用来定义符号常量 PI。由于西文字符中没有 π 这个字符，所以这里用 PI 来代表圆周率 3.1415926。

（2）第 4 行，main()函数开始。

（3）第 5 行定义半径变量 r 和周长变量 circum 为 float 型（实型）。

（4）第 6 行是对 get_circum()函数的声明。因为在 main()函数中要调用这个函数（程序第 9 行），而 get_circum()函数的定义是在 main()函数之后，所以必须进行函数声明。

（5）第 8 行中的 scanf()是格式输入函数，其功能是通过键盘为变量 r 输入一个数值。

（6）第 9 行用 get_circum(r)的形式调用 get_circum()函数，将半径变量 r 的值传递给函数的参数，然后执行函数体，返回 2*PI*r 的计算结果作为函数值，并赋值给变量 circum。

（7）第 12 行，main()函数结束。

（8）第 13 行开始是 get_circum()函数的定义，其函数体也在一对花括号内。主函数

main()与 get_circum()函数之间是并列关系。无论主函数 main()在程序的什么位置，程序都是从主函数开始执行，并且程序也是随着主函数的结束而结束，其他函数都是被主函数直接或间接调用的。

2. C 程序的结构

通过例 1-8 和例 1-9 这两个程序，可以看到一个 C 程序的基本结构如下。

```
编译预处理命令
int main()
{
    声明部分
    执行部分
}
类型 函数名(形参列表)
{
    声明部分
    执行部分
}
```

（1）每个 C 程序都是由一个或多个函数组成。函数是 C 程序的基本单位，而且每个函数可以写在一个文件或分别写在多个文件中。

（2）每个 C 程序有且只有一个 main()函数，即主函数。无论主函数在程序文件的什么位置，程序的执行总是从主函数开始，也必须在主函数中结束。

（3）编译预处理命令通常放在程序的最前面。

（4）函数名后面必须跟一对圆括号，圆括号内是函数的形参列表。形参可以有多个，也可以没有。即使没有形参，圆括号也不能省略。

（5）每个函数体必须用一对花括号括起来。函数体通常由两个部分组成，即声明部分和执行部分。声明部分主要是对执行部分所使用的变量和函数进行说明，在 C 语言中所有变量都必须是先定义后使用。执行部分用于完成函数的具体功能，执行部分一般由数据输入、数据处理和数据输出三个部分组成。首先是输入程序要处理的数据，其次是按照程序的要求对输入数据进行计算或相应的处理，最后是将处理结果输出到显示器屏幕上。

（6）在 C 程序中可以包含注释信息，但注释信息必须用"/*"和"*/"括起来。注释部分可以写在程序的任意地方，但不能嵌套。需要注意的是，在 C++环境下，也可以使用"//"来表示单行注释。

（7）C 程序书写格式自由，一行可以包含多条语句，一条语句也可以分开写在多行上。多条语句之间用分号进行分隔，分号标志着一条语句的结束。

3. C 程序的书写规则

虽然 C 程序书写格式自由，但从便于阅读、理解和维护的角度出发，在编程时应力求遵循以下规则，以养成良好的编程习惯。

（1）一条语句占一行。

（2）用花括号括起来的部分，通常表示程序的某一层次结构。花括号一般与该结构语句的第一个字母对齐。

（3）低一层次的语句可以比高一层次的语句缩进若干字符后书写，以便看起来更加清晰，增加程序的可读性。

1.3 执行 C 程序

用 C 语言编写的程序是源程序。计算机不能直接识别和执行用高级语言编写的源程序，必须将其翻译成二进制的机器指令才能在计算机中执行。

1.3.1 执行 C 程序的基本步骤

在编写好 C 程序后，执行 C 程序一般要经过以下几个步骤。

（1）编辑。编程人员将编写好的 C 程序输入计算机，并以文件形式保存在磁盘上。编辑的结果就是建立 C 语言的源程序文件，其扩展名一般为 ".c"，C++环境下一般为 ".cpp"。

（2）编译。编译的作用是对源程序文件中的每一条语句进行语法检查，若发现语法错误，就显示错误的位置和错误类型等信息，提示编程人员检查改正。编程人员修改程序后需重新进行编译。如此反复进行，直到没有语法错误为止。编译的结果是把源程序文件转换为二进制形式的目标文件。目标文件与源程序文件的名称相同，扩展名通常为 ".obj"。

（3）链接。编译后产生的目标文件是不能直接执行的，因为该目标文件中没有包含完整的库函数代码。此外，如果源程序保存在多个文件中，编译后就会得到多个目标文件。链接的结果就是把这些目标文件以及系统提供的库函数组合在一起，生成可执行文件。可执行文件与源程序文件（或项目文件）的名称相同，扩展名通常为 ".exe"。

（4）执行。执行以 ".exe" 为扩展名的可执行文件后，就可以得到执行结果。

一个 C 程序从编辑到执行得到预期结果，并不是一次就能成功的，往往要经过多次反复。如果在编译过程中发现错误，应当反复修改源程序并重新进行编译，直到没有语法错误为止。有时编译过程未发现错误，但是执行的结果不正确，这说明程序没有语法错误，但可能存在逻辑错误。例如计算公式不正确、赋值不正确等，应当重新检查源程序，并改正错误。

目前有多种 C 语言集成开发环境，这些集成开发环境把 C 程序的编辑、编译、链接和执行等操作全部集成在一个界面上，直观且易用。需要指出的是，不同的 C 语言集成开发环境，其使用步骤和系统性能都有所不同，上述这些步骤有些可能会分解，有些可能要合并，但逻辑上基本相同。使用哪一种集成开发环境并不是原则问题，只要编程人员使用方便即可。本书所涉及的程序全部是使用美国微软公司开发的 Visual Studio 2022 社区版（简称 VS2022）中的 Visual C++集成开发环境编译执行的。

1.3.2 使用 VS2022 执行 C 程序

VS2022 是一款功能强大的集成开发环境，提供了多种编程语言（如 C++、C#、Python、

Visual Basic、JavaScript 等），支持多种平台（如 Microsoft Windows、Windows Mobile、Windows CE 等）的应用程序开发。

1. 下载并安装 VS2022 社区版

VS2022 包括社区版（Community）、专业版（Professional）和企业版（Enterprise），其中社区版是免费版本。从美国微软公司官网下载和安装 VS2022 社区版时，为满足本书的要求，应选择"使用 C++的桌面开发"和".NET 桌面开发"两个组件，如图 1-2 所示。

图 1-2　安装 VS2022 社区版的组件选择

2. 执行 C 程序

通过快捷方式启动 VS2022 后，编程人员就可以使用 C++集成开发环境编辑和执行一个 C 程序。这里以编辑和执行例 1-1 中的程序为例，具体操作步骤如下。

（1）创建新项目。

① 在主窗口菜单栏中选择"文件→新建→项目"，打开如图 1-3 所示的"创建新项目"对话框。在该对话框中选择"C++""Windows"和"控制台"，然后在下方的列表中选择"空项目"，单击"下一步"按钮。

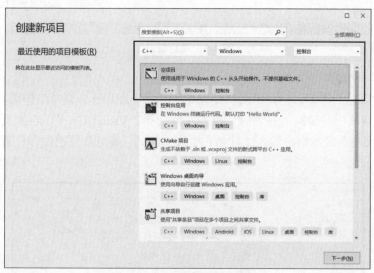

图 1-3　"创建新项目"对话框

② 在图 1-4 所示的"配置新项目"对话框中输入项目名称（默认以 Project 开头），确定项目的保存位置以及解决方案名称后，单击"创建"按钮。

图 1-4 "配置新项目"对话框

③ 新项目创建成功后,将会自动打开,如图 1-5 所示,此时在 Project1 项目中自动添加了"头文件""源文件""资源文件"等,C 语言源程序文件应放到"源文件"中。

图 1-5 项目窗口

(2) 添加一个源程序文件。

① 右击"源文件"后,在弹出的快捷菜单中选择"添加→新建项"选项,打开如图 1-6 所示的"添加新项"对话框。在该对话框的左侧选择"Visual C++",右侧选择"C++文件(.cpp)",在"名称"文本框中输入文件名称"c1-1.cpp",确定文件的保存位置后,单击"添加"按钮。

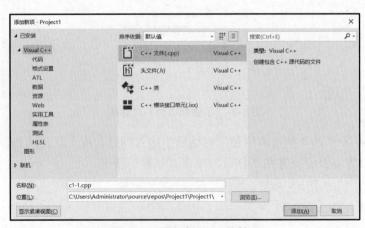

图 1-6 "添加新项"对话框

② 添加"c1-1.cpp"文件后，该文件也会自动被打开，可以直接输入编写好的 C 程序，如图 1-7 所示。

图 1-7　输入 C 程序

（3）编译程序。

在主窗口菜单栏中选择"生成→编译"或使用组合键【Ctrl+F7】对源程序进行编译。编译结束后，将在源程序下方显示是否成功。图 1-8 所示为编译成功，编译后生成了名为"c1-1.obj"的目标文件，该文件默认存放在项目文件夹下的"Project1\x64\Debug\"文件夹中。

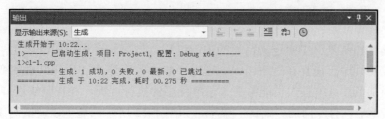

图 1-8　编译成功

如果编译结果中出现了警告（Warning），并不会影响程序执行，可以忽略。如果出现了错误（Error），双击某个错误，就会在源程序窗口中指出对应的出错位置，根据错误提示分别予以纠正即可。需要注意的是，有时系统会提示出现了多条错误信息，并不表示真的有这么多错误，往往是前面的一两个错误导致的。在纠正时，要从第一个错误开始，而且每纠正一个错误就重新进行编译，根据最新的错误信息继续修改。如此反复直到没有错误为止。

（4）链接程序。

在主窗口菜单栏中选择"生成→生成解决方案"进行链接。链接结束后，将在源程序下方显示是否成功。如图 1-9 所示为链接成功，链接后生成了与项目同名的"Project1.exe"可执行文件，该文件默认存放在项目文件夹下的"x64\Debug\"文件夹中。

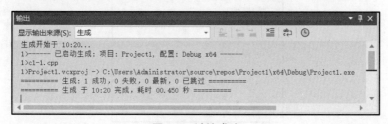

图 1-9　链接成功

（5）执行程序。

在主窗口菜单栏中选择"调试→开始执行（不调试）"或使用组合键【Ctrl+F5】来执行程序。程序执行后，将自动弹出数据输入输出窗口，如图 1-10 所示。按任意键即可关闭该窗口以结束程序的执行。

图 1-10　程序执行结果

退出 VS2022 后，若要打开前面已经创建好的项目，必须选择以".sln"为扩展名的解决方案文件。例如，要打开前面创建的项目 Project1，应选择打开"Project1.sln"文件，而不能选择打开"c1-1.cpp"文件。Project1 项目文件夹的文件结构如图 1-11 所示。

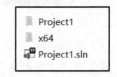

图 1-11　Project1 项目文件夹

1.3.3　调试 C 程序

调试是发现和修复程序中逻辑错误的关键过程。如果一个程序编译成功，但执行结果不正确，这说明程序可能存在逻辑错误。通过单步执行程序中的语句、观察变量的值以及使用断点等调试工具，编程人员能够深入了解程序的执行过程，并找到错误。

在 VS2022 中，有专门的"调试"菜单，如图 1-12 所示，这里以调试例 1-2 中的程序为例来说明程序的调试步骤。

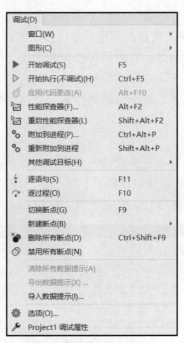

图 1-12　"调试"菜单

（1）设置断点。

设置断点的目的是为了在程序调试过程中暂停程序的执行，以便编程人员检查程序执行时的状态，查找潜在的逻辑错误。在 VS2022 中，可以通过单击程序行号左侧的灰色边栏来设置（或取消）断点，也可以通过快捷键【F9】为当前行设置（或取消）断点。设置成功后，该行左侧会显示一个红色的圆点，表示为该行语句成功设置断点。取消断点后，该红色圆点消失。如图 1-13 所示，程序的第 9 行设置了一个断点。

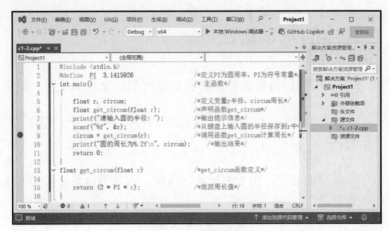

图 1-13　设置断点

（2）开始调试。

在主窗口菜单栏中选择"调试→开始调试"以启动调试模式，例 1-2 程序开始执行，此时"开始调试"菜单项会自动转换为"停止调试"。按程序要求输入圆的半径值 1.5 并回车后，程序执行到断点处暂停，红色圆点上出现箭头标识，表明程序即将执行该语句，如图 1-14 所示。

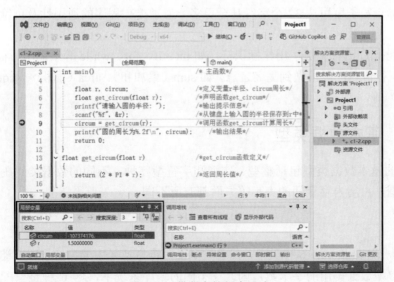

图 1-14　带断点的程序调试

程序暂停后，在 VS2022 底部的"局部变量"窗口中可观察到此时变量 r 的值为

1.50000000，说明输入的 1.5 被程序成功读取。变量 circum 还没有赋值，其值没有实际意义。

接着可以继续使用单步调试的方法，逐语句（快捷键为【F11】）或逐过程（快捷键为【F10】）跟踪程序的执行，了解程序的执行逻辑，直到找出潜在的问题。

（3）结束调试。

找出程序潜在的逻辑问题后，在主窗口菜单栏中选择"调试→停止调试"以结束程序的执行，返回编辑状态。修改程序中的错误后，重新执行程序，直到得到正确的结果。

1.4 C 程序的基本语法

C 程序的基本语法成分包括标识符、各种数据类型的常量和变量、运算符以及表达式等。

1.4.1 标识符

标识符是程序中使用的名字，用于为变量、常量、函数等命名。在 C 语言中使用标识符时必须注意以下几点。

（1）标识符通常由英文字母（A～Z 和 a～z）、数字（0～9）和下画线（_）组成，并且第一个字符必须是英文字母或下画线，不能是数字。例如，a、abc、a_2、i、sum5、_no 等都是合法的标识符；而 5a、M.John、$123、a@b 等是不合法的标识符。

（2）标识符对大小写敏感，严格区分大小写。例如，SUM 和 sum 是两个不同的标识符，Main 和 main 也是两个不同的标识符。

（3）标识符长度限制由具体使用的编译系统决定。有的编译系统规定标识符只有前 8 个字符有效，当两个标识符前 8 个字符相同时，就会被认为是同一个标识符；而有的编译系统规定的标识符长度可达 32 个字符甚至更多。为了提高程序的通用性及可读性，建议标识符的长度不要超过 8 个字符。

（4）不能把 C 语言关键字用作标识符，如 int、if、for、while 等不能用作标识符。

（5）标识符命名应尽量做到见名之意，如 sum（累加和）、area（面积）、score（成绩）、name（姓名）等。

1.4.2 基本数据类型

C 语言的基本数据类型包括整型、实型和字符型三种，不同的数据类型在数据表示形式、取值范围、占用内存空间的大小等方面都有所不同。

1. 整型

如表 1-4 所示，整型有 6 种类型，其中类型说明符方括号中的内容可以省略。C 语言并未规定各类整型数据占用的字节数，因此在不同的编译系统下，这 6 种整型占用的字节数和取值范围会有不同。本书中的整型与 VS2022 中的 Visual C++编译系统的规定一致。

表 1-4 整型

名称	类型说明符	占用字节数	取值范围
有符号整型	[signed] int	4	−2147483648～2147483647，即−2^{31}～2^{31}−1
有符号短整型	[signed] short [int]	2	−32768～32767，即−2^{15}～2^{15}−1
有符号长整型	[signed] long [int]	4	−2147483648～2147483647，即−2^{31}～2^{31}−1
无符号整型	unsigned [int]	4	0～4294967295，即 0～2^{32}−1
无符号短整型	unsigned short [int]	2	0～65535，即 0～2^{16}−1
无符号长整型	unsigned long [int]	4	0～4294967295，即 0～2^{32}−1

整型数据在计算机中以二进制补码的形式存储。无符号整型数据没有符号位，所有二进制位都用来存放数值；有符号整型数据的最高位为符号位（0 表示正数，1 表示负数），其余的二进制位用来存放数值。

（1）整型常量。

整型常量就是通常的整数，包括正整数、负整数和 0。需要注意的是，在数学上，整数是一个无限的集合，即整数的范围是−∞～+∞。但在 C 语言中，整数必须在整型的取值范围内，否则无意义，在编程时一定要注意这点。C 语言中整型常量有十进制、八进制和十六进制三种书写形式。

① 十进制整数。由正负符号和数字 0～9 组成，如 10、15、−98 等。

② 八进制整数。由数字 0～7 组成，但前面必须加前缀 0，如 010、015、072 等。

③ 十六进制整数。由数字 0～9 和 A～F（或 a～f）组成，但前面必须加前缀 0x 或 0X，如 0x10、0XAF8、0x72 等。

在使用整型常量时应注意区分不同的进制数。例如，10 是十进制数；010 是八进制数，该数对应的十进制数是 8；0x10 是十六进制数，该数对应的十进制数是 16。

如果整型常量后面加上一个字母 L（或 l），则自动认为该常量是长整型常量，否则认为是短整型常量。例如，10L 和 010L 都是长整型常量，而 10 和 010 都是短整型常量。

如果整型常量后面加上一个字母 U（或 u），则自动认为该常量是无符号整型常量，否则认为是有符号整型常量。例如，10u 和 0x10U 都是无符号整型常量。

（2）整型变量。

顾名思义，变量是指在程序执行过程中可以改变其值。定义一个变量，意味着要在内存中给这个变量分配相应大小的存储空间，同时要确定这个变量值的存储方式。

变量定义的一般形式如下。

类型说明符 变量名标识符1,变量名标识符2,... ;

例如下面的整型变量定义语句。

```
int a, b, c;              /*a、b、c 为有符号整型变量*/
long x, y;                /*x、y 为有符号长整型变量*/
unsigned short z;         /*z 为无符号短整型变量*/
```

如果把一个实数赋值给整型变量，系统将自动截位取整，而非四舍五入。例如，对于下面的整型变量定义语句，整型变量 score 的值实际为 98。

```
int score=98.75;            /*定义变量并赋初值*/
```

需要注意的是,在 C 程序中如果定义了一个变量但没有赋值,则其值是不确定的。

2. 实型

如表 1-5 所示,实型有单精度实型(float)和双精度实型(double)两种,在计算机中以浮点形式存储。float 型数据占用 4 字节的存储空间,double 型数据占用 8 字节的存储空间,因此 double 型的取值范围更大。

表 1-5 实型

名称	类型说明符	占用字节数	取值范围
单精度实型	float	4	$-3.4\times 10^{-38} \sim 3.4\times 10^{38}$
双精度实型	double	8	$-1.797\times 10^{-308} \sim 1.797\times 10^{308}$

(1)实型常量。

实型常量也称为实数或浮点数。C 语言中的实型常量有两种十进制的表示形式。

① 小数形式。由正负符号、数字(0~9)和小数点组成,其中小数点前后的 0 可以省略,但小数点不能省略,并且小数点前或后至少一边要有数字。例如,0.、.25、-32.78 等都是正确的实数。

② 指数形式。由正负符号、尾数部分、字母 e(或 E)、指数部分等四个部分组成,一般用来表示很大或很小的数,类似于数学中的科学记数法。例如,-23500000 与 -2.35×10^{7} 相等,在 C 语言中可以表示为-2.35e7 或-2.35E7,也可以表示为-0.235e8 或-235e5。字母 e 或 E 表示 10 的幂,注意 e 之前必须有数字,e 后面必须是整数。

默认情况下,实型常量以 double 型的形式存储。如果要求按 float 型的形式存储,可以在常量的末尾加上字母 F(或 f)。例如,10.0 是 double 型的常量,10.0F 是 float 型的常量。

(2)实型变量。

实型变量分为 float 和 double 两种,例如下面的实型变量定义语句。

```
float a, b, c;              /*a、b、c 为单精度实型变量*/
double x, y;                /*x、y 为双精度实型变量*/
```

在 C 程序中,如果将一个整型常量赋值给实型变量,系统会自动进行类型转换,将整型常量转换为实型常量。例如下面的实型变量定义语句,最终 float 型变量 score 的值为 98.0。

```
float score=98;             /*定义变量并赋初值*/
```

3. 字符型

如表 1-6 所示,字符型数据只有 char 一种类型,在内存中以 ASCII 码值的形式存储,每个字符占用一字节的存储空间。由于 ASCII 码值的范围是 0~127,因此可以将字符型数据当作整型数据进行处理。

(1)字符型常量。

字符型常量是指单个字符,有两种表示形式。

表 1-6　字符型

名称	类型说明符	占用字节数	取值范围
字符型	char	1	0～127

① 普通字符。用一对单引号将一个字符括起来。例如，'a'、'B'、'0'、'*'、'#'都是正确的字符型常量。

② 转义字符。用一对单引号将以反斜杠（\）开头的字符序列括起来。转义字符具有特定的含义。例如，转义字符'\n'表示换行符。常用的转义字符如表 1-7 所示。

表 1-7　常用的转义字符

转义字符	含　　义	ASCII 码值
\n	换行符（LF）	10
\t	水平制表符（HT）	9
\b	退格符（BS）	8
\r	回车符（CR）	13
\f	换页符（FF）	12
\\	反斜杠	92
\'	单引号	39
\"	双引号	34
\a	鸣铃（BEL）	7
\0	空字符，表示字符串结束	0
\ddd	1～3 位八进制数所代表的字符	如'\012'表示换行符
\xhh	1～2 位十六进制数所代表的字符	如'\xa'表示换行符

通常情况下，C 语言中的字符型常量有四种表示方法。例如，大写字母'A'，也可以表示为八进制'\101'、十六进制'\x41'、十进制 65（ASCII 码值）。

（2）字符型变量。

字符型变量使用类型说明符 char 定义。例如，下面的字符型变量定义语句。

```
char c, ch;                    /*c、ch 为字符型变量*/
```

在程序中可以将一个整数赋值给字符型变量，但需要注意整数的范围，只有 0～127 的整数才能表示字符。例如，下面的字符型变量定义语句，最终 char 型变量 c 中的字符为'B'。

```
char c=66;                     /*定义变量并赋初值*/
```

1.4.3　运算符与表达式

运算符是用于执行某些特定操作的符号。不同的运算符对操作对象有不同的要求，有的运算符只能对一个操作对象进行操作，称为单目运算符；有的运算符要求对两个操作对象进行操作，称为双目运算符。

表达式是用运算符将变量、常量、函数调用等操作对象连接起来的式子。单个的常量、变量、函数调用也可以看作是表达式的特例。任何表达式都是有值的，这个值就是运算符对各种操作对象进行处理的结果。在表达式的求值过程中，各操作对象参与运算的先后顺序不仅要遵守运算符优先级别的规定，还要受运算符结合性的制约。也就是说，如果一个操作对象两侧的运算符优先级相同，则按运算符的结合性来决定先处理哪个运算符。左结合是指当优先级相同时，从左至右进行运算。右结合是指当优先级相同时，从右至左进行运算。C 语言中各种运算符的优先级和结合性参见附录 B。

本节先介绍赋值运算符、算术运算符、长度运算符、位运算符和逗号运算符等，其他运算符将在后续章节中介绍。

1. 赋值运算符

C 语言将赋值作为一种运算，赋值运算符为"="。赋值运算符是双目运算符，优先级较低，结合性为右结合。例如，表达式"x=y=2"等价于"x=(y=2)"。

（1）赋值表达式。

用赋值运算符"="将一个变量和一个表达式连接起来的式子称为赋值表达式。赋值表达式的一般形式如下。

```
变量=表达式
```

其中"="的左边必须是一个变量，其作用是把表达式的值赋给该变量。如果表达式的类型与变量的类型不同，那么赋值运算符会把表达式的值转化为变量的类型后再赋值，例如下面的变量定义和赋值语句。

```
int a;
float b;
char c;
a=65.78;              /*a 的值为 65*/
b=10;                 /*b 的值为 10.0*/
c=a;                  /*c 的值为 65，即大写字母 A*/
```

赋值运算符右侧的表达式也可以是一个赋值表达式，例如下面的变量定义和赋值语句。

```
int x, y;
x=y=2;          /*先计算表达式 y=2，再将该表达式的值 2 赋给 x，使得 x 和 y 的值均为 2*/
```

（2）复合赋值运算符。

复合赋值运算符由赋值运算符之前再加一个双目运算符构成。复合赋值运算符的一般形式如下。

```
变量 双目运算符=表达式
```

例如下面的变量定义和赋值语句。

```
int a, b, c;
a+=3;                 /*等价于 a=a+3; */
b*=a+3;               /*等价于 b=b*(a+3); */
c/=3;                 /*等价于 c=c/3; */
```

2. 算术运算符

常用的算术运算符如表 1-8 所示，默认都是双目运算符。

表 1-8 算术运算符

运算符	含 义	举 例	运算结果
+	正号（单目运算符）	+a	a 的值
−	负号（单目运算符）	−a	a 的负值
*	乘法运算符	a*b	a 与 b 的乘积
/	除法运算符	a/b	a 除以 b 的商
%	求余运算符	a%b	a 除以 b 的余数
+	加法运算符	a+b	a 与 b 的和
−	减法运算符	a−b	a 与 b 的差
++	自增运算符（单目运算符）	a++, ++a	a 的值增 1
−−	自减运算符（单目运算符）	a−−, −−a	a 的值减 1

其中，求余运算符"%"只能用于整数，余数的符号与被除数相同。此外，如果参与除法运算的两个数都是整数，则运算结果进行截位取整，例如下面的变量定义和赋值语句。

```
int a;
float f1, f2;
a=-5%2;             /*a 的值为-1*/
f1=1/2;             /*f1 的值为 0.0*/
f2=1.0/2;           /*f2 的值为 0.5*/
```

自增和自减运算符既可以作为前缀运算符，也可以作为后缀运算符，最终变量的值变化相同，但是运算规则不同。

（1）作为前缀运算符。例如，++a 或−−a，在使用 a 之前，先使 a 的值增 1 或减 1，即 a=a+1 或 a=a−1。

（2）作为后缀运算符。例如，a++或 a−−，在使用 a 之后，再使 a 的值增 1 或减 1。

例如下面的变量定义和赋值语句。

```
int a, b, x, y;
a=b=3;              /*a,b 的值均为 3*/
x=++a;              /*先使 a 的值增 1 变成 4，再赋给 x，因此 x 的值为 4*/
y=b++;              /*先将 b 的值 3 赋给 y，再使 b 的值增 1 变成 4，因此 y 的值为 3*/
```

3. 不同类型数据间的混合运算

在 C 程序中经常会遇到不同类型数据的混合运算，例如，2*3.14*3。如果一个运算符两侧的数据类型不同，则首先需要进行数据类型转换，使两侧的数据成为同一种类型，然后再进行运算。

（1）自动类型转换。

整型、实型、字符型数据间可以进行混合运算，系统会自动会按照数据类型的优先级，将低级别的数据类型转换为高级别的数据类型后,再进行运算。数据类型的优先级从高到低依次为:双精度实型>单精度实型>整型>字符型。

因此,float 型与 double 型数据的运算结果是 double 型;整型与 float 型数据的运算结果是 float 型;整型与 double 型数据的运算结果是 double 型;char 型与整型数据的运算结果是整型,实际上 char 型是把字符的 ASCII 码值与整型数据进行运算。

例如,分析下面表达式的值,假设已指定整型变量 i 的值为 3,float 型变量 f 的值为 2.5,double 型变量 d 的值为 7.5。

```
10+'a'+i/2.0-f*d
```

计算机从左至右扫描,根据运算符的优先级进行运算,运算次序如下。

① 计算 10+'a'。字符'a'的 ASCII 码值为 97,运算结果为 107(整型)。
② 计算 i/2.0。默认情况下实型常量都是 double 型,所以自动将 i 的值转换成 double 型,运算结果为 1.5(double 型)。
③ 计算整数 107 与 i/2.0 的结果之和,即 107+1.5,自动将 107 转换成 double 型,运算结果为 108.5(double 型)。
④ 计算 f*d。自动将 f 的值转换成 double 型,运算结果为 18.75(double 型)。
⑤ 计算 108.5 与 f*d 的结果之差,运算结果为 89.75(double 型)。

(2)强制类型转换。

C 语言可以利用强制类型转换将一个表达式转换为指定的数据类型,其一般形式如下。

```
(类型说明符)(表达式)
```

这里类型说明符的圆括号不能省略,表达式的构成只有一项时可以省略圆括号。例如下面的表达式。

```
(float)a            /*将 a 的值强制转换为 float 型*/
(int)x+y            /*将 x 的值强制转换为整型后,再与 y 的值相加*/
(int)(x+y)          /*将 x 与 y 的值相加,然后将相加的结果强制转换为整型*/
```

假设已指定整型变量 sum 的值为 75,整型变量 n 的值为 10,ave 是 double 型变量,分析下面语句的执行结果。

```
ave=sum/n;              /*ave 的值为 7.0*/
ave=(double)(sum/n);    /*ave 的值为 7.0*/
ave=(double)sum/n;      /*ave 的值为 7.5*/
```

计算 sum/n 时,两个整型数据相除的结果一定是整型,将一个整型数据赋值给 double 型变量 ave,小数部分一定是 0。同理,计算(double)(sum/n)时,将 sum/n 得到的整型数据强制转换为 double 型,小数部分也一定是 0。计算(double)sum/n 时,先强制将 sum 的值转换为 double 型,然后再除以 n,结果是 double 型,因此小数部分的值正确。

无论是自动类型转换,还是强制类型转换,都不会改变变量本身的类型。例如,表达式(double)sum 的类型是 double 型,但 sum 的类型仍然是整型。

4. 长度运算符

长度运算符 sizeof 是一个单目运算符，以字节为单位返回变量或数据类型的大小。例如，sizeof(double)的值为 8，sizeof(char)的值为 1。假设 i 是 float 型变量，则 sizeof(i)的值为 4。

5. 位运算符

位运算是指按二进制进行的运算。C 语言提供了 6 种位运算符，如表 1-9 所示。这些运算符只能用于整型或字符型的数据，并且需要先将它们换为二进制数后，按位进行运算。

表 1-9 位运算符

运算符	含 义	运算规则
~	按位取反（单目运算符）	0 变 1，1 变 0
&	按位与	两个数都为 1，结果为 1，否则为 0
|	按位或	两个数都为 0，结果为 0，否则为 1
^	按位异或	两个数相同，结果为 0，否则为 1
<<	左移	左移指定的位数，右端出现空位补 0，移出左端之外的位舍弃
>>	右移	右移指定的位数，无符号数右移时，左端出现的空位补 0，移出右端之外的位舍弃；有符号数右移时，左端出现的空位按符号位复制（正数补 0，负数补 1），移出右端之外的位舍弃

（1）按位取反、与、或、异或运算。

按位取反、与、或、异或等四种运算是针对二进制数的逻辑运算，运算结果不会影响前后的二进制位。假设已指定 short int 型变量 i 的值为 21（二进制补码为 0000000000010101），j 的值为 56（二进制补码为 0000000000111000），分析下面表达式的运算结果。

① ~i：将 i 对应的二进制数按位取反，结果为 1111111111101010，十进制数为-22。

② i&j：将 i 和 j 对应的二进制数按位与，结果为 0000000000010000，十进制数为 16。

③ i|j：将 i 和 j 对应的二进制数按位或，结果为 0000000000111101，十进制数为 61。

④ i^j：将 i 和 j 对应的二进制数按位异或，结果为 0000000000101101，十进制数为 45。

此外，对于异或运算，i^i 的结果为全 0 的二进制数；i^~i 的结果为全 1 的二进制数；~(i^~i)的结果为全 0 的二进制数。

（2）移位运算。

移位运算是指对二进制数进行左右移动的操作，分为左移和右移两种情况，通常情况下左移一位相当于乘以 2，右移一位相当于除以 2。

假设已指定 short int 型变量 x 的值为 8（二进制补码为 0000000000001000），y 的值为 -10（二进制补码为 1111111111110110），分析下面表达式的运算结果。

① x<<2：将 x 对应的二进制数左移 2 位，结果为 0000000000100000（左端舍弃了 00，右端补上了 00），十进制数为 32，相当于乘以 4。

② x>>2：将 x 对应的二进制数右移 2 位，结果为 0000000000000010（左端补上了 00，右端舍弃了 00），十进制数为 2，相当于除以 4。

③ y<<2：将 y 对应的二进制数左移 2 位，结果为 1111111111011000（左端舍弃了 11，右端补上了 00），十进制数为-40。

④ y>>2：将 y 对应的二进制数右移 2 位，结果为 1111111111111101（左端复制符号位 11，右端舍弃了 10），十进制数为–3。

6. 逗号运算符

在 C 语言中，逗号既可以作为分隔符，也可以作为运算符。逗号作为分隔符使用时，用于间隔说明语句中的各个变量。逗号作为运算符使用时，可以将若干个独立的表达式连接在一起，组成逗号表达式。逗号表达式的一般形式如下。

> 表达式 1，表达式 2，…，表达式 n

逗号表达式的运算过程为：先计算表达式 1 的值，然后计算表达式 2 的值，一直计算到表达式 n 的值。最终整个逗号表达式的值为表达式 n 的值，数据类型也是表达式 n 的类型。例如，假设 i、j 和 k 都是整型变量，分析下面的逗号表达式的运算结果。

> i=1, j=2, k=i+j;

该表达式由三个独立的表达式通过逗号运算符连接而成，从左到右依次计算这三个表达式，最终整个表达式的值为 3，类型是整型。

1.5 结构化程序设计方法

程序设计方法是影响程序设计质量的重要因素之一。目前，程序设计方法有两大类，一类是面向过程的结构化程序设计方法；另一类是面向对象的程序设计方法。这里主要介绍面向过程的结构化程序设计方法，它是进行各类程序设计的基础。面向对象的程序设计方法将在第 11 章介绍。

1. 结构化程序设计方法的特点

结构化程序设计方法主要有以下几个特点。

（1）自顶向下。先从最上层总目标开始设计，然后逐步使问题具体化。也就是说，先考虑总体框架，然后再考虑细节。

（2）逐步求精。将复杂问题分解为若干个简单问题，降低问题的复杂度。

（3）模块化。将程序划分为若干个独立、功能单一的模块，每个模块完成一个特定的功能，解决一个简单问题。

（4）单入口和单出口。每个模块只有一个入口和一个出口，使得程序易于理解、测试和维护。

2. 结构化程序设计方法的三种基本控制结构

结构化程序设计方法使用顺序、选择和循环三种基本控制结构来表示程序逻辑，这三种基本控制结构通过组合和嵌套，可以构造出各种复杂的程序。

（1）顺序结构。这是最简单的程序结构，程序中的各个操作按照它们出现的先后顺序依次执行。

（2）选择结构。选择结构允许程序根据条件选择执行不同的操作（分支），选择结构有单路分支、二路分支和多路分支三种形式。

（3）循环结构。循环结构使得程序能够反复执行某个或某些操作，直到不满足某个特定的条件为止。

习题

一、填空题

1. 每一个小写字母比相应的大写字母的 ASCII 码值大_____。
2. _____是 C 程序的基本构成单位。
3. 用 C 语言编写的程序称为_____。一个 C 程序至少包含一个_____函数，程序的执行总是由_____函数开始，在_____函数中结束。
4. 整型常量 066、0x66 和 0Xab 对应的十进制数分别是_____、_____和_____。
5. C 的字符常量是用_____括起来的一个字符。
6. 表达式 8/4*(int)(1.25*(3.5+2.1))/(int)2.5 的值为_____，数据类型为_____。

二、选择题

1. C 语言是（　　）。
   A．机器语言　　B．汇编语言　　C．高级语言　　D．计算机语言
2. 以下叙述中正确的是（　　）。
   A．C 程序不必通过编译就可以直接执行
   B．C 程序中的每条可执行语句最终都将被转换成二进制的机器指令
   C．C 程序经编译形成的二进制代码可以直接执行
   D．C 程序中的函数不可以单独进行编译
3. C 程序中的注释信息必须用（　　）括起来。
   A．/* */　　B．[ ]　　C．{ }　　D．( )
4. 下列说法正确的是（　　）。
   A．C 程序一行不能写多条语句
   B．C 程序一行只能写一条语句
   C．C 程序一条语句可以分写在多行上
   D．C 程序每条语句都必须有行号
5. 下列标识符正确的是（　　）。
   A．_AD　　B．9s　　C．for　　D．$NAME
6. 以下不正确的数值常量是（　　）。
   A．035　　B．2e3　　C．8.0E0.5　　D．0xabcd
7. 在 C 语言中，运算对象必须是整型的运算符是（　　）。

  A. %   B. /   C. *   D. +

8. 表达式 3.6-5/2+1.2+5%2 的值是（ ）。

  A. 4.3   B. 4.8   C. 3.3   D. 3.8

9. 已知大写字母 A 的 ASCII 码是 65，小写字母 a 的 ASCII 码是 97，则用八进制表示的字符常量'\101'是（ ）。

  A. 字符'A' B. 字符'a' C. 字符'e' D. 错误的常量

10. 若变量 a 是整型，执行下面的语句后，正确的叙述是（ ）。

```
a='A'+1.6;
```

  A. a 的值是字符'C'   B. a 的值是浮点型
  C. 不允许字符型和浮点型相加 D. a 的值是字符'A'的 ASCII 值加上 1

11. 若有下面的说明语句，则变量 c（ ）。

```
char c='\72';
```

  A. 包含 1 个字符   B. 包含 2 个字符
  C. 包含 3 个字符   D. 错误的赋值

12. 若有下面的语句，则 x 的值为（ ）。

```
int x, i, j, k;
x=(i=4, j=16, k=32);
```

  A. 4   B. 16   C. 32   D. 52

13. 以下表达式值为 3 的是（ ）。

  A. 16-13%10 B. 2+3/2 C. 14/3-2 D. (2+6)/(12-9)

14. 以下不能将变量 m 清零的表达式是（ ）。

  A. m=m&~m B. m=m&0 C. m=m^m D. m=m|m

15. 下列运算符中优先级最高的是（ ）。

  A. >   B. +   C. &&   D. !=

三、编程题

1. 仿写例 1-8，在显示器屏幕上输出"This is my first C program."。
2. 仿写例 1-9，输入圆的半径，求圆的面积。

第 2 章

顺序结构程序设计

CHAPTER 2

顺序结构是一种最简单的程序结构,程序执行时自上而下地按语句出现的先后次序执行每一条语句。在 C 语言的顺序结构中,主要使用的是数据的输入和输出语句。

学习目标
- 掌握格式输入函数 scanf()和格式输出函数 printf()的使用方法。
- 掌握字符输入函数 getchar()和字符输出函数 putchar()的使用方法。
- 学会简单的顺序结构程序设计方法。

2.1 认识顺序结构

顺序结构可以用来编写简单的程序,编程人员只需要按照解决问题的步骤依次写出相应的语句即可。例如,计算一个矩形面积的程序就是典型的顺序结构,首先确定矩形的长和宽,然后计算矩形的面积(矩形面积=长×宽),最后输出矩形的面积值。

【例 2-1】 已知某矩形的长为 3.55,宽为 4.28,计算该矩形的面积并输出。

分析:计算矩形的面积可以分为 3 个步骤。

① 将矩形的长和宽的赋值给变量 length 和 width。
② 计算面积值并保存到变量 area 中。
③ 输出变量 area 存储的面积值。

示例程序如下。

```c
#include <stdio.h>
int main()
{   float length, width, area;        /*定义变量*/
    length=3.55;                       /*赋值长*/
    width=4.28;                        /*赋值宽*/
    area=length*width;                 /*计算面积*/
    printf("矩形的面积为:%f\n", area); /*输出面积*/
    return 0;
}
```

程序执行结果如下。

```
矩形的面积为:15.194000
```

顺序结构就是按照解决问题的步骤依次写出相应的 C 语言语句。

2.2 C 语言语句

C 语言规定每条语句都必须以分号结尾。C 语言语句主要有五种类型。

1. 表达式语句

表达式语句由一个表达式加一个分号构成。也就是说,任何表达式加上分号后就成为语句,最典型的是由赋值表达式构成的赋值语句。例如,下面的表达式加上分号就成为语句。

```c
i++;              /*表达式 i++构成的语句*/
length=3.55;      /*赋值表达式 length=3.55 构成的语句*/
```

2. 函数调用语句

函数调用语句由一个函数调用加一个分号构成。例如,例 2-1 中 printf()函数的调用语句如下。

```
printf("矩形的面积为:%f\n", area);
```

3. 控制语句

控制语句用于控制程序的执行流程。C 语言有 9 种控制语句。
（1）if 语句：选择结构的控制语句。
（2）switch 语句：选择结构的控制语句。
（3）do-while 语句：循环结构的控制语句。
（4）while 语句：循环结构的控制语句。
（5）for 语句：循环结构的控制语句。
（6）break 语句：switch 或循环结构的控制语句。
（7）continue 语句：循环结构的控制语句。
（8）return 语句：函数返回语句。
（9）goto 语句：转向控制语句，在结构化程序设计中基本不用。

4. 复合语句

用一对花括号把多条语句括起来就成为一条复合语句。例如，下面的复合语句实现变量 x 和 y 值的交换。

```
{   t=x;
    x=y;
    y=t;
}
```

复合语句内的各条语句都必须以分号结尾，从整体上看，C 程序将复合语句看作一条语句来处理。

5. 空语句

只有一个分号组成的语句称为空语句。虽然它什么都不做，但可以用来作为程序的转向点（即程序转到此语句处执行），也可以作为循环结构中的循环体（表示循环体什么都不做）。需要注意的是，许多初学者在选择结构和循环结构中错误地加上了分号，导致程序的执行结果与预想的不一致。

2.3 数据的输入输出

C 语言提供了格式输入函数 scanf() 来接收用户从键盘输入的数据，格式输出函数 printf() 则是将计算的结果输出到显示器屏幕上。

2.3.1 用 printf()函数输出数据

printf()函数称为格式输出函数,其功能是按编程人员指定的格式将内存中的数据输出到显示器屏幕上,其函数原型在头文件"stdio.h"中。

printf()函数的调用形式如下,其中格式控制字符串必须由一对双引号括起来。

```
printf("格式控制字符串",输出列表);
```

1. 格式控制字符串

printf()函数的格式控制字符串可由格式字符串和非格式字符串两种形式组成。

(1)非格式字符串在输出时照原样输出,中英文皆可,主要起提示作用,如例 2-1 中 printf()函数的双引号内的"矩形的面积为:"和换行符"\n"。

(2)格式字符串以"%"开始,后面跟有各种格式化占位符,用来指定数据的输出格式,如例 2-1 中 printf()函数的双引号内的"%f"。

printf()函数格式字符串的一般形式如下,其中方括号中的项为可选项。

```
% [标志字符][输出最小宽度][.精度][长度]格式字符
```

① 格式字符。格式字符用来指定数据输出的形式,格式字符及其含义如表 2-1 所示。

表 2-1 输出格式字符及其含义

格式字符	含 义
d、i	以十进制形式输出带符号整数(正数不输出符号)
o	以八进制形式输出整数(不输出前缀 0)
x、X	以十六进制形式输出整数(不输出前缀 0x 或 0X)
u	以十进制形式输出无符号整数
f	以小数形式输出单、双精度实数
e、E	以指数形式输出单、双精度实数
g、G	以%f 或%e 中较短的输出宽度输出单、双精度实数,不输出无意义的 0
c	输出单个字符
s	输出字符串

② 标志字符。标志字符为-、+、#和空格四种,其含义如表 2-2 所示。

表 2-2 标志字符及其含义

标志字符	含 义
-	表示左对齐,右边补空格。如果不指定,默认是右对齐
+	用于整数和实数,表示输出符号(正号或负号)。如果不指定,只有负数才会输出符号
空格	用于整数和实数,输出值为正时冠以空格,为负时冠以负号
#	对于八进制(%o),表示在输出时加前缀 0;对于十六进制(%x 或%X)表示在输出时加前缀 0x 或 0X;对其他无影响

③ 输出最小宽度。用一个十进制整数来指定输出的最少位数。若实际位数多于指定的

位数，则按实际位数输出；若实际位数少于指定的位数，则默认补空格。

④ 精度。精度以"."开头，后跟一个十进制整数。如果输出实数，则表示输出的小数位数，若实际小数位数大于所指定的位数，则四舍五入截去超出的部分；如果输出的是字符串，则表示输出字符的个数。

⑤ 长度。长度有 h 和 l 两种。h 表示短整型或单精度型，l 表示长整型或双精度型。例如，"%hd"表示按短整型输出数据；"%ld"表示按长整型输出数据；"%lf"表示按双精度型输出数据。

2. 输出列表

输出列表由多个输出项表达式构成，彼此之间用逗号隔开。以"%"开始的格式字符串与输出列表中的输出项无论是数量还是类型都应该一一对应。如果以"%"开始的格式字符串的数量超出了输出项的数量，则超出的位置将输出随机数，反之，输出列表中剩余的输出项的值将不会被输出。如果以"%"开始的格式字符串与输出项的类型不一致，按格式字符串指定的格式输出数据。

【例 2-2】 格式字符串与输出列表匹配示例。

示例程序如下。

```
#include <stdio.h>
int main()
{   int a=65560;
    float b=56.748;
    printf("a=%d, b=%f\n", a);            /*格式字符串数量多1个*/
    printf("a=%d\n", a, b);               /*输出项数量多1个*/
    printf("a=%d, b=%f\n", a, b);         /*数量一致*/
    printf("%d, %hd, %ld, %o, %x, %f\n", a, a, a, a, a, a); /*类型不一致*/
    printf("%f, %e, %hf, %lf, %d\n", b, b, b, b, b);        /*类型不一致*/
    return 0;
}
```

程序执行结果如下。

```
a=65560, b=0.000000
a=65560
a=65560, b=56.748001
65560, 24, 65560, 200030, 10018, 0.000000
56.748001, 5.674800e+01, 56.748001, 56.748001, -2147483648
```

程序执行结果分析如下。

（1）第一条 printf() 函数调用语句中，非格式字符串原样输出，"%d"与变量 a 匹配，按十进制整数形式输出变量 a 的值，"%f"找不到相应的匹配项，因此输出了一个随机数 0.000000（默认输出 6 位小数），这个随机数依据不同的执行环境会发生变化。

（2）第二条 printf() 函数调用语句中，"%d"与变量 a 匹配，变量 b 没有与之匹配的格式字符串，因此不会输出变量 b 的值。

（3）第三条 printf()函数调用语句中，"%d"与变量 a 匹配，"%f"与变量 b 匹配，以小数形式输出变量 b 的值，由于十进制小数转换为二进制时存在转换误差（C 语言的转换误差通常为 0.000001），因此输出为 56.748001。

（4）第四条 printf()函数调用语句中，分别以十进制整数、短整型整数、长整型整数、八进制整数、十六进制整数以及小数的形式输出整型变量 a 的值。其中短整型整数输出为 24，因为短整型只有 2 字节的存储空间，65560 转换为二进制数后，其低 16 位二进制数对应的值就是 24。八进制整数输出为 200030。十六进制整数输出为 10018。小数形式的输出为 0.000000，这是因为"%f"与变量 a 的数据类型不一致，也就是说，整型数据按小数的形式输出没有任何意义，这也是初学者常见的错误。

（5）第五条 printf()函数调用语句中，分别以小数、指数、单精度小数、双精度小数以及十进制整数的形式输出 float 型变量 b 的值。其中指数形式输出为 5.674800e+01，整数部分只保留 1 位非零的整数。单精度小数、双精度小数的输出结果没有区别。十进制整数输出为-2147483648，这是因为"%d"与变量 b 的数据类型不一致，所以输出无意义。

【例 2-3】 输出宽度与精度示例。

示例程序如下。

```
#include <stdio.h>
int main()
{   int a=66;
    float b=12.3456789;
    double c=1234567890.1234567;
    printf("a=%d, %-5d, %5d, %5c\n", a, a, a, a);
    printf("b=%f, %5.4f, %10.2f, %.4e\n", b, b, b, b);
    printf("c=%lf, %hf, %f\n", c, c, c);
    return 0;
}
```

程序执行结果如下。

```
a=66, 66□□□,□□□66,□□□□B
b=12.345679, 12.3457,□□□□□12.35, 1.2346e+01
c=1234567890.123457, 1234567890.123457, 1234567890.123457
```

程序执行结果分析如下。

（1）第一条 printf()函数调用语句中，分别以四种格式输出整型变量 a 的值，其中"%-5d"要求输出宽度为 5 且左对齐，而 a 的值为 66，只有两位，故后边补三个空格（□表示一个空格）；"%5d"要求输出宽度为 5，默认是右对齐，故前边补三个空格；"%5c"要求按字符形式输出，66 对应字符'B'的 ASCII 码，故输出字符'B'且前边补四个空格。

（2）第二条 printf()函数调用语句中，分别以四种格式输出 float 型变量 b 的值，其中"%f"形式默认输出 6 位小数，超出的位数按四舍五入截取。"%5.4f"指定输出宽度为 5 且保留 4 位小数，由于实际宽度超过 5，故按实际位数输出。"%10.2f"指定输出宽度为 10 且保留 2 位小数，输出的数据只占 5 位，故前边补五个空格。"%.4e"指定输出形式为指数形式且保留 4 位小数，整数部分只保留 1 位非零的整数。

（3）第三条 printf()函数调用语句中，分别以三种格式输出 double 型变量 c 的值，其中"%lf"为双精度格式，"%hf"和"%f"均为单精度格式，输出结果没有区别。

2.3.2 用 scanf()函数输入数据

scanf()函数称为格式输入函数，其功能是按编程人员指定的格式从键盘输入数据并保存到指定的变量中，其函数原型也在头文件"stdio.h"中。

scanf()函数的调用形式如下，其格式控制字符串的作用与 printf()函数相同。

```
scanf("格式控制字符串", 地址列表);
```

1. 格式控制字符串

scanf()函数格式控制字符串的一般形式如下。

```
%[*][输入数据宽度][长度]格式字符
```

（1）格式字符。格式字符用来指定数据输入的形式，与 printf()函数中使用的格式字符基本一致，如表 2-3 所示。

表 2-3 输入格式字符及其含义

格式字符	含 义
d、i	输入带符号的十进制整数
o	输入八进制整数（不用输入前缀 0）
x、X	输入十六进制整数（不用输入前缀 0x）
u	输入无符号十进制整数
f 或 e、E	输入小数形式或指数形式的实数
c	输入单个字符
s	输入字符串

（2）"*"修饰符。"*"修饰符表示该输入项在读取后不赋予相应的变量，即跳过该输入项。例如下面的 scanf()函数语句将跳过输入的第一个整数，仅读取第二个整数存储到变量 a 中。因此，第一个整数值被忽略。

```
scanf("%*d%d", &a);
```

（3）输入数据宽度。以一个十进制整数来指定最多输入的数据宽度（或字符数）。例如，"%9s"表示要读取的字符串最多包含 9 个字符，"%2d"表示要读取的整数最多是两位数，需要注意的是，不能指定输入的小数位数。

（4）长度。长度有 h 和 l 两种。例如，"%hd"用于读取短整型的数据，"%ld"用于读取长整型的数据，"%lf"用于读取双精度型的数据。

2. 地址列表

地址列表由各个变量的地址构成，彼此之间用逗号隔开。以"%"开始的格式字符串与地址列表中的变量地址的数量和变量的类型都应该一一对应。变量的地址一般由地址运算符"&"后跟变量名组成的。例如,"&a"表示变量 a 的地址。

3. 输入数据的分隔符

从键盘输入多个整数或实数时,数据之间默认可以用一个或多个空白字符(空格、Tab 或回车等)来分隔。编程人员也可以在格式控制字符串中指定任意的非空白字符(例如逗号)作为分隔符。

【例 2-4】 输入数据的分隔符示例。

示例程序如下。

```c
#include <stdio.h>
int main()
{   int a, b, c;
    printf("请输入 a, b, c 的值: \n");              /*输出提示信息*/
    scanf("%d%d%d", &a, &b, &c);                    /*%d%d%d 之间无分隔符*/
    printf("a=%d, b=%d, c=%d\n", a, b, c);
    return 0;
}
```

如果在 VS2022 中编译这个程序时提示"scanf 是不安全的函数",有两种解决方法。

方法一:禁用特定的警告来消除提示,在源程序文件的顶部添加下面的编译预处理命令。

```c
#define _CRT_SECURE_NO_WARNINGS
```

方法二:在主窗口菜单栏中选择"项目→属性",打开项目属性页对话框,将"C/C++"属性中的"SDL 检查"选项设置为"否",如图 2-1 所示。

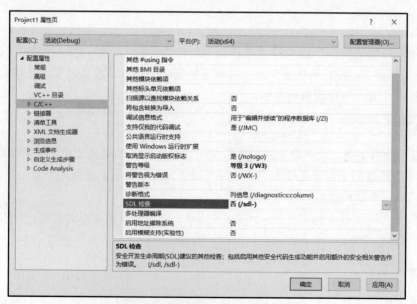

图 2-1 修改项目的"C/C++"属性

输入数据时采用不同的分隔符的程序执行结果如表 2-4 所示。

表 2-4 输入数据时采用不同的分隔符的程序执行结果

序号	分隔符	程序执行结果
第一组	空格分隔	请输入 a, b, c 的值： 2 5 8 a=2, b=5, c=8
第二组	回车分隔	请输入 a, b, c 的值： 2 5 8 a=2, b=5, c=8
第三组	Tab 分隔	请输入 a, b, c 的值： 2 5 8 a=2, b=5, c=8
第四组	逗号分隔	请输入 a, b, c 的值： 2, 5, 8 a=2, b=−858993460, c=−858993460

程序执行结果分析如下。

（1）第一组数使用空格作为各个数据之间的分隔符。程序首先用 printf()函数调用语句输出提示信息"请输入 a，b，c 的值："。用户输入用空格分隔的三个整数后，按下回车键，scanf()函数依次读入这三个整数并分别存放在变量 a、b、c 中。

（2）第二组数使用回车作为各个数据之间的分隔符。用户每输入一个整数后，都要按下回车键，scanf()函数同样可以依次读入这三个整数并分别存放在变量 a、b、c 中。

（3）第三组数使用 Tab 作为各个数据之间的分隔符。用户输入用 Tab 分隔的三个整数后，按下回车键，scanf()函数仍然可以依次读入这三个整数并分别存放在变量 a、b、c 中。

（4）第四组数使用逗号作为各个数据之间的分隔符。其中 2 被正确地读入变量 a 中，但变量 b 和 c 的值为随机数。这是因为在 scanf()函数读取整数时，默认情况下遇到空格、Tab、回车或非数字字符时即认为该整数结束，逗号既不是默认的分隔符，也不是数字字符，导致 scanf 语句终止执行，因此只读入了第一个整数。

【例 2-5】指定输入数据的分隔符示例。

示例程序如下。

```
#include <stdio.h>
int main()
{   int a, b, c;
    printf("请输入a, b, c的值: \n");              /*输出提示信息*/
    scanf("%d,%d,%d", &a, &b, &c);                /*以逗号作分隔符*/
    printf("a=%d, b=%d, c=%d\n", a, b, c);
    return 0;
}
```

指定分隔符后输入数据时采用不同的分隔符的程序执行结果如表 2-5 所示。

表 2-5 指定分隔符后输入数据时采用不同的分隔符的程序执行结果

序号	分隔符	程序执行结果
第一组	逗号分隔	请输入 a, b, c 的值： 2, 5, 8 a=2, b=5, c=8
第二组	空格分隔	请输入 a, b, c 的值： 2 5 8 a=2, b=-858993460, c=-858993460

程序执行结果分析如下。

（1）第一组数使用逗号作为各个数据之间的分隔符，与 scanf()函数调用语句指定的分隔符一致，得到正确的结果。

（2）第二组数使用空格作为各个数据之间的分隔符。其中 2 被正确地读入变量 a 中，但变量 b 和 c 的值为随机数。这是因为 scanf()函数的格式控制字符串中有逗号（既不是格式字符也不是空白字符），在读取整数时，scanf()函数将它与所输入的非数字字符进行匹配，若两个字符相等，则继续读取下一个整数，否则终止 scanf()函数的执行。这里所输入的非数字字符是空格，与逗号不匹配，因此只读取了第一个整数。

2.3.3 字符数据的输入输出

除可以使用 scanf()和 printf()函数输入和输出字符外，C 语言还提供专门用于输入字符的 getchar()函数和输出字符的 putchar()函数，这两个函数的原型也在头文件"stdio.h"中。

1. 用 scanf()函数输入字符

在输入字符数据时，若格式控制字符串中不存在非格式字符，则认为所有输入的字符均为有效字符，包括空格、Tab 和回车，例如下面的变量定义和 scanf()函数调用语句。

```
char a, b, c;
scanf("%c%c%c", &a, &b, &c);
```

如果要求输入字符'd'存储到变量 a 中，字符'e'存储到变量 b 中，字符'f'存储到变量 c 中，则必须直接输入 def（各个字符之间不能有空格），否则变量 a 将会得到字符'd'，变量 b 将会得到空格，变量 c 将会得到字符'e'。

2. 用 printf()函数输出字符

在 printf()函数中，非格式字符串在输出时照原样输出，格式字符串"%c"对应输出一个字符，例如下面的 printf()函数调用语句。

```
printf("变量 a 中存储的字符是%c\n", a);
```

如果 char 型变量 a 的值为字母'd'，则该语句将输出"变量 a 中存储的字符是 d"。

3. 用 getchar()函数输入单个字符

getchar()函数没有参数,其功能是从键盘读取一个字符。getchar()函数的调用形式如下。

```
变量=getchar();
```

其中,变量可以是 char 型或者整型。getchar()函数只能接收一个字符,如果要输入多个字符就要多次使用 getchar()函数。

4. 用 putchar()函数输出单个字符

putchar()函数的功能是将一个字符输出到显示器屏幕上。putchar()函数的调用形式如下。

```
putchar(单个字符);
```

其中单个字符可以是字符常量、char 型或者整型的变量。同样,putchar()函数只能输出一个字符,如果要输出多个字符就要多次使用 putchar()函数。

【例 2-6】 从键盘输入一个小写字母,将其转换成大写字母后输出。

分析:首先从键盘读取一个字符保存到变量 c 中,然后完成大小写转换(大小写字母的 ASCII 码值相差 32),最后输出转换后的字符及其 ASCII 码值。

用 scanf()和 printf()函数实现的示例程序如下。

```c
#include <stdio.h>
int main()
{   char c;
    scanf("%c", &c);        /*从键盘读取一个字符保存到变量c中*/
    c=c-32;                 /*将变量c中存储的小写字母转换为大写字母*/
    printf("%c\n", c);      /*输出字符及换行*/
    return 0;
}
```

用 getchar()和 putchar()函数实现的示例程序如下。

```c
#include <stdio.h>
int main()
{   char c;
    c=getchar();            /*从键盘读取一个字符保存到变量c中*/
    c=c-32;                 /*将变量c中存储的小写字母转换为大写字母*/
    putchar(c);             /*输出变量c中存储的字符*/
    putchar('\n');          /*输出换行*/
    return 0;
}
```

程序执行结果如下。

```
a
A
```

2.4 顺序结构程序设计示例

【例 2-7】 输入圆的半径,计算并输出圆的面积(保留 4 位小数),π取值为 3.141593。

分析:从键盘输入圆的半径值并保存到变量 r 中,计算圆面积的公式为 area=πr^2,转换为 C 语言的表达式为 area=3.141593*r*r。

示例程序如下。

```
#include <stdio.h>
int main()
{   float r, area;
    printf("请输入圆的半径值:");          /*输出提示信息*/
    scanf("%f", &r);                      /*从键盘输入半径值保存到变量 r 中*/
    area=3.141593*r*r;                    /*计算圆面积*/
    printf("圆的面积是%.4f\n", area);     /*输出圆面积,保留 4 位小数*/
    return 0;
}
```

程序执行结果如下。

```
请输入圆的半径值:3.5
圆的面积是 38.4845
```

【例 2-8】 求两个整数的平均值(保留 2 位小数)。

分析:从键盘输入两个整数分别保存到整型的变量 x 和 y 中。在计算平均值时,由于两个整数相除的结果为整数,而平均值是实数,因此表达式中必须有实数参与运算,否则小数部分的结果可能会错误。

示例程序如下。

```
#include <stdio.h>
int main()
{   int x, y;
    float z;
    printf("请输入两个整数(空格分隔):\n");        /*输出提示信息*/
    scanf("%d%d", &x, &y);                          /*读取两个整数*/
    z=(x+y)/2.0;                                    /*计算平均值*/
    printf("%d 和%d 的平均值是%.2f\n", x, y, z);    /*输出平均值,保留 2 位小数*/
    return 0;
}
```

程序执行结果如下。

```
请输入两个整数(空格分隔):
3 4
3 和 4 的平均值是 3.50
```

【例 2-9】 从键盘输入两个整型变量 x 和 y 的值,将两个变量的值交换后输出。

分析:从键盘输入两个整数分别保存到整型的变量 x 和 y 中,在交换变量 x 和 y 的值时,必须借助第三个变量 t 辅助实现。

示例程序如下。

```
#include <stdio.h>
int main()
{   int x, y, t;
    printf("请输入两个整数(逗号分隔):\n");      /*输出提示信息*/
    scanf("%d,%d", &x, &y);                      /*读取两个整数*/
    printf("交换前 x=%d, y=%d\n", x, y);         /*输出交换前变量的值*/
    t=x;                                          /*交换变量 x 和 y 的值*/
    x=y;
    y=t;
    printf("交换后 x=%d, y=%d\n", x, y);         /*输出交换后的结果*/
    return 0;
}
```

程序执行结果如下。

```
请输入两个整数(逗号分隔):
3, 5
交换前 x=3, y=5
交换后 x=5, y=3
```

【例 2-10】 从键盘输入任意一个字符,输出该字符及其 ASCII 码值。

分析:输出字符用"%c",输出字符的 ASCII 码值用"%d"。

示例程序如下。

```
#include <stdio.h>
int main()
{   char c;
    scanf("%c", &c);                              /*从键盘读取一个字符保存到变量 c 中*/
    printf("字符%c 的 ASCII 码是%d\n", c, c);    /*输出字符及其 ASCII 码值*/
    return 0;
}
```

程序执行结果如下。

```
a
字符 a 的 ASCII 码是 97
```

习题

一、填空题

1. printf("%d, %o, %x", 0x12, 12, 012)函数的输出结果是_____。

2. 已声明整型的变量 x 和 float 型的变量 y，当执行 scanf("%3d%f", &x, &y)函数时，如果输入的数据为"12345□678"（□表示空格），则变量 x 的值是_____，y 的值是_____。

3. 已知字母 A 的 ASCII 码为 65，以下程序执行后的输出结果是_____。

```
#include <stdio.h>
int main()
{   char a, b;
    a='A'+'5'-'3';
    b=a+'6'-'2' ;
    printf("%d, %c\n", a, b);
    return 0;
}
```

4. 以下程序执行时，若从键盘输入"10□20□30"，则输出结果是_____。

```
#include <stdio.h>
int main()
{   int i=0, j=0, k=0;
    scanf("%d%*d%d", &i, &j, &k);
    printf("%d, %d, %d\n", i, j, k);
    return 0;
}
```

5. 有以下程序段：

```
int n1=10, n2=20;
printf("_____", n1, n2);
```

要求按以下格式输出 n1 和 n2 的值，每个输出行从第一列开始，请填空。

```
n1=10
n2=20
```

二、选择题

1. 以下程序的功能是计算半径为 r 的圆面积 s。程序在编译时出错。

```
#include <stdio.h>
int main()
/* Beginning */
{   int r; float s;
    scanf("%d", &r);
    s=*p*r*r;
    printf("s=%f\n", s);
    return 0;
}
```

出错的原因是（　　）。
   A．注释语句书写位置错误　　　　　　B．存放圆半径的变量 r 不应该定义为整型

C．输出语句中格式描述符不正确　　D．计算圆面积的赋值语句错误

2．有以下程序：

```
#include <stdio.h>
int main()
{   char c1,c2,c3,c4;
    scanf("%c%c%c%c", &c1, &c2, &c3, &c4);
    printf("%c%c\n", c3, c4);
    return 0;
}
```

程序执行后，若从键盘输入：1□2□3□4，则输出结果是（　　）。

　　A．23　　　　　　B．34　　　　　　C．2□　　　　　　D．3□

3．已知数字字符'0'的 ASCII 码值为 48，以下程序执行后的输出结果是（　　）。

```
#include <stdio.h>
int main()
{   char a='1',b='2';
    printf("%c,", b++);
    printf("%d\n", b);
    return 0;
}
```

　　A．3,2　　　　　B．2,3　　　　　C．2,2　　　　　D．2,51

4．有以下程序：

```
#include <stdio.h>
int main()
{   int m,n,p;
    scanf("m=%dn=%dp=%d", &m, &n, &p);
    return 0;
}
```

若想从键盘输入数据，使变量 m 的值为 123，n 的值为 456，p 的值为 789，则正确的输入是（　　）。

　　A．m=123n=456p=789　　　　B．m=123 n=456 p=789
　　C．m=123,n=456,p=789　　　　D．123　456　789

5．已知 i、j、k 为整型变量，若从键盘输入：1,2,3 回车，要使 i 的值为 1，j 的值为 2，k 的值为 3，以下选项中正确的输入语句是（　　）。

　　A．scanf("%2d%2d%2d", &i, &j, &k);
　　B．scanf("%d%d%d", &i, &j, &k);
　　C．scanf("%d,%d,%d", &i, &j, &k);
　　D．scanf("i=%d,j=%d,k=%d", &i, &j, &k);

三、编程题

1．假设我国国民生产总值的年增长率为 7%，计算 10 年后我国国民生产总值与现在相

比增长多少。计算公式为 $p=(1+r)^n$，其中，r 为年增长率，n 为年数，p 为与现在相比的百分比。

2．若 a=3，b=4，c=5，x=1.2，y=2.4，z=-3.6，c1='a'，c2='b'，编写程序（包括变量定义和设计输出格式）。要求输出的结果及格式如下。

```
a=3   b=4   c=5
x=1.200000, y=2.400000, z=-3.600000
x+y=3.60     y+z=-1.20     z+x=-2.4
c1='a' or 97(ASCII)
c2='b' or 98(ASCII)
```

3．编写程序，用 getchar()函数读入两个字符分别保存到变量 c1 和 c2 中，然后分别用 putchar()函数和 printf()函数输出这两个字符。

4．设圆半径为 1.5，圆柱高为 3，求圆周长、圆面积、圆柱表面积、圆柱体积。编写程序，输出计算结果时要求有文字说明，保留 4 位小数。

5．编写程序，要求输入一个华氏温度 F，输出摄氏温度 C，输出时要文字说明，保留 2 位小数。温度转换公式为 $C=\dfrac{5}{9}(F-32)$。

第3章

选择结构程序设计

CHAPTER 3

选择结构(也称为分支结构)是指在程序执行时根据不同的条件选择执行不同的操作的一种程序控制结构。在 C 语言中,这些条件一般用关系表达式和逻辑表达式来实现,最常见的选择结构语句是 if 语句和 switch 语句。

学习目标
- 掌握关系运算与逻辑运算的规则。
- 掌握 if 语句的语法规则及嵌套形式。
- 掌握条件运算符。
- 掌握 switch 语句的语法规则和执行流程。
- 掌握选择结构程序设计方法。

3.1 认识选择结构

在计算分段函数时，根据自变量 x 的取值范围，函数值的计算表达式是不同的，因此需要首先判定 x 的取值范围，然后根据判定的结果执行不同的计算表达式，这种情况下就需要使用选择结构。

【例 3-1】输入 x 的值，求分段函数 y=f(x)的值，具体函数如下。

$$y = \begin{cases} x^2 & x > 0 \\ 0 & x \leq 0 \end{cases}$$

分析：首先输入 x 的值，如果 x>0 成立，执行 $y=x^2$，否则执行 y=0。程序只能选择一条给 y 赋值的语句执行。

示例程序如下。

```c
#include <stdio.h>
int main()
{   int x, y;                       /*定义变量x和y*/
    printf("请输入x的值：");
    scanf("%d", &x);                /*从键盘输入x的值*/
    if(x>0)                         /*判断x的值是否大于0*/
        y=x*x;                      /*x大于0，则y=x²*/
    else
        y=0;                        /*否则y=0*/
    printf("y=%d\n", y);            /*输出y的值*/
    return 0;
}
```

输入不同的 x 值的程序执行结果如表 3-1 所示。

表 3-1 输入不同的 x 值的程序执行结果

序号	x 的取值范围	程序执行结果
第一组	x>0	请输入 x 的值：5 y=25
第二组	x<0	请输入 x 的值：-5 y=0
第三组	x=0	请输入 x 的值：0 y=0

选择条件决定了执行哪一路分支中的语句，而在选择条件中，最常用的就是关系运算和逻辑运算，因此下面先介绍这两种运算。

3.2 关系运算和逻辑运算

C 语言中的条件一般由关系表达式和逻辑表达式构成。

3.2.1 关系运算

在 C 语言中，关系运算实际上就是比较运算，将两个值进行比较，判断其比较结果是否满足给定的条件。例如，"a>b"是一个关系表达式，其功能是比较a、b两个变量值的大小，若 a 的值大于 b 的值，则关系表达式的值为真（即条件成立）；否则关系表达式的值为假。

在 C 语言中，用 1 代表真，0 代表假。对于关系表达式"a>b"，如果变量 a 的值是 5，变量 b 的值是 3，则结果为 1；如果变量 a 的值是 2，变量 b 的值是 3，则结果为 0。

1. 关系运算符及其优先次序

表 3-2 给出了 C 语言提供的关系运算符。

表 3-2 关系运算符

运算符	含 义	举例（设变量 x 的值为-2）	结 果
<	小于	x<0	1（真）
<=	小于等于	x<=0	1（真）
>	大于	x>-2	0（假）
>=	大于等于	x>=-2	1（真）
==	等于	x==0	0（假）
!=	不等于	x!=0	1（真）

（1）<、<=、>、>= 这四个运算符的优先级相同。

（2）==和!= 这两个运算符的优先级也相同，但比上述四个运算符优先级低。

（3）关系运算符的优先级低于算术运算符，但高于赋值运算符。例如，关系表达式"x+y>x*y"等价于"(x+y)>(x*y)"，关系表达式"x=y>z"等价于"x=(y>z)"。各种运算符的优先次序详见附录 B。

（4）关系运算符都是双目运算符，具有左结合性。

2. 关系表达式

用关系运算符将两个表达式连接起来的式子，称为关系表达式。例如，"a+b>c-d" "(a=3)>(b=5)"和"0<=x<=5"都是关系表达式。

在计算关系表达式的值时，系统会自动依据运算符的优先级和结合方向依次计算。对于表达式"0<=x<=5"，它等价于"(0<=x)<=5"。若 x=10，先判断"0<=x"的值为 1，然后再判断"1<=5"的值也为 1。但实际上"0<=x<=5"的数学含义为 x 的取值在[0,5]区间内，这里得到了一个与数学含义相违背的结论，其原因是程序中的表达式与数学中的表达式的求值原则不一样。

此外，在判断两个实数是否相等时，需要考虑到小数部分在计算机中的表示存在误差。因此，不能直接使用"=="或"!="来判断两个实数是否相等，而是需要比较它们之差的绝对值是否在指定的精度值之内。在 C 语言中，精度值通常定义为 0.000001（即 1e-6）。

例如，判断 float 型的变量 x1 和 x2 相等的表达式应该写为"fabs(x1-x2)<=1e-6"的形

式;判断 float 型的变量 x1 和 x2 不相等的表达式应该写为"fabs(x1-x2)>1e-6"的形式。其中 fabs()是 C 语言提供的求绝对值的数学函数,使用时必须添加"#include<math.h>"。

3.2.2 逻辑运算

关系表达式只能表示一个简单的条件,但在实际问题中往往需要复杂的条件,即两个或两个以上的条件。例如,针对数学中 x 的取值在[0, 5]区间内这一数学关系,实际上表达的是"x>=0"并且"x<=5",这就需要使用逻辑运算符将这两个简单的关系表达式组合起来。

1. 逻辑运算符及其优先次序

表 3-3 给出了 C 语言中提供的三种逻辑运算符。

表 3-3 逻辑运算符

运算符	含义	举例	说明
!	逻辑非	!x	如果变量 x 的值为真,则结果为假,否则为真
&&	逻辑与	x&&y	如果变量 x 和 y 的值都为真,则结果为真,否则为假
||	逻辑或	x||y	如果变量 x 和 y 的值都为假,则结果为假,否则为真

(1)逻辑非的优先级最高,逻辑与次之,逻辑或最低,即!>&&>||。
(2)与其他种类运算符的优先关系为:!>算术运算>关系运算>&&>||>赋值运算。
(3)逻辑与"&&"和逻辑或"||"均为双目运算符,具有左结合性;逻辑非"!"为单目运算符,具有右结合性。

2. 逻辑表达式

在 C 语言中,逻辑表达式的值只有真和假两种,分别用 1 和 0 表示。但在判断参与逻辑运算的对象是否为真时,以 0 代表假,非 0 代表真。例如,由于 5 和 3 均为非 0,因此逻辑表达式"5&&3"实际上求的是"真&&真",其值为真(即 1)。

表 3-4 给出了 C 语言中逻辑运算的真值表。

表 3-4 逻辑运算的真值表

x	y	!x	!y	x&&y	x||y
非 0	非 0	0	0	1	1
非 0	0	0	1	0	1
0	非 0	1	0	0	1
0	0	1	1	0	0

对于逻辑表达式"x>=0 && x<=5",当变量 x 的值为 10 时,由于"x>=0"的值为 1(真),"x<=5"的值为 0(假),因此整个逻辑表达式的值为 0(假);当变量 x 的值为 3 时,由于"x>=0"的值为 1(真),"x<=5"的值也为 1(真),因此整个逻辑表达式的值为 1(真);当变量 x 的值为-5 时,由于"x>=0"的值为 0(假),因此整个逻辑表达式的值为 0(假)。因此逻辑表达式"x>=0 && x<=5"表达了 x 在[0,5]区间这一数学关系。

3. 逻辑运算的短路特性

在逻辑表达式的求解中，并不是所有的运算符都会被执行，只是在必须执行下一个运算符才能得出逻辑表达式的值时，才会执行该运算符。这种特性称之为逻辑运算的短路特性。

例如，计算逻辑表达式"x>0 && y>0"的值时，只有"x>0"为真时，才需要判别 y 的值。如果"x>0"为假，此时整个表达式的值已经可以确定为假，就不必再判别 y 的值。同理，计算逻辑表达式"x>0 || y>0"的值时，只有"x>0"为假时，才需要判别 y 的值。如果"x>0"为真，此时整个表达式的值已经可以确定为真，就不必再判别 y 的值。

【例 3-2】 逻辑运算的短路特性示例。

示例程序如下。

```
#include <stdio.h>
int main()
{   int c, x=0, y=-5;
    printf("!x*y=%d, x&&y=%d\n", !x*y, x&&y);
    c=(x=1)||(y=1);
    printf("x=%d, y=%d, c=%d\n", x, y, c);
    c=(x=0)&&(y=0);
    printf("x=%d, y=%d, c=%d \n", x, y, c);
    return 0;
}
```

程序执行结果如下。

```
!x*y=-5, x&&y=0
x=1, y=-5, c=1
x=0, y=-5, c=0
```

程序执行结果分析如下。

（1）在计算表达式"!x*y"的值时，逻辑非"!"运算符的优先级高于算术运算符"*"，因此先计算"!x"的值为 1，然后再计算"1*y"的值为-5。在计算表达式"x&&y"的值时，由于 x 的值为 0（假），依据逻辑运算的短路特性，无论 y 的值为何，其值都为 0。

（2）在语句"c=(x=1)||(y=1);"中，先执行"(x=1)"，然后再计算表达式"x||(y=1)"的值并赋予变量 c。由于 x 的值为 1，依据逻辑运算的短路特性，该逻辑表达式的值可以确定为 1，因此不会再计算"||"之后的表达式，即不会执行"(y=1)"，使得 y 的值仍然是-5。

（3）同理，在语句"c=(x=0)&&(y=0);"中，先执行"(x=0)"，然后再计算表达式"x&&(y=0)"的值并赋予变量 c。由于 x 的值为 0，依据逻辑运算的短路特性，该逻辑表达式的值可以确定为 0，因此不会再计算"&&"之后的表达式，使得 y 的值仍然是-5。

4. 程序中常用的条件判断表达式

（1）x 是整型的变量，判断变量 x 中的整数是偶数的表达式为：x%2 == 0。

（2）c 是 char 型的变量，判断变量 c 中的字符是数字的表达式为：c>= '0' && c <= '9'。

判断变量 c 中的字符是英文字母的表达式为：c >= 'A' && c <= 'Z' || c >= 'a' && c <= 'z'。

（3）year 是整型的变量，闰年的判定条件如下。

① 普通闰年：能被 4 整除，但不能被 100 整除。

② 世纪闰年：能被 400 整除。

则判断变量 year 中的年份是闰年的逻辑表达式为：(year%4 == 0 && year%100 != 0) || (year%400 == 0)。

3.3 用 if 语句实现选择结构

if 语句有三种形式，分别是单路分支、二路分支和多路分支，其中，二路分支是 if 语句的基本形式。

3.3.1 二路分支的 if-else 语句

二路分支的 if-else 语句的基本形式如下。

```
if(表达式)
    语句1;
else
    语句2;
```

其执行流程如图 3-1 所示，如果表达式的值为真，则执行语句 1，否则执行语句 2。

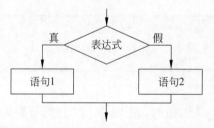

图 3-1 二路分支的 if-else 语句的执行流程

需要注意的是，if 语句的每个分支中只能有一条语句。如果有两条及以上的语句，必须用一对花括号将这些语句括起来组成复合语句。无论包含了多少条语句，从逻辑上可以将复合语句看成一条语句。

【例 3-3】 随机输入两个整数，输出其中的大数。

分析：首先从键盘输入两个整数分别保存到变量 a 和 b 中，然后判断表达式 a>b 的值，如果为真，输出变量 a 的值；否则输出变量 b 的值。

示例程序如下。

```
#include <stdio.h>
int main()
{   int a, b;
    printf("请输入两个整数：");
```

```
    scanf("%d%d", &a, &b);
    if(a>b)                         /*比较 a 和 b 的大小*/
        printf("%d 是较大数\n", a);
    else
        printf("%d 是较大数\n", b);
    return 0;
}
```

输入两个大小顺序不同的整数的程序执行结果如表 3-5 所示。

表 3-5 输入两个大小顺序不同的整数的程序执行结果

序号	两个数的大小顺序	程序执行结果
第一组	第一个数大	请输入两个整数：6 3 6 是较大数
第二组	第二个数大	请输入两个整数：0 3 3 是较大数
第三组	两个数一样大	请输入两个整数：3 3 3 是较大数

【例 3-4】 输入三角形的三条边的边长，计算并输出三角形的面积。

分析：首先从键盘输入三角形的三条边长分别保存在变量 a、b、c 中，然后判断所输入的三条边是否能构成三角形（任意两边之和大于第三边），如果能构成三角形，计算面积并输出，否则直接给出提示信息"输入数据错误！"。三角形面积计算公式如下，这里需要使用求平方根的数学函数 sqrt()。

$$p = \frac{1}{2}(a+b+c)$$

$$s = \sqrt{p(p-a)(p-b)(p-c)}$$

示例程序如下。

```
#include <stdio.h>
#include <math.h>                              /*数学函数的头文件*/
int main()
{   float a, b, c, p, s;
    printf("请输入三角形的三条边：\n");
    scanf("%f%f%f", &a, &b, &c);
    if(a+b>c && a+c>b && b+c>a)                /*判断是否能构成三角形*/
    {   p=(a+b+c)/2;
        s=sqrt(p*(p-a)*(p-b)*(p-c));           /*sqrt()是求平方根的数学函数*/
        printf("s=%f\n", s);
    }
    else
        printf("输入数据错误！\n");
    return 0;
}
```

输入不同的三条边长的程序执行结果如表 3-6 所示。

表 3-6 输入不同的三条边长的程序执行结果

序号	三条边长的取值范围	程序执行结果
第一组	能构成三角形	请输入三角形的三条边： 3 4 5 s=6.000000
第二组	不能构成三角形	请输入三角形的三条边： 1 2 3 输入数据错误！

思考：表达式"p=(a+b+c)/2"与"p=1/2*(a+b+c)"是否等价？

将表达式"p=(a+b+c)/2"写为"p=1/2*(a+b+c)"后，输入第一组数（3 4 5），程序的输出结果为"s=0.000000"。这是因为在计算表达式"1/2*(a+b+c)"的值时，先计算"1/2"，其结果为 0，因此整个表达式的结果一定为 0。在程序设计中要特别注意这类错误。

3.3.2 单路分支的 if 语句

单路分支的 if 语句是省略了 else 分支的一种特殊情况。也就是当表达式的值为假时，不执行任何语句而直接结束 if 语句。

单路分支的 if 语句的基本形式如下。

```
if(表达式)
    语句;
```

其执行流程如图 3-2 所示，如果表达式的值为真，则执行其后的语句，否则跳过该语句直接结束 if 语句。

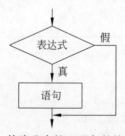

图 3-2 单路分支的 if 语句的执行流程

【例 3-5】 从键盘随机输入三个整数，输出其中的最大数。

分析：首先将从键盘输入的三个整数分别保存在变量 a、b、c 中，然后使用打擂台算法进行求解。将第一个整数当作擂主 max=a，然后用第二个整数去打擂台（即比较大小），如果第二个整数大于当前的擂主（即 b>max 成立），则第二个整数成为新的擂主 max=b；同样的方法，第三个整数再去打擂台，最终擂主 max 的值就是最大数。

示例程序如下。

```c
#include <stdio.h>
```

```
    int main()
    {   int a, b, c, max;
        printf("请输入三个数: ");
        scanf("%d%d%d", &a, &b, &c);
        max=a;                          /*确定擂主*/
        if(b>max)                       /*b 去打擂台*/
            max=b;
        if(c>max)                       /*c 去打擂台*/
            max=c;
        printf("%d 是最大数\n", max);
        return 0;
    }
```

程序执行结果如下。

```
请输入三个数: 3  5  8
8 是最大数
```

【例 3-6】 从键盘随机输入三个数,从大到小输出这三个数。

分析:首先将键盘输入的三个整数分别保存在变量 a、b、c 中,经过调整后使得变量 a 中存放最大的数,变量 b 中存放第二大的数,变量 c 中存放最小的数。具体调整步骤为:

① 先比较 a 和 b,如果 b>a,则交换 a、b;然后再比较 a 和 c,如果 c>a,则交换 a、c,使变量 a 中存放的一定是最大数。

② 比较 b 和 c,如果 c>b,则交换 b、c,使变量 b 中存放的一定是第二大的数,变量 c 中存放的一定是最小的数。

示例程序如下。

```
#include <stdio.h>
int main()
{   int a, b, c, t;
    printf("请输入三个数: ");
    scanf("%d%d%d", &a, &b, &c);
    if(b>a)                         /*比较 a 和 b*/
    {   t=a;                        /*交换 a、b 时,必须借助第三个变量 t*/
        a=b;
        b=t;
    }
    if(c>a)                         /*比较 a 和 c */
    {   t=a;
        a=c;
        c=t;
    }
    if(c>b)                         /*比较 b 和 c */
    {   t=b;
        b=c;
        c=t;
    }
    printf("三个数由大到小: %d, %d, %d\n", a, b, c);
    return 0;
```

```
}
```

输入三个大小顺序不同的数的程序执行结果如表 3-7 所示。

表 3-7 输入三个大小顺序不同的数的程序执行结果

序号	大小顺序	程序执行结果
第一组	第一个数最大	请输入三个数：7 5 3 三个数由大到小：7, 5, 3
第二组	第二个数最大	请输入三个数：3 7 5 三个数由大到小：7, 5, 3
第三组	第三个数最大	请输入三个数：3 5 7 三个数由大到小：7, 5, 3

3.3.3 多路分支的 if-else if 语句

当选择结构的分支超过两个时，就要使用多路分支的 if-else if 语句实现多选一的结构。多路分支的 if-else if 语句的基本形式如下。

```
if(表达式 1)
    语句 1;
else if(表达式 2)
    语句 2;
else if(表达式 3)
    语句 3
…
else if(表达式 n)
    语句 n;
else
    语句 n+1;
```

其执行流程如图 3-3 所示，首先判断表达式 1 的值，若其值为真就执行语句 1，若其值为假就继续判断表达式 2，以此类推，如果所有表达式都为假，就执行语句 n+1。

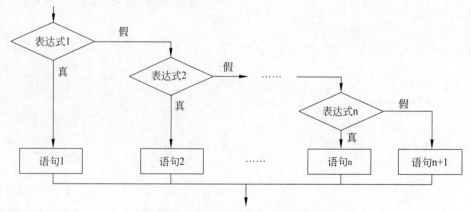

图 3-3 多路分支的 if-else if 语句的执行流程

【例 3-7】 从键盘输入一个百分制的学生成绩（float 型），输出该学生成绩的等级（优秀、良好、中等、及格、不及格）。其中 90≤成绩≤100 为优秀，80≤成绩<90 为良好，70≤成绩<80 为中等，60≤成绩<70 为及格，60 分以下为不及格。

分析：首先从键盘输入一个成绩保存到变量 score 中，然后根据 score 的值确定等级。程序先判断表达式"score>=90"的值，如果为真，则等级为优秀；否则 score 一定是 90 分以下，因此只需要判断表达式"score>=80"的值，如果为真，则等级为良好；以此类推。

示例程序如下。

```
#include <stdio.h>
int main()
{   float score;
    printf("请输入学生的成绩：");
    scanf("%f", &score);
    if(score>=90)
        printf("优秀\n");
    else if(score>=80)
        printf("良好\n");
    else if(score>=70)
        printf("中等\n");
    else if(score>=60)
        printf("及格\n");
    else
        printf("不及格\n");
    return 0;
}
```

输入不同的 score 值的程序执行结果如表 3-8 所示。

表 3-8 输入不同的 score 值的程序执行结果

序号	score 的取值范围	程序执行结果
第一组	90≤score≤100	请输入学生的成绩：96 优秀
第二组	80≤score<90	请输入学生的成绩：88 良好
第三组	70≤score<80	请输入学生的成绩：70 中等
第四组	60≤score<70	请输入学生的成绩：61 及格
第五组	0≤score<60	请输入学生的成绩：38 不及格
第六组	score>100	请输入学生的成绩：115 优秀

在示例程序中没有考虑"score>100"和"score<0"的情况，为了避免输入超出百分制

范围的成绩数据，程序将如何改写，请读者思考。

3.3.4　if 语句的嵌套

C 语言允许 if 语句嵌套，即在 if 语句的内嵌语句中又包含一个或多个 if 语句，这种形式即为 if 语句的嵌套。if 语句嵌套的基本形式如下。

```
if(表达式 1)
    if(表达式 2)
        语句 1;
    else
        语句 2;
else
    if(表达式 3)
        语句 3;
    else
        语句 4;
```

if 语句嵌套时，要特别注意 if 和 else 的配对问题，else 总是与它前面最近的、等待与 else 配对的 if 配对。例如，分析下面 if 和 else 的配对结果。

```
if(表达式 1)
    if(表达式 2)
        语句 1;
else
    if(表达式 3)
        语句 2;
    else
        语句 3;
```

这里把第一个 else 与第一个 if（外层 if）对齐，企图使该 else 与第一个 if 对应，但实际上该 else 是与第二个 if 配对，因为它们距离最近。

为了使第一个 else 与第一个 if 配对，可以将内层的 if 语句用花括号括起来。程序改写如下。

```
if(表达式 1)
{   if(表达式 2)
        语句 1;
}
else
    if(表达式 3)
        语句 2;
    else
        语句 3;
```

在程序中使用选择结构时，应尽量使用缩排方式，这样可以使程序结构清晰易读，便于程序的维护。使用缩排方式编程时，应遵循以下规则：

（1）缩排的语句要缩进一个或多个空格。同一级别的语句要对齐。
（2）else 语句应与其配对的 if 语句垂直对齐。
（3）花括号尽量放在单独的一行中，以表明其包含的语句是一个语句块。
（4）每行只写一条语句。

【例 3-8】 改写例 3-7，从键盘输入一个百分制的学生成绩（float 型），首先判断输入的成绩，如果是百分制成绩，则输出该学生成绩的等级（优秀、良好、中等、及格、不及格），否则输出提示信息"数据错误！"。

分析：判断百分制成绩的表达式为"score>=0 && score<=100"，这样就可以避免输入成绩为 115 时程序输出"优秀"的情况。

示例程序如下。

```
#include <stdio.h>
int main()
{   float score;
    printf("请输入学生的成绩： ");
    scanf("%f", &score);
    if(score>=0 && score<=100)
    {   if(score>=90)
            printf("优秀\n");
        else if(score>=80)
            printf("良好\n");
        else if(score>=70)
            printf("中等\n");
        else if(score>=60)
            printf("及格\n");
        else
            printf("不及格\n");
    }
    else
        printf("数据错误！\n");
    return 0;
}
```

程序执行结果如下。

请输入学生的成绩： 115
数据错误！

3.4　用条件运算符实现选择结构

条件运算符是 C 语言中唯一的一个三目运算符，在条件运算符基础上形成的条件表达式能够代替 if-else 语句的形式。三目条件表达式的基本形式如下。

表达式 1？表达式 2：表达式 3

1. 三目条件表达式的运算过程

条件运算符的优先级高于赋值运算符,但比关系运算和算术运算的优先级低。在计算三目条件表达式时,先计算表达式 1 的值,如果它的值为非 0(真),将表达式 2 的值作为三目条件表达式的值,否则,将表达式 3 的值作为三目条件表达式的值。

例如,计算表达式"z=a>b ? a : b"的值时,先判断 a>b 的值,如果为真,则三目条件表达式的值为 a 的值(等价于 z=a),否则为 b 的值(等价于 z=b)。可以看出,该三目条件表达式的目的是求变量 a 和 b 中存储数据的最大值。用 if-else 语句可以改写如下。

```
if(a>b)
    z=a;
else
    z=b;
```

2. 条件运算符的结合性

条件运算符的结合性为右结合。例如,表达式"a>b ? a: c>d ? c : d"等价于"a>b ? a : (c>d ? c : d)"。

在使用三目条件表达式时,需要注意条件运算符"?"和":"是一个整体,不能分开单独使用,而且其中的表达式 2 和表达式 3 必须同时出现。

【例 3-9】从键盘任意输入一个字符,如果该字符是英文字母,将其大小写互换,否则保持不变。

分析:首先从键盘输入一个字符保存到变量 ch 中,然后判断 ch 中存放的是不是小写字母,如果是小写字母,则将其变为大写字母;否则继续判断 ch 中存放的是不是大写字母,如果是大写字母,则将其变为小写字母,否则 ch 保持不变。

示例程序如下。

```c
#include <stdio.h>
int main()
{   char ch;
    ch=getchar();
    ch=(ch>='a' && ch<='z') ? (ch-'a'+'A') : ((ch>='A' && ch<='Z')
            ? (ch-'A'+'a'):ch);
    putchar(ch);
    return 0;
}
```

输入不同的字符的程序执行结果如表 3-9 所示。

表 3-9 输入不同的字符的程序执行结果

序号	字符范围	程序执行结果
第一组	小写字母	a A
第二组	大写字母	B b

续表

序号	字符范围	程序执行结果
第三组	数字字符	6 6
第四组	其他字符	# #

3.5 用 switch 语句实现选择结构

switch 语句可以用来实现多路分支的选择结构。switch 语句通常和 case 语句连用，case 语句用于定义具体的分支和对应要执行的语句组。

1. switch 语句的基本结构

switch 语句的一般形式如下。

```
switch(表达式)
{   case 常量表达式 1：  语句组 1；
    case 常量表达式 2：  语句组 2；
    …
    case 常量表达式 n：  语句组 n；
    default：  语句组 n+1；
}
```

其执行流程如图 3-4 所示，首先计算 switch 语句中表达式的值，并将其值逐个与 case 中的常量表达式的值相比较，如果表达式的值与某个 case 中常量表达式的值匹配（相等），则从该 case 对应的语句组开始执行，直到 switch 语句结束。如果没有找到与表达式的值匹配的 case，则从 default 对应的语句组开始执行。

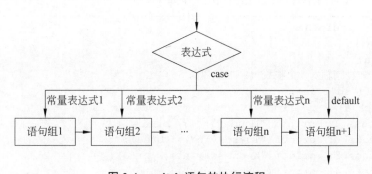

图 3-4　switch 语句的执行流程

【例 3-10】 从键盘输入一个 1～7 的整数，输出该整数对应的星期几（Monday、Thursday、…、Sunday）。

分析：首先从键盘输入一个整数保存到变量 a 中，然后根据该整数去匹配星期几。

示例程序如下。

```
#include <stdio.h>
int main()
{   int a;
    printf("请输入一个整数 (1-7): ");
    scanf("%d", &a);
    switch(a)
    {   case 1:  printf("Monday\n");
        case 2:  printf("Tuesday\n");
        case 3:  printf("Wednesday\n");
        case 4:  printf("Thursday\n");
        case 5:  printf("Friday\n");
        case 6:  printf("Saturday\n");
        case 7:  printf("Sunday\n");
        default: printf("Error\n");
    }
    return 0;
}
```

程序执行结果如下。

```
请输入一个整数 (1-7): 5
Friday
Saturday
Sunday
Error!
```

程序执行结果分析如下。

(1) 当输入 5 之后，输出了 Friday、Saturday、Sunday 和 Error。原因是程序执行完 case 5 对应的语句后，还继续执行了下面 case 中的语句，直到 switch 语句结束。

(2) 为了避免上述情况，C 语言提供了 break 语句，用于跳出其所在的 switch 语句。修改示例程序，增加 break 语句，使执行每一个 case 对应的语句组后均可跳出 switch 语句，从而避免输出多余的结果。修改后的示例程序如下。

```
#include <stdio.h>
int main()
{   int a;
    printf("请输入一个整数 (1-7): ");
    scanf("%d", &a);
    switch(a)
    {   case 1:  printf("Monday\n");     break;
        case 2:  printf("Tuesday\n");    break;
        case 3:  printf("Wednesday\n");  break;
        case 4:  printf("Thursday\n");   break;
        case 5:  printf("Friday\n");     break;
        case 6:  printf("Saturday\n");   break;
        case 7:  printf("Sunday\n");     break;
        default: printf("Error\n");
    }
    return 0;
}
```

程序执行结果如下。

```
请输入一个整数 (1-7): 5
Friday
```

2. switch 语句的说明

（1）switch 语句中的表达式只能是整型或字符型。
（2）case 语句中的常量表达式必须是整型或字符型常量，并且值互不相同。
（3）default 语句可以省略。
（4）case 和 default 的先后顺序可以变动，但不同的位置可能会影响程序执行结果。
（5）多个 case 可以共用一个语句组。

【例 3-11】 用 switch 语句改写例 3-7。从键盘输入一个百分制的学生成绩（float 型），输出该学生成绩的等级（优秀、良好、中等、及格、不及格）。

分析：由于 switch 语句中的表达式只能是整型或字符型，因此程序中使用强制类型转换"(int)"。为了减少分支数量，使用表达式"score/10"使成绩值范围缩小为 0~10，其中 0~5 均为不及格。

示例程序如下。

```c
#include <stdio.h>
int main()
{   float score;
    printf("请输入学生的成绩: ");
    scanf("%f", &score);
    if(score>=0 && score<=100)
        switch((int)score/10)
        {   default: printf("不及格\n"); break;
            case 10:
            case 9:  printf("优秀\n"); break;
            case 8:  printf("良好\n"); break;
            case 7:  printf("中等\n"); break;
            case 6:  printf("及格\n");
        }
    else
        printf("数据错误! \n");
    return 0;
}
```

这里 case 10 和 case 9 这两个分支共用了一个语句组，这两个分支可以改写如下。

```c
case 10:   printf("优秀\n"); break;
case 9:    printf("优秀\n"); break;
```

3.6 选择结构程序设计示例

【例 3-12】 从键盘输入一个字符，判断该字符是数字、大写字母、小写字母还是其他字符。

分析：首先从键盘输入一个字符保存到变量 c 中，然后判断该字符是数字（'0'~'9'）、大写字母（'A'~'Z'）还是小写字母（'a'~'z'），如果都不是，则为其他字符。

示例程序如下。

```
#include <stdio.h>
int main()
{   char c;
    printf("请输入一个字符：");
    c=getchar();
    if(c>='0' && c<='9')
        printf("%c 是数字\n", c);
    else if(c>='A' && c<='Z')
        printf("%c 是大写字母\n", c);
    else if(c>='a' && c<='z')
        printf("%c 是小写字母\n", c);
    else
        printf("%c 是其他字符\n", c);
    return 0;
}
```

程序中字符型常量必须用一对单引号将其括起来，例如'A'、'a'、'0'等。输入不同的字符的程序执行结果如表 3-10 所示。

表 3-10 输入不同的字符的程序执行结果

序号	字符范围	程序执行结果
第一组	数字字符	请输入一个字符：5 5 是数字
第二组	大写字母	请输入一个字符：M M 是大写字母
第三组	小写字母	请输入一个字符：b b 是小写字母
第四组	其他字符	请输入一个字符：# #是其他字符

【例 3-13】购买大宗商品时，每件 100 元。一次性购 1000 件以下不打折；购 1000 件及以上 2000 件以下打九五折；购 2000 件及以上 5000 件以下打九折；购 5000 件及以上 8000 件以下打八五折；购 8000 件及以上 10000 件以下打八折；购 10000 件及以上打七五折。输入购买件数，求总价。

分析：首先从键盘输入购买件数保存到变量 n 中，然后根据变量 n 的值，选择不同的总价计算表达式。

用 if 语句实现的示例程序如下。

```
#include <stdio.h>
int main()
```

```
{   double total, price=100.0;
    int n;
    printf("请输入购买件数: ");
    scanf("%d", &n);
    if(n>=10000)
        total=n*price*0.75;
    else if(n>=8000)
        total=n*price*0.8;
    else if(n>=5000)
        total=n*price*0.85;
    else if(n>=2000)
        total=n*price*0.9;
    else if(n>=1000)
        total=n*price*0.95;
    else
        total=n*price;
    printf("total=%.2lf\n", total);
    return 0;
}
```

用 switch 语句实现的示例程序如下。

```
#include <stdio.h>
int main()
{   double total, price=100.0;
    int n;
    printf("请输入购买件数: ");
    scanf("%d", &n);
    switch(n/1000)
    {   case 0:  total=n*price; break;
        case 1:  total=n*price*0.95; break;
        case 2:
        case 3:
        case 4:  total=n*price*0.9; break;
        case 5:
        case 6:
        case 7:  total=n*price*0.85; break;
        case 8:
        case 9:  total=n*price*0.8; break;
        default: total=n*price*0.75;
    }
    printf("total=%.2lf\n", total);
    return 0;
}
```

输入不同的购买件数的程序执行结果如表 3-11 所示。

表 3-11 输入不同的购买件数的程序执行结果

序号	购买件数 n 的取值范围	程序执行结果
第一组	0≤n<1000	请输入购买件数：800 total=80000.00
第二组	1000≤n<2000	请输入购买件数：1500 total=142500.00
第三组	2000≤n<5000	请输入购买件数：3500 total=315000.00
第四组	5000≤n<8000	请输入购买件数：6100 total=518500.00
第五组	8000≤n<10000	请输入购买件数：9250 total=740000.00
第六组	n≥10000	请输入购买件数：20000 total=1500000.00

【例 3-14】 四则运算计算器程序。用户输入两个运算数和一个四则运算符（+、-、*、/），输出计算结果。

分析：从键盘按照"运算数<运算符>运算数"的形式输入表达式，两个运算数分别存放到 float 型的变量 a 和 b 中，运算符存放到 char 型的变量 c 中。然后用 switch 语句判断输入的运算符，根据运算符的不同做出相应的运算。对于"/"运算，必须保证除数不能为零。

示例程序如下。

```c
#include <stdio.h>
#include <math.h>
int main()
{   float a, b;
    char c;
    printf("输入表达式(运算数<运算符>运算数)：");
    scanf("%f%c%f", &a, &c, &b);
    switch(c)
    {   case '+':    printf("%f\n", a+b); break;
        case '-':    printf("%f\n", a-b); break;
        case '*':    printf("%f\n", a*b); break;
        case '/':    if(fabs(b)<=1e-6)
                        printf("数据错误，除数不能为 0！\n");
                     else
                        printf("%f\n",a/b);
                     break;
        default:     printf("运算符只能是+, -, *, /\n");
    }
    return 0;
}
```

输入不同的运算符的程序执行结果如表 3-12 所示。

表 3-12 输入不同的运算符的程序执行结果

序号	运算符	程序执行结果
第一组	+	输入表达式（运算数<运算符>运算数）：3.5+5.6 9.100000
第二组	−	输入表达式（运算数<运算符>运算数）：3.5−5.6 −2.100000
第三组	*	输入表达式（运算数<运算符>运算数）：3.5*5.6 19.600000
第四组	/	输入表达式（运算数<运算符>运算数）：2.5/0 数据错误，除数不能为 0！
第五组	%	输入表达式（运算数<运算符>运算数）：10%3 运算符只能是+，−，*，/

习题

一、填空题

1. 在 C 语言中，表示逻辑"假"值用_____表示，表示逻辑"真"值用_____表示。

2. 在 C 语言中，对于 if 语句，else 与 if 的配对约定是_____。

3. 将下列条件写成 C 语言的逻辑表达式：

（1）平面上的点(x，y)在 2、3 象限：_____。

（2）x 中存储的整数是 3 和 7 倍数：_____。

（3）a、b、c 中存储的整数至少有一个小于 0：_____。

（4）x 中存储的整数范围是 0<x≤10：_____。

（5）ch 中存储的字符是英文字母：_____。

二、选择题

1. 下列运算符中优先级最低的是（   ）。

    A．>   B．|| C．&&   D．!=

2. 判断字符型变量 ch 为大写字母的表达式是（   ）。

    A．'A'<=ch<='Z'   B．(ch>=A) && (ch<=Z)

    C．(ch>='A') && (ch<='Z')   D．(ch>='A') || (ch<='Z')

3. 下面能正确表示变量 a 在区间[0，3]或(6，10)内的表达式为（   ）。

    A．0<=a || a<=3 || 6<a || a<10   B．0<=a && a<=3 || 6<a && a<10

    C．(0<=a || a<=3)&&(6<a || a<10)   D．0<=a && a<3 && 6<a && a<10

4. 为了表示数学关系 x≥y≥z，应使用 C 语言表达式（   ）。

    A．(x>=y) && (y>=z)   B．(x>=y) AND (y>=z)

    C．(x>=y>=z)   D．(x>=y)& (y>=z)

5. 下面程序段的执行结果是（   ）。

```
int a=0, b=0, c=0, d=0;
if(a=1)
    b=1; c=2;
else
    d=3;
printf("%d,%d,%d,%d\n", a, b, c, d);
```

    A．0,1,2,0   B．0,0,0,3   C．1,1,2,0   D．编译时有错

6. 当把以下四个表达式用作 if 语句的条件表达式时，有一个选项与其他三个选项含义不同，这个选项是（   ）。

    A．k%2   B．k%2==1   C．(k%2)!=0   D．!k%2==0

7. 设有定义：int a=2, b=3, c=4; 则以下选项中值为 0 的表达式是（   ）。

    A．(!a==1)&&(!b==0)   B．(a<b) && !c||1

    C．a && b   D．a||(b+b)&&(c-a)

8. 若 x 和 y 是整型的变量，以下表达式中不能正确表示数学关系|x-y|<10 的是（   ）。

    A．abs(x-y)<10   B．x-y>-10 && x-y<10

    C．(x-y)<10||(y-x)>10   D．(x-y)*(x-y)<100

9. 下面程序段的执行结果是（   ）。

```
int a=5, b=4, c=3, d=2;
if(a>b>c)
    printf("%d\n", d);
else if((c-1>=d)==1)
    printf("%d\n", d+1);
else
    printf("%d\n", d+2);
```

    A．2   B．3   C．4   D．编译有错

10. 下面程序段的执行结果是（   ）。

```
int x=1,y=0,a=0,b=0;
switch(x)
{   case 1: switch(y)
          { case 0: a++; break;
            case 1: b++; break;
          }
    case 2: a++; b++; break;
}
printf("%d %d\n",a,b);
```

    A．1 0   B．1 1   C．2 1   D．2 2

三、编程题

1．输入圆的半径 r 和一个整数 k，当 k 值为 1 时，计算圆的面积；当 k 值为 2 时，计算圆的周长；当 k 值为 3 时，既要求计算周长也要求计算面积。编程实现以上功能。

2．从键盘输入一个年份，判断该年是否是闰年。

3．有一分段函数，其函数关系如下，试编程从键盘输入 x 的值，求其对应的函数值。

$$y = \begin{cases} x^2 & x < 0 \\ -0.5x + 10 & 0 \leqslant x < 10 \\ x - \sqrt{x} & x \geqslant 10 \end{cases}$$

4．输入一个不多于 5 位的整数，求出它是几位数，并逆序输出各位数字。

5．从键盘随机输入三个英文字母，要求按从小到大的顺序输出这三个字母。

6．计算一元二次方程的根。设方程为：$ax^2+bx+c=0$，要求从键盘输入 a、b、c 的值，根据 a、b、c 的值求出方程的根。求解规则如下：

（1）若 a 和 b 的值为 0，方程无解。

（2）若 a=0，则方程只有一个实根。

（3）若 $b^2-4ac \geqslant 0$，则方程有两个实根。

（4）若 $b^2-4ac < 0$，则方程有两个复根。

第4章

循环结构程序设计

CHAPTER 4

循环结构（也称为重复结构）是指在程序中按照一定的条件反复执行某个操作的一种程序控制结构。在C语言中，循环结构有三种基本语句，分别是while语句、do-while语句和for语句。

学习目标
- 掌握while、do-while、for语句的语法规则、执行流程和使用方法。
- 掌握循环中途退出的方法。
- 理解循环结构的嵌套。
- 掌握循环结构程序设计方法。

4.1 认识循环结构

在日常生活中有很多操作需要重复进行。例如，期末考试后需要分别统计某个班级 30 个学生的语文、数学、英语 3 门课程的平均成绩，这就需要重复 30 次相同的计算操作。

【例 4-1】 从键盘输入 30 个学生的语文、数学、英语 3 门课程的成绩，计算并输出每个学生的平均成绩。

分析：最原始的方法就是编写出求一个学生平均成绩的程序段，然后将该程序段重复编写 29 次。示例程序段如下。

```
float score1, score2, score3, aver;
scanf ("%f%f%f",&score1, &score2, &score3);/*读入第1个学生3门课的成绩*/
aver=(score1+score2+score3)/3;              /*计算第1个学生的平均成绩*/
printf("aver=%.2f\n", aver);                /*输出第1个学生的平均成绩*/
scanf ("%f%f%f",&score1, &score2, &score3);/*读入第2个学生3门课的成绩*/
aver=(score1+score2+score3)/3;              /*计算第2个学生的平均成绩*/
printf("aver=%.2f\n", aver;                 /*输出第2个学生的平均成绩*/
…                                            /*继续重复28次*/
```

这种方法虽然可以解决问题，但是程序冗长，不易理解和维护。为了简化程序，就要引入循环结构。循环结构是在给定条件成立时，反复执行某程序段，直到条件不成立为止。给定的条件称为循环条件，反复执行的程序段称为循环体。

用循环结构实现的示例程序如下。

```
#include <stdio.h>
int main()
{   float score1, score2, score3, aver;
    int i=0;                          /*i 记录已处理的学生人数，初值为 0*/
    while(i<30)                       /*当 i 值小于 30 时，执行循环体*/
    {   printf("请输入第%d个学生的成绩：", i+1);    /*输出提示信息*/
        scanf("%f%f%f", &score1, &score2, &score3); /*读入学生成绩*/
        aver=(score1+score2+score3)/3;              /*计算平均成绩*/
        printf("aver=%.2f\n", aver);                /*输出平均成绩*/
        i++;                                        /*已处理的学生人数 i 增 1*/
    }
    return 0;
}
```

程序执行结果如下（这里仅列出前 3 个学生）。

```
请输入第 1 个学生的成绩：90  95  100
aver=95.00
请输入第 2 个学生的成绩：88  96  91
aver=91.67
请输入第 3 个学生的成绩：75  80  69.5
```

```
aver=74.83
```

程序结构分析如下。

(1)"while(i<30){ }"就是循环结构。当条件表达式"i<30"的值为真时,执行循环体,即"{ }"中的语句,然后回到 while 语句的开头,重新判断条件表达式"i<30"的值,如果为真,再重复执行循环体,否则结束循环。

(2)程序中循环体被重复执行了 30 次。在循环体中首先输入 1 个学生 3 门课程的成绩,然后求出该学生的平均成绩 aver,并输出此平均成绩。

(3)"i++"的作用是使 i 的值增 1。i 的初始值为 0,每处理完一个学生的平均成绩,i 的值增 1,直到处理完第 30 个学生的平均成绩后,i 的值变为 30。此时条件表达式"i<30"的值为假,因此不再执行循环体。

4.2 用 while 语句实现循环结构

while 语句的基本形式如下。

```
while(表达式)
    语句;
```

其中表达式是循环条件,语句为循环体。循环体只能是一条语句,多条语句必须用花括号括起来组成一条复合语句。

while 语句的特点是先判断表达式,后执行语句,因此循环体可能一次也不会被执行。其执行流程如图 4-1 所示,如果表达式的值为假,则不执行循环体,直接结束循环,转到循环体后面的语句继续执行;如果表达式的值为真,则执行循环体,然后回到 while 语句的开头,重新判断表达式的值,重复这个过程,直到表达式值为假时结束循环。

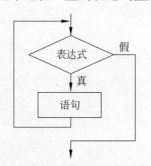

图 4-1 while 语句的执行流程

【例 4-2】编写程序计算 1+2+3+…+100 之和。

分析:这是一个累加问题,重复进行加法运算,可以用循环结构实现,从 1 开始,每次加一个数,重复 100 次。

示例程序如下。

```
#include <stdio.h>
int main()
```

```
{   int sum= 0, i=1;           /*累加和 sum 初始值必须为 0，i 初值为 1*/
    while(i<=100)              /*循环条件*/
    {   sum=sum+i;             /*第 1 次加 1，第 2 次加 2，…*/
        i++;                   /*i 值增 1，为下一次累加做准备*/
    }
    printf("sum=%d\n", sum);   /*输出累加和 sum 的值*/
    return 0;
}
```

程序执行结果如下。

```
sum=5050
```

程序结构分析如下。

（1）不能忽略给 i 和 sum 赋初值，否则它们的值是不可预测的，得不到正确的结果。

（2）在循环体中必须有能够使循环趋于结束的语句。这里循环条件是"i<=100"，循环体中有语句"i++;"，最终能够使"i<=100"为假以结束循环。如果循环体中 i 的值始终不变，则循环永远不会结束（死循环）。

（3）一般情况下，循环结构有如下三个要素。

① 循环变量赋初值：它确定了循环从哪里开始，本例为"i=1"。

② 循环条件：它决定了循环到哪里结束，本例为"i<=100"。

③ 能够驱使循环条件为假的语句：它能够避免死循环，本例为"i++;"。

【例 4-3】 编写程序计算 $1^2+2^2+3^2+\cdots+n^2$ 之和，其中 n 的值由键盘输入。

分析：用循环结构实现，从 1 开始，每次加一个数的平方，重复 n 次。

示例程序如下。

```
#include <stdio.h>
int main()
{   int sum=0, i=1, n;         /*累加和 sum 初始值必须为 0，i 初值为 1*/
    scanf("%d",&n);            /*输入 n 的值*/
    while(i<=n)                /*循环条件*/
    {   sum=sum+i*i;           /*第 1 次累加 1 的平方，第 2 次累加 2 的平方，…*/
        i++;                   /*i 值增 1，为下一次累加做准备*/
    }
    printf("1 到%d 的平方和 sum=%d\n", n, sum);   /*输出平方和 sum 的值*/
    return 0;
}
```

输入不同的 n 值的程序执行结果如表 4-1 所示。

表 4-1 输入不同的 n 值的程序执行结果

序号	n 的取值范围	程序执行结果
第一组	n≥1	5 1 到 5 的平方和 sum=55
第二组	n<1	0 1 到 0 的平方和 sum=0

4.3 用 do-while 语句实现循环结构

do-while 语句的基本形式如下。其中，do 后面的语句是循环体，表达式是循环条件。

```
do
    语句;
while(表达式);
```

do-while 语句的特点是先执行 do 后面的语句，后判断表达式，因此循环体至少会被执行一次。其执行流程如图 4-2 所示，先执行语句，然后判断表达式的值，若为真则继续循环，否则终止循环，转到表达式后面的语句继续执行。

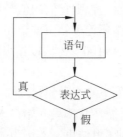

图 4-2 do-while 语句的执行流程

【例 4-4】用 do-while 语句编写程序计算 $1^2 + 2^2 + 3^2 + \cdots + n^2$ 之和，并与 while 语句进行比较。

示例程序如下。

```
#include <stdio.h>
int main()
{   int sum=0, i=1, n;          /*累加和 sum 初始值必须为 0，i 初值为 1*/
    scanf("%d", &n);            /*输入 n 的值*/
    do
    {   sum=sum+i*i;            /*第 1 次累加 1 的平方，第 2 次累加 2 的平方，…*/
        i++;                    /*i 值增 1，为下一次累加做准备*/
    } while(i<=n);              /*循环条件*/
    printf("1 到%d 的平方和 sum=%d\n", n, sum);   /*输出累加和 sum 的值*/
    return 0;
}
```

输入不同的 n 值的程序执行结果如表 4-2 所示。

表 4-2 输入不同的 n 值的程序执行结果

序号	n 的取值范围	程序执行结果
第一组	n≥1	5 1 到 5 的平方和 sum=55
第二组	n<1	0 1 到 0 的平方和 sum=1

程序执行结果分析如下。

（1）通过对比可以看出，i 初值为 1 的情况下，当输入 n 的值大于等于 1 时，while 语句与 do-while 语句得到的结果完全相同。而当输入 n 的值为 0 时，二者结果就不同。这是因为第一次判定循环条件"i<=n"的值时为假，while 语句是先判断循环条件，再执行循环体，所以根本不执行循环体；而 do-while 语句是先执行循环体，再判断循环条件，因此至少会执行一次循环体。

（2）如果第一次判定循环条件的值为真，则用 while 语句和 do-while 语句实现的循环结构的结果相同；否则，结果不相同。

【例 4-5】 从键盘输入一个正整数，计算其位数。

分析：一个整数由多位数字组成。虽然无法事先知道整数的位数，但任何一个整数至少是一位的，因此选用 do-while 语句来实现循环。

示例程序如下。

```
#include <stdio.h>
int main()
{   long number;
    int count=0;                    /*count 记录位数*/
    printf("请输入一个正整数：");
    scanf("%ld", &number);
    do
    {   number=number/10;           /*去掉整数的最后 1 位*/
        count++;                    /*位数增 1*/
    } while(number!=0);             /*整数不为 0，说明没数完，继续数*/
    printf("该数是%d 位数\n", count);
    return 0;
}
```

输入不同位数的正整数的程序执行结果如表 4-3 所示。

表 4-3 输入不同位数的正整数的程序执行结果

序号	位数	程序执行结果
第一组	1	请输入一个正整数：0 该数是 1 位数
第二组	8	请输入一个正整数：12345678 该数是 8 位数
第三组	10	请输入一个正整数：9123456789 该数是 9 位数

程序执行结果分析如下。

（1）输入的整数为 1 和 8 位时都得到了正确的结果。

（2）输入 10 位数 9123456789 时，其结果是错误的，原因是该整数已经超出了整型数据的表示范围。

4.4 用 for 语句实现循环结构

for 语句的基本形式如下。

```
for ([表达式1]; [表达式2]; [表达式3])
    语句;
```

通常情况下，表达式 1、表达式 2 和表达式 3 分别对应循环结构的如下 3 个要素。
（1）表达式 1 是循环变量赋初值，只执行一次。
（2）表达式 2 是循环条件。
（3）表达式 3 是能够驱使循环条件为假的语句。
for 语句的执行流程如图 4-3 所示，具体执行过程如下。
（1）计算表达式 1 的值。
（2）计算表达式 2 的值，若值为真则执行循环体，否则循环结束。
（3）执行完循环体后，计算表达式 3 的值，然后再转到步骤（2）判断是否继续循环。
在 for 语句的执行流程中，表达式 1 只计算一次，表达式 2 和表达式 3 则每次循环都计算一次。循环体可能多次执行，也可能一次都不执行。

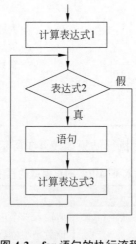

图 4-3　for 语句的执行流程

【例 4-6】用 for 语句编写程序计算 $1^2+2^2+3^2+\cdots+n^2$ 之和，并与 while 语句进行比较。
示例程序如下。

```
#include <stdio.h>
int main()
{   int sum=0, i, n;
    scanf("%d", &n);                          /*输入 n 的值*/
    for(i=1; i<=n; i++)
        sum=sum+i*i;
    printf("1 到%d 的平方和 sum=%d\n", n, sum);    /*输出累加和 sum 的值*/
```

```
        return 0;
}
```

输入不同的 n 值的程序执行结果如表 4-4 所示,与 while 语句的执行结果完全相同。

表 4-4   输入不同的 n 值的程序执行结果

序号	n 的取值范围	程序执行结果
第一组	n≥1	5 1 到 5 的平方和 sum=55
第二组	n<1	0 1 到 0 的平方和 sum=0

【例 4-7】 分析下面程序的执行过程及程序功能。

示例程序如下。

```
#include <stdio.h>
int main()
{   int a=0, n;
    printf("n=");
    scanf("%d", &n);
    for(; n>0; a++,n--)
        printf("%d ", a*2);
    return 0;
}
```

程序结构分析如下。

(1) for 语句省略了表达式 1,因为循环变量的初值在 for 语句之前由 scanf 语句取得。

(2) for 语句的表达式 3 是一个逗号表达式,由 "a++" 和 "n--" 两个表达式组成,每循环一次 a 自增 1,n 自减 1。

(3) for 语句的循环次数由 "n>0"(表达式 2)控制。假定输入 n 的值为 5,程序执行过程如表 4-5 所示。

表 4-5   程序执行过程

循环次数	a 的值	n 的值	n>0	输出 a*2 的值	a++	n--
第一次	0	5	真	0	1	4
第二次	1	4	真	2	2	3
第三次	2	3	真	4	3	2
第四次	3	2	真	6	4	1
第五次	4	1	真	8	5	0
第六次	5	0	假	循环结束		

程序执行结果如下,程序功能是从 0 开始,输出 n 个连续的偶数。

```
n = 5
0 2 4 6 8
```

在使用 for 语句时，要注意以下几点。

（1）三个表达式都可省略，但分号不能少。当循环变量在 for 语句之前已赋初值时，可省去表达式 1。省略表达式 2 时，表示循环条件永真，可能会造成死循环，需要编程人员设法保证循环的正常结束（例如在循环体内使用 break 语句）。表达式 3 可以写在循环体内，因此也可以省略。例如下面的 for 语句都有省略的表达式。

```
int i=1;
for(; i<=100; i++)                  /*i 已经赋值，省略表达式 1*/
{…}
for(i=1; i<=100;)                   /*将表达式 3 写在循环体内*/
{…;    i++;}
for(; ;)                            /*三个表达式都省略，无限循环*/
{…}
```

（2）三个表达式都可以是逗号表达式，即每个表达式都可由多个表达式组成。例如下面的 for 语句的表达式 1 和表达式 3 都是逗号表达式。

```
for(i=0,j=9; i<j; i++,j--)
{…}
```

（3）循环体可以是空语句。例如下面的 for 语句，这时循环会执行，但没有任何操作。

```
for(i=1; i<=100; i++);              /*for 语句后面的分号表示空语句*/
```

4.5 三种循环语句的比较

C 语言提供了实现循环结构的三种语句，其异同如下。

（1）三种循环语句都可以用来处理同一个问题，一般情况下它们可以互相代替。

（2）在 while 和 do-while 循环语句中，循环体内应包括能够使循环趋于结束的语句，如"i++;"或"i=i+1;"等。for 循环语句可以在表达式 3 中包含使循环趋于结束的语句，甚至可以将循环体中的语句全部放到表达式 3 中。

（3）用 while 和 do-while 循环语句时，循环变量初始化的操作应在 while 和 do-while 循环语句之前完成，而 for 循环语句可以在表达式 1 中实现循环变量的初始化。

（4）for 和 while 循环语句是先判断循环条件后执行循环体，do-while 循环语句是先执行循环体后判断循环条件。通常情况下，while 循环语句多用于循环次数未知的场景；for 循环语句多用于循环次数已知的场景；do-while 循环语句多用于循环次数未知且至少执行一次循环体的场景。

（5）可以使用 while(1)或 for(; ;)来实现无限循环。在无限循环中，由于循环条件永真，循环体会被无限次地执行，因此必须在循环体内使用 break 语句或其他方式结束循环。

4.6 循环控制语句

为了使循环控制更加灵活，C 语言提供了 break 和 continue 两个循环控制语句。

4.6.1 用 break 语句提前退出循环

break 语句通常用在循环语句和 switch 语句中。当 break 语句用于 switch 语句中时，可使程序跳出 switch 而执行 switch 之后的语句。当 break 语句用于循环语句时，可使程序终止循环而执行循环语句之后的语句。通常 break 语句总是与 if 语句配合使用，即满足条件时便跳出循环。

【例 4-8】 从键盘输入一个正整数 n，判断 n 是否为素数。

分析：素数是指只能被 1 和它本身整除的自然数。根据素数的定义，可以分别用 2、3、…、n-1 去除 n，如果 n 能被其中某个数整除，则说明 n 一定不是素数，直接结束循环；否则继续检验，直到所有数都检验完毕，n 都不能被整除，则 n 是素数。

示例程序如下。

```
#include <stdio.h>
int main()
{   int n, i;
    printf("请输入一个整数：");
    scanf("%d", &n);
    for(i=2; i<=n-1; i++)
        if(n%i==0) break;                    /*能整除，n 不是素数，结束循环*/
    if(i>n-1)
        printf("%d 是素数！\n", n);
    else
        printf("%d 不是素数！\n", n);
    return 0;
}
```

程序执行结果如下。

请输入一个整数：13
13 是素数！

程序执行结果分析如下。

（1）程序中 for 循环结束有两种情况。一是正常结束，循环结束后 i 的值为 n，说明没有找到一个能整除 n 的数，因此 n 是素数；二是非正常结束，当表达式 "n%i==0" 为真时，说明找到了一个能整除 n 的数，执行 break 语句结束循环，此时 i 的值一定小于等于 n-1，因此 n 不是素数。

（2）由于能够整除 n 的最大整数为 n/2，为了提高程序的执行效率，可以缩小检验的数据范围为 2、3、…、n/2。实际上，检验区间还可以继续缩小为 2、3、…、$\sqrt{n}$。

break 语句的使用规则如下。

（1）break 语句不能用于循环语句和 switch 语句之外的任何其他语句中。

（2）break 语句在循环体中，一般与 if 语句配合使用。

（3）在多层循环中，一个 break 语句只向外跳一层。如果需要跳转到最外层，则需要多次使用 break 语句。

break 语句在三种循环中的跳转流程如图 4-4 所示。

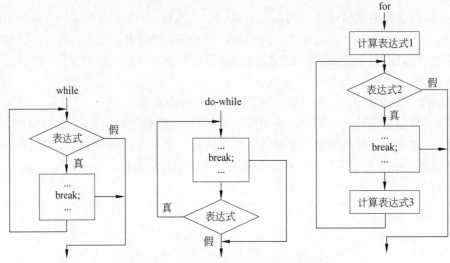

图 4-4　break 语句在三种循环中的跳转流程

4.6.2　用 continue 语句提前结束本次循环

continue 语句的作用是结束本次循环，即跳过循环体中尚未执行的语句而强行开始下一次循环。continue 语句只能在 for、while 和 do-while 语句的循环体中使用，通常将它与 if 语句配合，用来加速循环。continue 语句在三种循环中的跳转流程如图 4-5 所示。

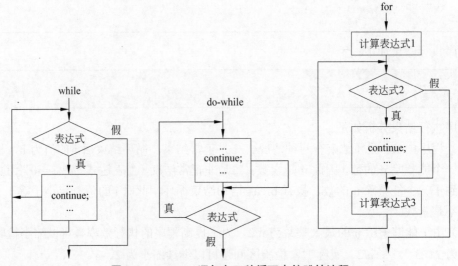

图 4-5　continue 语句在三种循环中的跳转流程

（1）continue 语句只能用于循环语句中。continue 语句只结束本次循环，开始下一次循环，不是终止整个循环的执行；而 break 语句则是结束整个循环的执行。

（2）对于 for 语句，遇到 continue 语句后，跳过循环体中其余语句，转向表达式 3 进行计算；对于 while 和 do-while 语句，跳过循环体其余语句，转向循环条件的判定。

(3) 在多层循环中，continue 语句只影响包含它的那一层循环，与其他层的循环无关。

【例 4-9】 输出能被 3 和 7 整除的三位正整数，每行输出 10 个数。

示例程序如下。

```
#include <stdio.h>
int main()
{   int i, count=0;                 /*count 统计输出数据个数*/
    for(i=100; i<1000; i++)
    {   if(i%3!=0)  continue;
        if(i%7!=0)  continue;
        printf("%5d", i);           /*每个数占 5 位宽度*/
        count++;
        if(count%10==0)             /*每输出 10 个数，换行*/
            printf("\n");
    }
    printf("\n");
    return 0;
}
```

程序执行结果如下。

```
  105  126  147  168  189  210  231  252  273  294
  315  336  357  378  399  420  441  462  483  504
  525  546  567  588  609  630  651  672  693  714
  735  756  777  798  819  840  861  882  903  924
  945  966  987
```

4.7 循环结构嵌套

循环结构嵌套是指在一个循环结构的循环体内包含了另一个完整的循环结构。内嵌的循环体中还可以再嵌套循环结构，从而构成多层循环。

for、while 和 do-while 语句都可以互相嵌套。例如，下面六种都是正确的嵌套形式。循环结构嵌套的执行流程是外层循环每执行一次，内层循环都要完整地执行一遍。

```
(1) for(;;)                 /*外层循环*/
    {   …
        while()             /*内层循环*/
        {…}
        …
    }
(2) for(;;)                 /*外层循环*/
    {   …
        for(;;)             /*内层循环*/
        {…}
        …
```

```
        }
(3) while()                    /*外层循环*/
    {  …
       for(;;)                 /*内层循环*/
       {…}
       …
    }
(4) while()                    /*外层循环*/
    {  …
       while()                 /*内层循环*/
       {…}
       …
    }
(5) do                         /*外层循环*/
    {  …
       for(; ;)                /*内层循环*/
       {…}
       …
    }while();
(6) do                         /*外层循环*/
    {  …
       do                      /*内层循环*/
       {…}while();
       …
    }while();
```

【例4-10】 分析下面程序的执行结果。

```
#include <stdio.h>
int main()
{   int i, j;
    for(i=1; i<=3; i++)             /*外层循环控制输出的次数*/
    {
        for(j=1; j<=6; j++)         /*内层循环在一行上输出123456*/
            printf("%d", j);
    }
    return 0;
}
```

程序执行结果如下。

123456123456123456

程序执行结果分析如下。

（1）这是一个两层循环结构嵌套，外层循环每给定一个 i 值时，内层循环都要将 j 从 1～6 执行六次循环体中的 printf 语句，输出 123456。

（2）由于没有输出换行符，外层循环执行了三次，因此在一行上重复输出 123456。

【例 4-11】 打印乘法口诀表。

分析：共 9 行 9 列，用 i 控制行，j 控制列，需要两层循环结构嵌套，且要输出换行符。
示例程序如下。

```c
#include <stdio.h>
int main()
{   int i, j;
    for(i=1; i<10; i++)                     /*外层循环控制输出的行数*/
    {   for(j=1; j<=i; j++)                 /*内层循环控制输出的列数，共 i 列*/
            printf("%d*%d=%-3d", j, i, i*j); /*-3d 表示左对齐，占 3 位*/
        printf("\n");                       /*输出换行*/
    }
    return 0;
}
```

程序执行结果如下。

```
1*1=1
1*2=2  2*2=4
1*3=3  2*3=6   3*3=9
1*4=4  2*4=8   3*4=12  4*4=16
1*5=5  2*5=10  3*5=15  4*5=20  5*5=25
1*6=6  2*6=12  3*6=18  4*6=24  5*6=30  6*6=36
1*7=7  2*7=14  3*7=21  4*7=28  5*7=35  6*7=42  7*7=49
1*8=8  2*8=16  3*8=24  4*8=32  5*8=40  6*8=48  7*8=56  8*8=64
1*9=9  2*9=18  3*9=27  4*9=36  5*9=45  6*9=54  7*9=63  8*9=72  9*9=81
```

【例 4-12】 输出 100~200 的所有素数。

分析：例 4-8 已经解决了判断 n 是否为素数的问题，这里只需要增加一个外层循环控制 n 的取值范围，然后对每一个整数进行判定即可。
示例程序如下。

```c
#include <stdio.h>
#include <math.h>
int main()
{   int n, i, k;
    for(n=100; n<=200; n++)
    {   k=sqrt(n);                  /*判断当前的 n 是否是素数*/
        for(i=2; i<=k; i++)
            if(n%i==0)
                break;
        if(i>k)                     /*是素数，输出*/
            printf("%5d", n);
    }
    return 0;
}
```

程序执行结果如下。

```
101  103  107  109  113  127  131  137  139  149  151  157  163  167  173
179  181  191  193  197  199
```

4.8 循环结构程序设计示例

【例 4-13】 输入两个正整数 m 和 n，求其最大公约数。

分析：求两个整数最大公约数的方法有多种，这里介绍定义法和辗转相除法。

（1）定义法。

最大公约数是指两个整数共有约数中最大的一个。根据定义，从 m 和 n 中较小的数开始，检查它是否能整除 m 和 n，如果能整除，则它就是最大公约数；否则继续检查下一个数（逐次减少 1），直到能整除 m 和 n 为止。这是典型的穷举法，对问题的所有可能状态一一测试，直到找到解或将全部可能状态都测试过为止。

示例程序如下。

```c
#include <stdio.h>
int main()
{   int k, m, n;
    printf("请输入两个正整数：");
    scanf("%d%d", &m, &n);
    k=m<n?m:n;
    while(m%k!=0 || n%k!=0)
        k--;
    printf("%d 和%d 的最大公约数为：%d\n", m, n, k);
    return 0;
}
```

程序执行结果如下。

```
请输入两个正整数： 32  12
32 和 12 的最大公约数为：4
```

（2）辗转相除法。

辗转相除法的基本思想：设两个整数为 m 和 n（m≥n），求 m 除以 n 的余数 r，若余数 r 为 0，则除数 n 就是这两个数的最大公约数。若余数 r 不为 0，则以除数 n 作为新的被除数，以余数 r 作为新的除数，继续求余数，直到余数为 0，此时除数即为两数的最大公约数。这里循环次数未知，采用 while 语句实现。

示例程序如下。

```c
#include <stdio.h>
int main()
{   int m, n, r;
    printf("请输入两个正整数：");
```

```
        scanf("%d%d", &m, &n);
        printf("%d 和%d 的最大公约数为: ", m, n);
        /*因为m和 n在程序中其值可能会发生改变,所以先输出*/
        if(m<n)              /*保证m是较大数作为被除数,n是较小数作为除数*/
        {   r=m;
            m=n;
            n=r;
        }
        r=m%n;
        while(r!=0)          /*辗转相除法,直到r为0为止*/
        {   m=n;
            n=r;
            r=m%n;
        }
        printf("%d\n", n);
        return 0;
    }
```

上述介绍了两种方法,从执行效率上看,定义法的循环次数多于辗转相除法。

【例 4-14】 输入一行字符(回车结束),统计输入的数字字符的个数。

分析:这里循环次数未知,采用 while 语句实现。循环变量的初值就是输入的第一个字符,在循环体内必须读取下一个字符以改变循环变量的值,否则会造成死循环。

示例程序如下。

```
#include <stdio.h>
int main()
{   char ch;
    int number=0, digit=0;
    printf("输入一行字符,以回车结束:\n");
    ch=getchar();              /*读入第一个字符*/
    while(ch!='\n')            /*如果当前字符不是换行符(回车),执行循环体*/
    {   number++;
        if(ch>='0' && ch<='9')
            digit++;
        ch=getchar();          /*读入下一个字符*/
    }
    printf("一共输入了%d个字符,其中有%d个数字字符\n", number, digit);
    return 0;
}
```

程序执行结果如下。

```
输入一行字符,以回车结束:
1234 abcd 56 mnk %p
一共输入了19个字符,其中有6个数字字符
```

【例 4-15】 使用格里高利公式 $\frac{\pi}{4} \approx 1 - \frac{1}{3} + \frac{1}{5} - \frac{1}{7} + \cdots$ 求 π 的近似值，要求精确到最后一项的绝对值小于 1e-6 为止（该项不累加）。

分析：这里至少要累加一个数据项，使用 do-while 语句实现。首先将格里高利公式变换为多个数据项累加的形式 $\frac{\pi}{4} \approx 1 + \frac{-1}{3} + \frac{1}{5} + \frac{-1}{7} + \cdots$，每次循环累加一个数据项，直到该数据项的绝对值小于 1e-6 时终止。

示例程序如下。

```
#include <stdio.h>
#include <math.h>
#define E  1e-6
int main()
{   double pi=0.0, item=1.0, n=1.0;    /*item 数据项，n 分母*/
    int sign=1;                         /*sign 分子的符号*/
    do
    {  pi=pi+item;
       n=n+2;                           /*分母是等差序列*/
       sign=-sign;                      /*分子符号正负交替*/
       item=sign/n;
    } while(fabs(item)>=E);
    pi=pi*4;
    printf("pi=%lf\n", pi);
    return 0;
}
```

程序执行结果如下。

```
pi=3.141591
```

【例 4-16】 利用牛顿迭代法求方程 $2x^3-4x^2+3x-6=0$ 在 1.5 附近的根。

分析：牛顿迭代法又称为牛顿切线法，可以用来求解方程 $f(x)=0$ 的根（近似值）。基本求解过程如图 4-6 所示，先设定一个初始的近似根 x_0，过点 $(x_0, f(x_0))$ 作曲线的切线，与 x 轴交于 $x_1 = x_0 - \frac{f(x_0)}{f'(x_0)}$，称 x_1 为第一次近似根。过点 $(x_1, f(x_1))$ 作曲线的切线，与 x 轴交于 $x_2 = x_1 - $

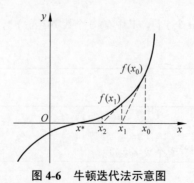

图 4-6　牛顿迭代法示意图

$\dfrac{f(x_1)}{f'(x_1)}$,称 x_2 为第二次近似根。重复这个过程,直到足够接近真正的根 x^* 为止。牛顿迭代公式为 $x_{n+1}=x_n-\dfrac{f(x_n)}{f'(x_n)}$。

本题中 $f(x)=2x^3-4x^2+3x-6$,$f'(x)=6x^2-8x+3$,假定误差要求小于 1e-5。示例程序如下。

```
#include <stdio.h>
#include <math.h>
int main()
{   double x0, x1=1.5, f0, f1;
    do
    {   x0=x1;
        f0=2*x0*x0*x0-4*x0*x0+3*x0-6;      /*f0 为 f(x)*/
        f1=6*x0*x0-8*x0+3;                  /*f1 为 f'(x)*/
        x1=x0-f0/f1;
    } while(fabs(x0-x1)>=1e-5);
    printf("x=%f\n", x1);
    return 0;
}
```

程序执行结果如下。

```
x=2.000000
```

【例 4-17】 打印出所有的水仙花数。所谓水仙花数是指一个三位数,其各位数字立方和等于该数本身。例如,153 是一个水仙花数,因为 $153=1^3+5^3+3^3$。

分析:这里只针对所有的三位数,循环次数已知,使用 for 语句实现。对每个数首先分解出个位、十位、百位数,然后判断它是否为水仙花数。

示例程序如下。

```
#include <stdio.h>
int main()
{   int i, j, k, n;
    printf("水仙花数是: ");
    for(n=100; n<1000; n++)
    {   i=n/100;                    /*分解出百位数*/
        j=n/10%10;                  /*分解出十位数*/
        k=n%10;                     /*分解出个位数*/
        if(n==i*i*i+j*j*j+k*k*k)
            printf("%-5d", n);
    }
    printf("\n");
    return 0;
}
```

程序执行结果如下。

```
水仙花数是: 153   370   371   407
```

【例 4-18】 从键盘随机输入 10 个数,输出其中的最大数。

分析:这里明确了 10 个数,使用 for 语句实现。采用打擂台算法求解,首先将第一个数当作擂主 max,然后剩下的 9 个数顺序去打擂台(即比较大小),打擂台结束后,擂主 max 的值就是最大数。

示例程序如下。

```c
#include <stdio.h>
int main()
{   int x, max, n;                      /*max 中存放最大数, x 保存读入的数据*/
    scanf("%d", &x);
    max=x;                              /*将第一个数当作擂主 max*/
    for(n=1; n<10; n++)                 /*循环 9 次,每次处理一个数*/
    {   scanf("%d", &x);
        if(x>max)                       /*打擂台*/
            max=x;
    }
    printf("max=%d\n", max);
    return 0;
}
```

程序执行结果如下。

```
1  29  3  45  7  -53  66  0  -386  3
max=66
```

【例 4-19】 求斐波那契(Fibonacci)数列的前 20 个数,每行输出 5 个数。

分析:这个数列的第一个数和第二个数都是 1,从第三个数开始,每个数都是其前面两个数之和,该数列为:1、1、2、3、5、8、13、……。用数学方式表示如下。

$$\begin{cases} F_1 = 1 & n = 1 \\ F_2 = 1 & n = 2 \\ F_n = F_{n-1} + F_{n-2} & n \geq 3 \end{cases}$$

示例程序如下。

```c
#include <stdio.h>
int main()
{   int f1=1, f2=1, f3, i;              /*f1, f2 是前两个数, f3 是当前计算的数*/
    printf("%10d%10d",f1, f2);          /*输出最开始的两个数*/
    for(i=3; i<=20; i++)
    {   f3=f1+f2;                       /*每个数都是其前面两个数之和*/
        printf("%10d", f3);
        if(i%5==0)                      /*每行输出 5 个数*/
            printf("\n");
        f1=f2;                          /*重新定义前两个数,为计算下一个数做准备*/
        f2=f3;
```

```
    }
    return 0;
}
```

程序执行结果如下。

1	1	2	3	5
8	13	21	34	55
89	144	233	377	610
987	1597	2584	4181	6765

习题

一、填空题

1. 设 i、j、k 均为整型变量，则执行完下面的 for 语句后，k 的值为_____。

```
for(i=0, k=0, j=10; i<=j; i++, j--)
    k=i+j;
```

2. 执行下面程序段后，k 的值是_____。

```
int k=1, n=263;
do
{   k*=n%10;
    n/=10;
} while(n);
```

3. 下面程序段中循环体的执行次数是_____。

```
int a=10, b=0;
do
{   b=b+2;
    a=a-(2+b);
} while(a>=0);
```

4. 下面程序段的执行结果是_____。

```
    float x, y, z;
    x=3.6; y=2.4; z=x/y;
    while(1)
    {   if(fabs(z)>1)
        {   x=y;
            y=x;
            z=x/y;
        }
        else
            break;
```

```
        }
        printf("%f\n", y);
```

5. 下面程序段的执行结果是_____。

```
    int i;
    for(i=1; i<=5; i++)
    {   if(i%2)
            printf("*");
        else
            continue;
        printf("#");
    }
    printf("$\n");
```

二、选择题

1. 以下程序段中语句 k=k-1 被执行的次数是（   ）。

```
int k=10;
while(k=0)
    k=k-1;
```

  A. 10次 B. 1次 C. 0次 D. 无限次

2. 以下程序段中语句 A 被执行的次数是（   ）。

```
int i,j;
for(i=5; i; i--)
    for(j=-5; j; j++)
        语句A;
```

  A. 20次 B. 25次 C. 24次 D. 30次

3. 语句"while(!k);"中的表达式"!k"等价于（   ）。

  A. k==0 B. k!=1 C. k!=0 D. k==1

4. 设 x 和 y 均为整型变量，则执行下面的程序段后，y 值为（   ）。

```
for(y=1,x=1; y<=50; y++)
{   if(x==10)
        break;
    if(x%2==1)
    {   x+=5;
        continue;
    }
    x-=3;
}
```

  A. 2 B. 4 C. 6 D. 8

5. 以下不正确的描述是（   ）。

A. 使用 while 和 do-while 循环时，循环变量初始化的操作应在循环语句之前完成
B. while 循环是先判断表达式，后执行循环语句
C. do-while 和 for 循环均是先执行循环语句，后判断表达式
D. while、do-while 和 for 循环中的循环体均可以由复合语句完成

6. 下面程序段的执行结果是（　　）。

```
int a=1, b=2, c=3, t;
while(a<b<c)
{   t=a;
    a=b;
    b=t;
    c--;
}
printf("%d, %d, %d", a, b, c);
```

  A. 1,2,0   B. 2,1,0   C. 1,2,1   D. 2,1,1

7. 下面有关 for 循环的正确描述是（　　）。
  A. for 循环只能用于循环次数已经确定的情况
  B. for 循环是先执行循环体语句，后判断表达式
  C. 在 for 循环中，不能用 break 语句跳出循环体
  D. for 循环的循环体语句，可以包含多条语句，但必须用花括号括起来

8. 以下正确的描述是（　　）。
  A. continue 语句的作用是结束整个循环的执行
  B. 只能在循环体内和 switch 语句体内使用 break 语句
  C. 在循环体内使用 break 语句和使用 continue 语句的作用相同
  D. 从多层循环嵌套中退出时，只能使用 continue 语句

9. 下面程序段的执行结果是（　　）。

```
int k=4, n=0;
for( ; n ; )
{   n++;
    if(n%3!=0)
        continue;
    k--;
}
printf("%d, %d\n", k, n);
```

  A. 1,1   B. 2,2   C. 3,3   D. 4,0

10. 下面程序段的执行结果是（　　）。

```
int i, j, a=0;
for(i=0; i<2; i++)
{   for(j=0; j<4; j++)
    {   if(j%2)
            break;
```

```
        a++;
    }
    a++;
}
printf("%d\n", a);
```

  A. 4   B. 5   C. 6   D. 7

三、编程题

1. 数字 1、2、3、4 能组成多少个互不相同且无重复数字的三位数？输出这些三位数。
2. 将一个整数逆向输出。例如，输入整数 12345，输出 54321；输入整数 12300，输出 00321。
3. 求 s=a+aa+aaa+…+aa...a 的值，其中 a 是一位数字，累加项的个数由 n 决定。例如，当 a=2 且 n=5 时，s=2+22+222+2222+22222。
4. 找出 1000 以内的所有完数。一个数恰好等于它的因子之和，则称这个数为完数。例如，6 是完数（6=1＋2＋3）。
5. 用循环语句实现输出如下图案。

```
*
***
*****
*******
```

6. 求 1+2!+3!+...+20!的累加和。
7. 求 m～n（m≤n）中的全部素数。
8. 有 4 名专家对 4 款赛车进行评论。

A 说：2 号赛车是最好的。
B 说：4 号赛车是最好的。
C 说：3 号赛车不是最好的。
D 说：B 说错了。

  事实上只有一款赛车是最好的，且只有一名专家说对了，其他 3 人都说错了，编程输出最好的赛车编号。

第 5 章

用数组处理批量数据

CHAPTER 5

不同于基本数据类型（int、float、char 等），数组是一种构造数据类型，是存储具有相同类型元素的集合。这些数组元素在内存中连续存放，将数组和循环结合起来，可以高效方便地处理批量数据。

学习目标
- 掌握一维数组的定义、存储、初始化与基本操作。
- 掌握二维数组的定义、存储、初始化与基本操作。
- 理解字符串与字符数组的联系和区别。

5.1 认识数组

数组是程序设计中非常重要的一种数据结构,常用于存储相同类型的数据元素,并按照一定的顺序进行存储。数组分为一维数组和多维数组,最常见的多维数组是二维数组。

一维数组是最简单的数组。例如,要存储某个班级 10 个学生的数学成绩(float 型),如果使用普通变量,每个变量只能存储一个成绩,需要定义 10 个 float 型的变量 a1、a2、a3、…、a10。可以将这 10 个数据类型相同的变量组成一个一维数组 a,每个变量是数组中的一个元素。通过数组名 a 和下标(从 0 开始)来唯一地确定数组中的元素,如 a[0]表示第 1 个学生的成绩,a[1]表示第 2 个学生的成绩,以此类推。

【例 5-1】计算某个班级 10 个学生的数学成绩平均分,并输出所有高于平均分的成绩。

分析:采用前面学习的编程方法。如果定义 10 个 float 型的变量 a1、a2、a3、…、a10 来保存 10 个学生成绩,则无法使用循环结构实现。此外,如果学生人数增加到 100 个、1000 个或更多时,定义如此多的变量也不现实。如果使用循环结构,循环体中只能使用一个变量保存输入的学生成绩,无法保存 10 个成绩,也无法实现将 10 个成绩与平均分进行比较的功能。因此,必须使用数组来解决这个问题。首先定义一个一维数组来保存 10 个学生的成绩,然后在循环体中通过不同的下标访问不同的数组元素。

示例程序如下。

```c
#include <stdio.h>
#define N 10
int main()
{   int i;
    float avg=0;                    /*保存平均分*/
    float a[N];                     /*定义一个一维数组,用来存放10个成绩*/
    printf("请输入%d个成绩: ", N);
    for(i=0; i<N; i++)              /*循环10次,每次读入1个成绩,并累加*/
    {   scanf("%f", &a[i]);
        avg+=a[i];
    }
    avg=avg/10;                     /*求平均*/
    printf("数学成绩平均分为: %.2f\n", avg);
    printf("高于平均分的成绩有: ");
    for(i=0; i<N; i++)              /*输出所有大于平均分的学生成绩*/
        if(a[i]>avg)
            printf("%.2f ", a[i]);
    printf("\n");
    return 0;
}
```

程序执行结果如下。

请输入 10 个成绩: 90 78 86 85 69 70 55 89 65 95

```
数学成绩平均分为：78.20
高于平均分的成绩有：90.00 86.00 85.00 89.00 95.00
```

5.2 一维数组

一维数组是最简单的数组，通过数组名和一个下标来唯一地确定数组中的元素。

5.2.1 一维数组的定义和引用

与变量一样，数组在使用前必须先定义，即通知计算机数组中有多少元素，是什么数据类型，否则计算机不会自动地把一批数据作为数组处理。

1．一维数组的定义

定义一维数组的一般形式如下。

```
数据类型 数组名[数组长度];
```

例如，下面的一维数组定义语句。

```
int a[5];        /*定义了一个整型数组，数组名为 a，包含 5 个数组元素*/
float b[10];     /*定义了一个 float 型数组，数组名为 b，包含 10 个数组元素*/
char c[80];      /*定义了一个 char 型数组，数组名为 c，包含 80 个数组元素*/
```

一维数组定义时需注意以下几点。

（1）数据类型指定了数组中每个元素的数据类型。

（2）数组名的命名规则与变量名相同，应遵循标识符命名规则。

（3）数组的大小是在编译时确定的，因此必须指明数组长度，数组长度只能是一个整型常量表达式，不能包含变量，且方括号不可省略。例如，下面的一维数组定义是错误的。

```
int n;
scanf("%d", &n);
int a[n];              /*数组 a 的定义中，数组长度不能出现变量*/
```

2．一维数组元素的引用

C 语言规定对于数值型数组，只能逐个引用数组中的元素，而不能一次引用整个数组全部元素的值。一维数组元素的引用需要指定下标，引用形式如下。

```
数组名[下标];
```

引用一维数组元素的下标可以是整型常量、变量或表达式。引用一维数组元素时要注意以下几点。

（1）下标从 0 开始，它的合理取值范围是[0，数组长度−1]。

（2）程序运行时系统并不会自动检查数组下标是否越界，因此编程人员一定要保证数组下标不能越界。

例如，有以下的一维数组定义语句。

```
int a[10], i=3;
```

则数组 a 中的元素分别是 a[0]、a[1]、a[2]、…、a[9]。需要注意的是，数组 a 中没有元素 a[10]，但是在程序中 a[10]、a[11]也是可以引用的，只是它们的数据无法确定。a[2]、a[i]、a[i+2]、a[i*2]、a[8/2]都是对一维数组元素的正确引用，但 a[-2]、a[1.5]、a[i*2.3]、a[1][2]都是对一维数组的错误引用。

5.2.2 一维数组的存储和初始化

定义一维数组后，系统将按数组的类型和长度在内存中开辟一片连续的存储单元，首地址用数组名表示，占用的字节数由数据类型和数组长度决定。

1. 一维数组的存储

例如，有以下的一维数组定义语句。

```
int a[5];
```

系统将在内存中开辟 5 个连续的整型数据存储单元存放这 5 个数组元素，它们在内存中按下标递增的顺序连续存放，每个元素占用 4 字节，共占用 20 字节。数组名 a 表示该连续存储单元的首地址，也就是数组中第一个元素 a[0]的地址，是一个地址常量，如图 5-1 所示。

图 5-1 一维数组内存示意图

2. 一维数组的初始化

对一维数组元素赋值有两种方式。一种是使用赋值语句或 scanf()函数在程序运行时对数组元素赋值。另一种是在数组定义时给数组元素赋初值，这种方式称为数组的初始化，初始化在程序编译时进行。若定义一维数组时没有对数组进行初始化，则数组元素的值为随机数。对一维数组元素的初始化可以通过以下方法实现。

（1）在定义一维数组时对所有数组元素赋初值，将数组元素的全部初值依次放在一对花括号内。例如，有以下的一维数组定义语句。

```
int a[5]={1,2,3,4,5};
```

则 a[0]=1，a[1]=2，a[2]=3，a[3]=4，a[4]=5。若数组长度小于初值的个数，则编译时出错。例如，有以下的一维定义语句，程序编译时将出错。

```
int a[5]={1,2,3,4,5,6,7,8,9,10};
```

（2）在定义一维数组时给一部分数组元素赋初值，在一对花括号内只给出部分数组元素的初值，此时其余元素值默认为 0。例如，有以下的一维数组定义语句。

```
int a[5]={1,2,3};
```

则 a[0]=1，a[1]=2，a[2]=3，a[3]=0，a[4]=0，因此若要将一个数组中全部元素都初始化为 0，可以按下面的形式定义一维数组。

```
int a[5]={0};
```

（3）在定义一维数组时对所有数组元素赋初值，由于初值的个数与数组元素的个数一一对应，因此可以不指定数组长度。例如，有以下的一维数组定义语句。

```
int a[ ]={1,2,3,4,5};
```

花括号中有 5 个初始值，系统就会据此确定数组 a 的长度为 5。

【例 5-2】 一维数组的初始化示例

示例程序如下。

```
#include <stdio.h>
#define N 5
int main()
{   int i, a[N], b[N]={10,-2};
    for(i=0; i<N; i++)
        printf("%d", a[i]);
    printf("\n");
    for(i=0; i<N; i++)
        printf("%d", b[i]);
    return 0;
}
```

程序执行结果如下。

```
-858993460  2  -858993460  1990005090  -858993460
10 -2 0 0 0
```

程序执行结果分析如下。

（1）数组 a 在定义时没有对其初始化，所以数组 a 的 5 个元素值均为随机数；

（2）数组 b 在定义时进行了初始化，b[0]初始化为 10，b[1]初始化为-2，后 3 个元素被默认地初始化为 0。

5.2.3　一维数组应用示例

【例 5-3】 输入 10 个互不相同的整数保存在一维数组中，输出最大值和最大值的下标。

分析：用 max_index 表示数组 a 中最大元素所在位置的下标。首先假定第一个元素是最大值，即 max_index=0，然后将数组中剩下的元素逐个与下标为 max_index 的元素进行比较（打擂台），如果当前元素大于下标为 max_index 的元素，那么更新 max_index 为当前元素的下标，从而保证 max_index 中始终存放的是当前比较过的元素中最大值的下标。当所有元素都比较过以后，最大值是 a[max_index]，最大值的下标是 max_index。

示例程序如下。

```
#include <stdio.h>
#define N 10
int main()
{   int a[N], i=0, max_index;
    printf("请输入%d 个整数： ", N);
    for(i=0; i<N; i++)              /*读入数组 a 各元素的值*/
        scanf("%d", &a[i]);
    max_index=0;                    /*寻找并记录数组中最大值元素的下标*/
    for(i=1; i < N; i++)
        if(a[max_index]<a[i])       /*max_index 保存数组中最大值元素的下标*/
            max_index=i;
    printf("最大数是：a[%d]=%d\n", max_index, a[max_index]);
    return 0;
}
```

程序执行结果如下。

```
请输入 10 个整数： 56  78  89  12  40  10  2  -30  5  23
最大数是： a[2]=89
```

【例 5-4】 在整型数组 a 中查找 x 第一次出现的位置，如果找到了，输出相应的下标，否则，输出 x 不存在。

分析：设置标志变量 flag 来存储下标，初始化为-1 表示没有找到，然后从第一个元素开始依次将数组元素与 x 进行比较，如果相等，表示找到 x，将当前元素下标赋值给变量 flag，然后结束比较，跳出循环。这种查找方法称为顺序查找，可以在无序数组中查找变量 x 是否存在。

示例程序如下。

```
#include <stdio.h>
#define N 10
int main()
{   int i, flag=-1, x;              /*标志变量 flag 初始化为-1 表示没有找到*/
    int a[N]={22,19,36,80,98,12,20,55,-8,16};   /*定义并初始化数组*/
    for(i=0; i<N; i++)
        printf("%d", a[i]);
    printf("\n");
    printf("请输入 x: ");
    scanf("%d", &x);
    for(i=0; i<N; i++)
        if(a[i]==x)                 /*如果在数组 a 中找到了 x*/
        {   flag=i;                 /*将当前元素下标赋值给 flag*/
```

```
        break;                    /*跳出循环,结束查找*/
      }
   if(flag!=-1)
      printf("%d在数组中第一次出现的位置是%d\n", x, flag);
   else
      printf("%d在数组中不存在", x);
   return 0;
}
```

输入不同的整数 x 的程序执行结果如表 5-1 所示。

表 5-1　输入不同的整数 x 的程序执行结果

序号	不同取值的 x	程序执行结果
第一组	数组中的元素	22 19 36 80 98 12 20 55 −8 16 请输入 x:16 16 在数组中第一次出现的位置是 9
第二组	数组之外的元素	22 19 36 80 98 12 20 55 −8 16 请输入 x: 0 0 在数组中不存在

在示例程序中没有考虑数组中有多个重复的 x 存在的情况,若要求找出 x 出现的所有位置,程序将如何改写,请读者思考。

【**例 5-5**】用数组改写例 4-19,求斐波那契(Fibonacci)数列的前 20 个数,每行输出 5 个数。

分析:定义一个数组 fib 来计算并存放斐波那契数列的前 20 个数,有如下关系成立。

$$fib[0]=fib[1]=1$$
$$fib[i]=fib[i-1]+fib[i-2] \quad (2 \leqslant i \leqslant 19)$$

示例程序如下,程序执行结果与例 4-19 完全一致。

```
#include <stdio.h>
#define N 20
int main()
{   int i;
    int fib[N]={1,1};                /*数组定义并初始化前 2 个数*/
    for(i=2; i<N; i++)               /*计算斐波那契数列其余的 18 个数*/
        fib[i]=fib[i-1]+fib[i-2];
    for(i=0; i<N; i++)               /*输出斐波那契数列*/
    {   printf("%10d", fib[i]);
        if((i+1)%5==0)
            printf("\n");
    }
    return 0;
}
```

【**例 5-6**】输入一个正整数 n(1<n≤10),再输入 n 个整数,用冒泡法将它们从小到大排序后输出。

分析：给定 n 的取值范围 1<n≤10，说明数组长度为 10。冒泡法是在解决排序问题时的一种常用方法。它的基本思路是：依次将数组中相邻两个元素进行比较，如果前一个元素比后一个元素大，则交换。在比较完数组中所有的元素后，最大的数就"沉到"最后的位置，完成了一趟排序。例如，6 个数的第一趟冒泡排序过程如下。

```
初始排列：          9  8  5  4  2  0
第一次冒泡比较：    8⇆9  5  4  2  0
第二次冒泡比较：    8  5⇆9  4  2  0
第三次冒泡比较：    8  5  4⇆9  2  0
第四次冒泡比较：    8  5  4  2⇆9  0
第五次冒泡比较：    8  5  4  2  0⇆9
```

经过第一趟（共 5 次比较和交换）排序后，最大的数 9 已经到了最后的位置。接下来进行第二趟排序，即对余下的前 5 个数（8，5，4，2，0）按同样的方法进行相邻元素比较和交换，会把最大的数 8 交换到这 5 个数最后的位置（5，4，2，0，8）。以此类推，第一趟进行了 5 次比较和交换；第二趟进行了 4 次比较和交换；…；第五趟只需要进行 1 次比较和交换。因此，如果有 n 个数要排序，则总共要进行 n-1 趟，每趟要进行 n-i 次相邻两数的比较。

示例程序如下。

```c
#include <stdio.h>
#define N 10
int main()
{   int i, j, t, n;
    int a[N];
    printf("请输入要进行排序的整数个数(小于等于%d)：", N);
    scanf("%d", &n);
    printf("请输入%d 个整数：", n);
    for(i=0; i<n; i++)                      /*输入数组元素*/
        scanf("%d", &a[i]);
    for(i=0; i<n-1; i++)                    /*对数组 a 中的 n 个元素冒泡法排序*/
        for(j=0; j<n-i-1; j++)              /*共 n-1 趟，每趟比较 n-i 次*/
            if(a[j]>a[j+1])
            {   t=a[j];
                a[j]=a[j+1];
                a[j+1]=t;
            }
    printf("由小到大的排序结果是：");
    for(i=0; i<n; i++)
        printf("%d", a[i]);
    printf("\n");
    return 0;
}
```

程序执行结果如下。

```
请输入要进行排序的整数个数(小于等于10)：5
请输入 5 个整数：99 35 24 103 22
由小到大的排序结果是：22  24  35  99  103
```

【例 5-7】 输入一个正整数 n（1<n≤10），再输入 n 个整数，用选择法将它们从小到大排序后输出。

分析：选择法排序的核心思想是将 n 个数进行 n−1 趟循环选择。每趟循环都在参与选择的数中选择出最小的数据，并将它与本趟参与选择的第一个数进行交换；以此类推，当进行完 n−1 趟循环选择后，n 个数就按照从小到大的顺序排列好了。

选择排序的算法步骤如下。

第一趟：在未排序的 n 个数（a[0]~a[n−1]）中找到最小的元素，将它与 a[0]交换；

第二趟：在剩下未排序的 n−1 个数（a[1]~a[n−1]）中找到最小的元素，将它与 a[1]交换；

……

第 n−1 趟：在剩下未排序的 2 个数（a[n−2]~a[n−1]）中找到最小的元素，将它与 a[n−2]交换。

示例程序如下。

```c
#include <stdio.h>
#define N 10
int main()
{   int i, index, k, n, temp;
    int a[N];
    printf("请输入要进行排序的整数个数(小于等于%d)：", N);
    scanf("%d", &n);
    printf("请输入%d 个整数：", n);
    for(i=0; i<n; i++)                         /*输入数组元素*/
        scanf("%d", &a[i]);
    for(k=0; k<n-1; k++)                       /*对数组 a 中的 n 个元素排序*/
    {   /*在每一趟排序前，指定最小元素的初始下标 index 为未排序的第一个元素*/
        index=k;
        for(i=k+1; i<n; i++)                   /*在未排序数中查找到最小元素*/
            if(a[i]<a[index])
                index=i;
        temp=a[index];              /*将最小元素 a[index]与第一个元素 a[k]互换*/
        a[index]=a[k];
        a[k]=temp;
    }
    printf("由小到大的排序结果是：");
    for(i=0; i<n; i++)
        printf("%d", a[i]);
    printf("\n");
    return 0;
}
```

程序执行结果如下。

```
请输入要进行排序的整数个数(小于等于10)：5
请输入5个整数：99 35 24 103 22
由小到大的排序结果是：22  24  35  99  103
```

【例 5-8】 在有序整型数组 a 中插入整数 x，要求插入后的数组仍保持有序。

分析：进行插入数据操作的前提是数组足够大，即数组长度 N 大于数组中有效数据个数 len，插入完成后，数组中有效数据个数 len 加 1。在插入 x 之前，首先要明确插入的位置，即第一个比 x 大的元素下标 index。进行插入操作之前，需要将从下标为 index 开始的元素后移，但是需要注意的是，要从数组最后一个元素开始后移操作，一直到下标为 index 的这个元素为止。然后将 x 赋值给下标为 index 的元素。

例如，假定数组 a 长度为 10，有效数据个数 len=7，待插入整数 x=40，则插入位置 index=4，移动数组元素的过程如图 5-2 所示，其中①、②和③是移动的顺序。

图 5-2 插入 40 的数组元素移动示意图

示例程序如下。

```c
#include <stdio.h>
#define N 10
int main()
{   int a[N]={20,25,30,35,45,50,55}, len=7, index=0, x, i ;
    printf("原始数组: ");
    for(i=0; i<len; i++)
        printf("%5d", a[i]);
    if(len>=N)                               /*判断数组长度是否足够插入x*/
    {   printf("\n 数组存储空间不足，无法插入！\n");
        return 0;
    }
    else
    {   printf("\n 请输入 x: ");
        scanf("%d", &x);
        for(i=0; i<len; i++)                 /*确定插入位置*/
            if(a[i]>x)  break;
        index=i;
        for(i=len; i>index; i--)             /*从最后一个元素开始后移操作*/
            a[i]=a[i-1];
        a[index]=x;                          /*插入x*/
        len++;                               /*数组中有效数据个数加1*/
        printf("插入%d 后数组: ", x);
        for(i=0; i<len; i++)
            printf("%5d", a[i]);
    }
    return 0;
}
```

输入不同的整数 x 的程序执行结果如表 5-2 所示。

表 5-2 输入不同的整数 x 的程序执行结果

序号	插入不同的位置	程序执行结果
第一组	在数组中部	原始数组：　　20　25　30　35　45　50　55 请输入 x：40 插入 40 后数组：20　25　30　35　40　45　50　55
第二组	在数组头部	原始数组：　　20　25　30　35　45　50　55 请输入 x：10 插入 10 后数组：10　20　25　30　35　45　50　55
第三组	在数组尾部	原始数组：　　20　25　30　35　45　50　55 请输入 x：60 插入 60 后数组：20　25　30　35　45　50　55　60

从数组中删除元素 x 的过程和插入类似，首先，要确定 x 的位置 index，然后，从下标为 index 的元素开始前移元素操作，通过前移 index 之后的元素实现删除 x 的目的。和插入操作不同的是，删除要从下标为 index 的元素开始移动，直到数组中最后一个元素为止。最后需要将数组中有效数据个数 len 减 1。

例如，删除整数 x=35，则删除位置 index=3，数组元素移动的过程如图 5-3 所示，其中①、②和③是移动的顺序。

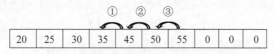

图 5-3 删除 35 的数组元素移动示意图

5.3 二维数组

在现实生活中，很多数据呈现二维或多维排列。例如，数学中的矩阵、按行和列排列的二维表格、以及三维或多维排列的复杂数据。C 语言允许使用多维数组，多维数组的元素有多个下标，其中，最常用的是二维数组。

5.3.1 二维数组的定义和引用

二维数组元素由数组名、行下标和列下标唯一地确定。

1. 二维数组的定义

定义二维数组的一般形式如下。

数据类型　数组名[行数][列数];

例如，下面的二维数组定义语句。

```
int a[3][4];          /*定义数组 a 为 3 行 4 列的二维整型数组, 3×4=12 个元素*/
float b[2][3];        /*定义数组 b 为 2 行 3 列的二维实型数组, 2×3=6 个元素*/
char c[5][80];        /*定义数组 c 为 5 行 80 列的二维字符型数组, 5×80=400 个元素*/
```

与一维数组类似，二维数组的大小也是在编译时确定的，因此二维数组的行数和列数必须为整型常量表达式，不能包含变量。

2．二维数组元素的引用

二维数组元素的引用形式如下。

数组名[行下标][列下标];

引用二维数组元素时要注意以下几点。

（1）行下标和列下标可以是整型常量、变量或表达式，从 0 开始。例如，前面定义的整型数组 a 有 3 行 4 列共 12 个元素，引用方式如下。

    a[0][0]   a[0][1]   a[0][2]   a[0][3]
    a[1][0]   a[1][1]   a[1][2]   a[1][3]
    a[2][0]   a[2][1]   a[2][2]   a[2][3]

（2）程序运行时系统不会自动检查二维数组的行下标和列下标是否越界。

（3）与一维数组类似，对于数值型的二维数组，数组元素只能逐个访问。程序设计时，通常使用双重循环，其循环变量分别控制数组元素的行下标和列下标。

实际上，二维数组可以看作由一维数组嵌套而成，即二维数组的一行可以看成是一个元素。例如，对于一个 3 行 4 列的二维数组（int a[3][4]），可以看作是一个包含 3 个元素（a[0]、a[1]和 a[2]）的一维数组，每个元素又都是由 4 个元素组成的一维数组，如图 5-4 所示。

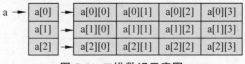

图 5-4 二维数组示意图

其中，a[0]、a[1]和 a[2]都是数组名。数组 a[0]的元素有 a[0][0]、a[0][1]、a[0][2]和 a[0][3]；数组 a[1]的元素有 a[1][0]、a[1][1]、a[1][2]和 a[1][3]；数组 a[2]的元素有 a[2][0]、a[2][1]、a[2][2]和 a[2][3]。

【例 5-9】 二维数组的输入和输出示例。

示例程序如下。

```
#include <stdio.h>
#define N 3
int main()
{   int i,j;
    int a[N][N];                        /*定义二维数组 a 为 N 行 N 列的整型数组*/
    printf("输入%d×%d 阶数组: \n", N, N);
    for(i=0; i<N; i++)                  /*从键盘读入数据并赋值给相应元素*/
        for(j=0; j<N; j++)
            scanf("%d", &a[i][j]);
```

```
        printf("输出%d×%d 阶数组: \n", N, N);
        for(i=0; i<N; i++)                  /*将二维数组中的相应元素输出在屏幕上*/
        {   for(j=0; j<N; j++)
                printf("%3d", a[i][j]);
            printf("\n");                   /*一行输出结束时换行*/
        }
        return 0;
    }
```

程序执行结果如下。

```
输入 3×3 阶数组:
1 2 3
4 5 6
7 8 9
输出 3×3 阶数组:
  1  2  3
  4  5  6
  7  8  9
```

5.3.2 二维数组的存储和初始化

二维数组定义后，系统将按数据类型和元素个数为二维数组开辟一个连续的存储空间。由于二维数组是行列结构，而内存单元是一维顺序（线性）排列的，因此必须按一定的规律存放二维数组的元素。

1. 二维数组的存储

C 语言规定，二维数组元素按行存储，即一行接一行进行存储。例如，有如下的二维数组定义。

```
    int a[3][4];                /*定义数组 a 为 3 行 4 列的二维整型数组, 共 12 个元素*/
```

则先按顺序存放第 0 行的全部元素，再存放第 1 行的全部元素，最后存放第 2 行的全部元素，如图 5-5 所示。

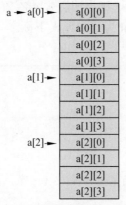

图 5-5　二维数组内存示意图

设有一个 m 行 n 列的二维数组，按顺序在内存中存放，则元素 a[i][j]（0≤i≤m-1，0≤j≤n-1）是该数组的第 i*n+j+1 个元素。

2. 二维数组的初始化

与一维数组类似，二维数组也可以在数组定义时给数组元素赋初值，具体方法如下。
（1）分行给二维数组元素赋初值。例如，有以下的二维数组定义语句。

```
int a[3][4]={{1,2,3,4}, {5,6,7,8}, {9,10,11,12}};
```

第一对花括号内的值依次赋给数组 a 中第 0 行的各个元素，第二对花括号内的值依次赋给数组 a 中第 1 行的各个元素，以此类推。
（2）按存储顺序连续赋初值。例如，有以下的二维数组定义语句。

```
int a[3][4]={1,2,3,4,5,6,7,8,9,10,11,12};
```

与上述（1）的赋值结果完全相同。
（3）分行对部分元素赋初值，此时其余元素值默认为 0。这种方法对于元素初值中只有少数非 0 值的情况比较方便。例如，以下的二维数组定义语句等价。

```
int a[3][4]={{1,2}, {4}};
int a[3][4]={{1,2,0,0}, {4,0,0,0}, {0,0,0,0}};
```

（4）省略行数，系统将自动计算行数。例如，以下的二维数组定义语句等价。

```
int a[ ][4]={{1,2}, {4}, {0}};
int a[ ][4]={1,2,0,0,4,0,0,0,0,0,0,0};
```

5.3.3 二维数组应用示例

【例 5-10】 在一个整数矩阵中，找出最大的元素值以及最大元素的行下标和列下标，并输出该最大值。

分析：找到最大元素的下标就可以找到最大元素，用变量 row 和 col 分别记录最大元素的行下标和列下标。先假设第一个元素即 a[0][0]是最大值，row 和 col 的初始值都是 0，然后依次访问二维数组中的每个元素（称为遍历），将它们与最大值进行比较，如果当前元素大于 a[row][col]，则更新 row 和 col 为当前元素下标。

示例程序如下。

```
#include <stdio.h>
#define M 3
#define N 2
int main()
{   int col, row, i, j;
    int a[M][N];
    printf("请输入%d行%d列的整数矩阵：\n", M, N);
    for(i=0; i<M; i++)
```

```
            for(j=0; j<N; j++)
                scanf("%d", &a[i][j]);
        row=0, col=0;                              /*遍历二维数组，找出最大值a[row][col]*/
        for(i=0; i<M; i++)
            for(j=0; j<N; j++)
                if(a[i][j]>a[row][col])     /*如果a[i][j]比当前的最大值大*/
                {   row=i;                         /*更新row和col*/
                    col=j;
                }
        printf("矩阵中的最大值是: a[%d][%d]=%d\n", row, col, a[row][col]);
        return 0;
}
```

程序执行结果如下。

```
请输入3行2列的整数矩阵：
11  29
25   2
 3  13
矩阵中的最大值是: a[0][1]=29
```

【例 5-11】 输入一个正整数 n（1<n≤6），根据下式生成 1 个 n×n 的方阵（n 称为方阵的阶数），将该方阵转置（行列互换）后输出。

$$a[i][j]=i*n+j+1 \quad (0\leqslant i\leqslant n-1, 0\leqslant j\leqslant n-1)$$

例如，当 n=4 时，有

转置前　　　　　　　　转置后

$$\begin{bmatrix} 1 & 2 & 3 & 4 \\ 5 & 6 & 7 & 8 \\ 9 & 10 & 11 & 12 \\ 13 & 14 & 15 & 16 \end{bmatrix} \quad \begin{bmatrix} 1 & 5 & 9 & 13 \\ 2 & 6 & 10 & 14 \\ 3 & 7 & 11 & 15 \\ 4 & 8 & 12 & 16 \end{bmatrix}$$

分析：原数组中的第 i 行 j 列的元素与转置后数组中的第 j 行 i 列的元素相等。由于矩阵是一个 n×n 阶的方阵，其转置矩阵就是将原矩阵以对角线为轴旋转 180°，即行列互换，将 a[i][j] 和 a[j][i] 互换。

示例程序如下。

```
#include <stdio.h>
#define N 6
int main()
{   int i, j, n, temp;
    int a[N][N];
    printf("请输入方阵的阶数(小于等于%d): ", N);
    scanf("%d",&n);
    for(i=0; i<n; i++)                        /*对数组元素赋值*/
        for(j=0; j<n; j++)
```

```
                a[i][j]=i*n+j+1;
    printf("原矩阵：\n");
    for(i=0; i<n; i++)
    {   for(j=0; j<n; j++)
            printf("%4d", a[i][j]);
        printf("\n");
    }
    for(i=1; i<n; i++)                    /*转置，即行列互换*/
        for(j=0; j<i; j++)                /*只遍历下三角矩阵*/
        {   temp=a[i][j];                 /*交换a[i][j]和a[j][i]*/
            a[i][j]=a[j][i];
            a[j][i]=temp;
        }
    printf("转置后的矩阵：\n");
    for(i=0; i<n; i++)
    {   for(j=0; j<n; j++)
            printf("%4d", a[i][j]);
        printf("\n");
    }
    return 0;
}
```

程序执行结果如下。

```
请输入方阵的阶数(小于等于6)：4
原矩阵：
   1   2   3   4
   5   6   7   8
   9  10  11  12
  13  14  15  16
转置后的矩阵：
   1   5   9  13
   2   6  10  14
   3   7  11  15
   4   8  12  16
```

设 N 是正整数，定义一个 N 行 N 列的二维数组 a 后，数组元素表示为 a[i][j]，行下标 i 和列下标 j 的取值范围都是[0, N-1]。用该二维数组 a 表示 n×n 方阵时，矩阵的一些常用术语与二维数组行、列下标的对应关系如表 5-3 所示。

表 5-3 矩阵的术语与二维数组下标的对应关系

术 语	含 义	下标规律
主对角线	从矩阵的左上角至右下角的连线	i == j
上三角	主对角线以上的部分	i <= j
下三角	主对角线以下的部分	i >= j
副对角线	从矩阵的右上角至左下角的连线	i+j == N-1

【例5-12】 求N×N阶二维数组的主对角线元素之和。

分析：二维数组中主对角线元素是 a[0][0]、a[1][1]、…、a[N-1][N-1]，因此用单重循环 N 次即可访问所有的主对角线元素。

示例程序如下。

```
#include <stdio.h>
#define N 3
int main()
{   int a[N][N], k=1, i, j, sum=0;
    for(i=0; i<N; i++)                      /*对数组元素赋值*/
        for(j=0; j<N; j++)
            a[i][j]=k++;
    printf("原矩阵：\n");
    for(i=0; i<N; i++)
    {   for(j=0; j<N; j++)
            printf("%4d", a[i][j]);
        printf("\n");
    }
    for(i=0; i<N; i++)
        sum=sum+a[i][i];                    /*主对角线元素累加*/
    printf("二维数组主对角线之和是：%d\n", sum);
    return 0;
}
```

程序执行结果如下。

```
原矩阵：
   1   2   3
   4   5   6
   7   8   9
二维数组主对角线之和是：15
```

【例5-13】 有 5 个学生参加了 3 门课程的考试，编程输入所有成绩。求每个学生的平均成绩。

分析：与保存学生成绩的 5 行 5 列的二维表格相对应（如表 5-4 所示），C 语言中可以用 5 行 4 列的二维数组保存 5 位同学的 3 门课程成绩和平均成绩（学号除外）。二维数组的一行存储一个学生的信息，第 0、1 和 2 列存放 3 门课程的成绩，第 3 列存放平均成绩。

表 5-4 学生成绩二维表格

学号	课程1	课程2	课程3	平均成绩
1	80	90	85	85.00
2	88	67	75	76.67
3	85	81	80	82.00
4	56	69	74	66.33
5	83	78	75	78.67

示例程序如下。

```c
#include <stdio.h>
#define STUD 5
#define COURSE 3
int main()
{   int i, j;
    float s[STUD][COURSE+1]={0}, sum;    /*二维数组 s 存放学生的成绩*/
    for(i=0; i<STUD; i++)
    {   printf("请输入第%d 个学生的%d 门成绩: ", i+1, COURSE);
        for(sum=0,j=0; j<COURSE; j++)       /*读入 1 个学生 3 门课程成绩并累加*/
        {   scanf("%f", &s[i][j]);
            sum+=s[i][j];
        }
        s[i][COURSE]=sum/3;                 /*计算平均成绩,并保存到最后一列*/
    }
    printf("学生   ");                      /*输出表头*/
    for(i=0; i<COURSE; i++)
        printf("课程%d ", i+1);
    printf("平均成绩\n");
    for(i=0; i<STUD; i++)                   /*输出各门课程成绩*/
    {   printf("No.%d  ", i+1);
        for(j=0; j<COURSE; j++)
            printf("%6.2f ", s[i][j]);
        printf("%6.2f\n", s[i][COURSE]);    /*输出平均成绩*/
    }
    return 0;
}
```

程序执行结果如下。

```
请输入第 1 个学生的 3 门成绩: 80  90  85
请输入第 2 个学生的 3 门成绩: 88  67  75
请输入第 3 个学生的 3 门成绩: 85  81  80
请输入第 4 个学生的 3 门成绩: 56  69  74
请输入第 5 个学生的 3 门成绩: 83  78  75
学生   课程 1 课程 2 课程 3 平均成绩
No.1  80.00 90.00 85.00 85.00
No.2  88.00 67.00 75.00 76.67
No.3  85.00 81.00 80.00 82.00
No.4  56.00 69.00 74.00 66.33
No.5  83.00 78.00 75.00 78.67
```

【例 5-14】 根据输入的年 year、月 month 和日 day,计算并输出对应的是该年的第几天。

分析:表 5-5 列出了每月的天数,2 月份的天数在闰年和非闰年是不同的,非闰年的天数存放在第 1 行,闰年的天数存放在第 2 行。为了和二维数组的下标从 0 开始的特点保持一致,表中增加了第 0 月,使得表格中月和二维数组的列一致,以简化编程。定义一个二维数组 tab 来保存它们，tab[0][k]代表非闰年第 k 月的天数，tab[1][k]代表闰年第 k 月的天数。根据输入的年是否是闰年，从 tab 数组中不同行的各个月份对应的列进行累加，即可计算出对应的是该年的第几天。

表 5-5 每月的天数

是否闰年	0月	1月	2月	3月	4月	5月	6月	7月	8月	9月	10月	11月	12月
非闰年	0	31	28	31	30	31	30	31	31	30	31	30	31
闰 年	0	31	29	31	30	31	30	31	31	30	31	30	31

示例程序如下。

```
#include <stdio.h>
int main()
{   int year, month, day;
    int days, k, leap;
    int tab[2][13]={ {0,31,28,31,30,31,30,31,31,30,31,30,31},
                     {0,31,29,31,30,31,30,31,31,30,31,30,31} };
    printf("请输入日期(格式：年-月-日)：");
    scanf("%d-%d-%d", &year, &month, &day);
    leap=((year%4==0)&&(year%100!=0)||(year%400==0));  /*闰年 1，非闰年 0*/
    for(days=day,k=0; k<month; k++)
        days=days+tab[leap][k];                        /*计算该日期为该年的第几天*/
    printf("%d 年%d 月%d 日是该年的第%d 天\n", year, month, day, days);
    return 0;
}
```

程序执行结果如下。

```
请输入日期(格式：年-月-日)：2024-3-1
2024 年 3 月 1 日是该年的第 61 天
```

5.4 字符数组与字符串

字符串是用双引号括起来的字符序列。C 语言中有字符串常量，却没有字符串类型，也没有字符串变量，通常用一维字符数组来存放字符串。存放了字符串的字符数组，有一些特殊的使用方法。

5.4.1 字符数组的定义和引用

存放字符数据的数组称为字符数组，它的每一个元素存放一个字符。字符数组的定义、初始化和引用与一维数组类似。

1. 字符数组的定义

定义字符数组的一般形式如下。

```
char 数组名[字符数组长度];
```

例如，下面的字符数组定义语句。

```
char ch[10];              /*定义字符数组 ch，它有 10 个元素*/
char str[5][8];           /*定义一个 5 行 8 列的字符数组 str，它有 40 个元素*/
```

2. 字符数组的初始化

与一维数组类似，字符数组也可以在定义时给数组元素赋初值。例如，下面的字符数组定义语句。

```
char ch[5]={'h','e','l','l','o'};
char ch[ ]={'h','e','l','l','o'};
char name[2][8]={{'M','u','s','i','c'}, {'A','r','t','s'}};
```

3. 字符数组的引用

与一维数组类似，字符数组的引用是通过数组名和下标。例如，下面程序段的功能是输出前面定义的字符数组 ch 中存储的每一个字符。

```
for(i=0; i<5; i++)
    putchar(ch[i]);
```

5.4.2 字符串和字符串结束标志

字符串是用双引号括起来的一串字符序列，以'\0'作为结束标志。例如，字符串常量"China"在内存中的存储形式如图 5-6 所示。

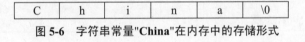

图 5-6 字符串常量"China"在内存中的存储形式

字符串常量"China"在内存中占用 6 字节的空间。在计算字符串长度（即字符个数）时不包括结束标志'\0'，因此字符串"China"的长度为 5。

可以用字符串常量对字符数组进行初始化。例如，下面的初始化语句是等价的。

```
char ch[6]={"hello"};     /*长度是 6 而不是 5，因为字符串有结束标志'\0'*/
char ch[6]="hello";       /*可以省去花括号*/
char ch[ ]="hello";
```

实际上，在对数组元素逐个初始化时，如果声明的数组长度大于初始化的字符个数，这时除了把指定的字符分别赋给前面的元素外，系统会自动给其余元素赋 0（即结束标志'\0'，其 ASCII 码值为 0），此时字符数组中存储的也是字符串，等同于用字符串对字符数组进行初始化，例如，下面的初始化语句完全等价。

```
char ch[6]={'h','e','l','l','o'};
char ch[ ]={'h','e','l','l','o','\0'};
```

需要注意的是，字符数组初始化时，若没有在初始化的字符之后存储结束标志'\0'，这样的字符数组不能作为字符串进行处理。要想使得初始化以后的字符数组可以作为字符串进行处理，可以设置字符数组的长度大于初始化元素的个数；也可以手动在初始化时加上结束标志'\0'。

虽然可以用字符串常量初始化字符数组，但不能将字符串直接赋值给字符数组，例如，下面的赋值语句都是错误的。

```
char ch1[10], ch2[10];
ch2="QBASIC";          /*错误，不能将字符串直接赋值给字符数组*/
ch2[ ]="QBASIC";       /*错误，不能将字符串直接赋值给字符数组，且数组引用方式错误*/
ch2=ch1;               /*错误，两个字符数组不能直接赋值*/
ch2[ ]=ch1[ ];         /*错误，数组引用方式错误*/
```

同样，对于二维字符数组，下面的初始化语句是等价的。

```
char name[2][8]={{'M','u','s','i','c'}, {'A','r','t','s'}};
char name[2][8]={"Music", "Arts"};
```

5.4.3 字符串的输入输出

字符串的输入与输出可以分成两种。

1. 逐个输入输出字符串中的字符

与一维数值数组一样，可以在循环体中调用 scanf()和 printf()函数，或者 getchar()和 putchar()函数实现逐个输入和输出字符数组中的字符。当逐个输出字符串中的字符时，循环条件可以通过判断当前字符是否是结束标志'\0'来结束输出。

【例 5-15】输入一行字符（回车结束）以字符串的形式保存在一个字符数组中，逐个输出字符串中的字符。

示例程序如下。

```
#include <stdio.h>
#define N 80
int main()
{   int i;
    char ch[N];
    for(i=0; i<N; i++)
    {   scanf("%c", &ch[i]);          /*等价于 ch[i]=getchar()*/
        if(ch[i]=='\n')
            break;
    }
    ch[i]='\0' ;                      /*添加字符串结束标志*/
    printf("输入的字符串是：");
    for(i=0; ch[i]!='\0'; i++)
        printf("%c", ch[i]);          /*等价于 putchar(ch[i])*/
    printf("\n");
```

```
        return 0;
}
```

程序执行结果如下。

```
Good Student
输入的字符串是: Good Student
```

逐个输入字符时，系统不会自动加字符串结束标志'\0'，如果需要让字符数组中存储的字符序列作为字符串处理，则需要手动增加字符串末尾的'\0'。

2. 字符串的整体输入输出

在 C 语言中，scanf()、gets()和 fgets()函数都可以用于从键盘读取字符串，并且自动会在字符串末尾添加结束标志'\0'。printf()、puts()和 fputs()函数都可以用于输出字符串到显示器屏幕上。

（1）使用 scanf()和 printf()函数整体输入输出字符串。

scanf()和 printf()函数是格式化输入输出函数，字符串的格式字符为"%s"。需要注意的是，scanf()函数在读取字符串时会在遇到空格、Tab 或回车时停止，因此它不适合读取包含空格或 Tab 的字符串。printf()函数在输出字符串时，输出到字符串结束标志'\0'时结束。

【例 5-16】 scanf()和 printf()函数整体输入输出字符串示例。

示例程序如下。

```
#include <stdio.h>
int main()
{   char str1[10], str2[10], str3[10];
    scanf("%s%s%s", str1, str2, str3);   /*无论是输入还是输出，必须写数组名*/
    printf("str1=%s\n str2=%s\n str3=%s\n", str1, str2, str3);
    return 0;
}
```

程序执行结果如下。

```
I Love China!
str1=I
str2=Love
str3=China!
```

（2）使用 gets()和 puts()函数整体输入输出字符串。

gets()函数用于从键盘读取字符串，直到遇到换行符（回车）结束，而且它自动会将该换行符替换为字符串结束标志'\0'。gets()函数是不安全的函数，可能会导致缓冲区溢出错误。因此，在版本较高的编译系统中通常不支持使用 gets()函数，但在一些版本较低的编译系统中仍然可以使用。gets()函数的一般调用形式如下。

```
gets(字符数组名);
```

puts()函数专门用于输出字符串，它会在字符串末尾自动添加一个换行符。puts()函数的一般调用形式如下。

```
puts(字符数组名);
```

【例 5-17】 gets()和 puts()函数整体输入输出字符串示例。

示例程序如下。

```
#include <stdio.h>
int main()
{   char str[80];
    gets(str);
    puts(str);
    return 0;
}
```

程序执行结果如下。

```
I Love China!
I Love China!
```

gets()函数输入的字符串中可以包含空格和 Tab 字符。

（3）使用 fgets()和 fputs()函数整体输入输出字符串。

fgets()函数主要用于从文件或键盘读取字符串，直到遇到换行符（回车）或达到指定的字符数结束，并在串尾自动添加结束标志'\0'。在实际编程中，推荐使用 fgets()函数来读取字符串，因为它允许指定读入字符的数量，从而避免缓冲区溢出，是安全的字符串输入函数，并且可以处理包含空格的字符串。fgets()函数从键盘输入字符串的一般调用形式如下，其中 stdin 默认指的是键盘。

```
fgets(字符数组名, 字符数量, stdin);
```

fputs()函数用于向文件或显示器屏幕输出字符串，输出到字符串结束标志'\0'时结束。fputs()函数输出字符串的一般调用形式如下，其中 stdout 默认指的是显示器。

```
fputs(字符数组名, stdout);
```

【例 5-18】 fgets()和 fputs()函数整体输入输出字符串示例。

示例程序如下。

```
#include <stdio.h>
int main()
{   char str[80];
    fgets(str, sizeof(str), stdin);
    fputs(str, stdout);
    return 0;
}
```

程序执行结果如下。

```
I Love China!
```

```
    I Love China!
```

fgets()函数将输入的字符串（包含换行符）作为一个字符串存入 str 字符数组中，在处理该字符串中存储的字符时，应该注意该换行符的存在。

【例 5-19】 不同字符串整体输入输出函数的比较。

示例程序如下。

```
#include <stdio.h>
#include <string.h>        /*程序中使用了字符串处理函数 strlen()计算字符串的长度*/
int main()
{   char str1[80], str2[80], str3[80];
    puts("请输入第一个字符串：");
    scanf("%s", str1);
    printf("第一个字符串是%s\n", str1);
    printf("scanf 的字符串长度是：%d\n", strlen(str1));
    fflush(stdin);          /*清空输入缓冲区遗留的，未被 scanf()函数读走的字符*/
    puts("请输入第二个字符串：");
    gets(str2);
    printf("第二个字符串是%s\n", str2);
    printf("gets 的字符串长度是：%d\n", strlen(str2));
    puts("请输入第三个字符串：");
    fgets(str3, sizeof(str3), stdin);
    printf("第三个字符串是%s\n", str3);
    printf("fgets 的字符串长度为：%d", strlen(str3));
    return 0;
}
```

程序执行结果如下。

```
请输入第一个字符串：
I Love China!
第一个字符串是 I
scanf 的字符串长度是：1
请输入第二个字符串：
I Love China!
第二个字符串是 I Love China!
gets 的字符串长度是：13
请输入第三个字符串：
I Love China!
第三个字符串是 I Love China!

fgets 的字符串长度为：14
```

程序执行结果分析如下。

（1）scanf()函数读入一个字符串时，遇到空格、Tab 或回车结束，且未被读取的字符（包含空格、Tab 和回车）仍然遗留在输入缓冲区中，为了不影响下一个字符串输入，程序中用 fflush(stdin)清空输入缓冲区中遗留的所有字符。

（2）gets()函数读入一个字符串时，遇到换行符（回车）结束，且该换行符读入后会自动替换为字符串结束标志'\0'，不会遗留在输入缓冲区，因此不需要清空输入缓冲区。

（3）fgets()函数读入一个字符串时，也是遇到换行符（回车）结束，但该换行符读入后作为字符串的最后一个字符，因此，fgets()函数读入的字符串长度比gets()函数多一个。同理，输出该字符串时输出了该换行符（程序执行结果中的空行）。

5.4.4 字符串处理函数

由于字符数组名是地址常量，因此，除了数组初始化，在程序中不能直接使用"="对字符数组进行整体赋值。当需要比较两个字符串的大小时，也不能直接使用关系运算符（>、>=、<、<=、==、!=）进行比较。要完成这些操作，必须借助 C 语言提供的字符串处理函数实现。

1. strcpy()字符串复制函数

strcpy()函数用于将源字符串复制到目标字符数组中，包括字符串结束标志'\0'。strcpy()函数的一般调用形式如下。

```
strcpy(目标字符数组名, 源字符串);
```

其中，目标字符数组必须足够大，源字符串可以是字符数组名或者字符串常量。例如，下面的两条字符串复制语句完全等价。

```
char src[]="Hello, World!";
char dest[20];              /*dest 是目标字符数组，必须足够容纳复制的字符串*/
strcpy(dest, src);          /*dest 中的字符串是"Hello, World!"*/
strcpy(dest, "Hello, World!");
```

需要注意的是，在 C 程序中不能用"dest=src"或者"dest="Hello, World!""对字符数组赋值。

2. strcat()字符串连接函数

strcat()函数用于将源字符串追加到目标字符数组的末尾，包括字符串结束标志'\0'。strcat()函数的一般调用形式如下。

```
strcat(目标字符数组名, 源字符串);
```

其中，目标字符数组必须足够大，源字符串可以是字符数组名或者字符串常量。例如，下面的字符串连接语句。

```
char dest[80]="I ";
char src[ ]="Love ";
strcat(dest, src);          /*dest 现在是 "I Love "*/
strcat(dest, "China!");     /*dest 现在是 "I Love China!"*/
```

3. strlen()计算字符串长度的函数

strlen()函数可以返回字符串的长度,即字符串中的字符个数,字符串长度不包括结束标志'\0'。strlen()函数的一般调用形式如下。

```
strlen(字符数组名或字符串常量);
```

例如,下面的字符串长度计算语句。

```
char str[ ]="Hello";
int length=strlen(str);              /*length 的值为5*/
```

4. strcmp()字符串比较函数

strcmp()函数用来比较两个字符串,对两字符串从左向右逐个字符进行比较(ASCII 码),直到遇到不同字符或'\0'为止。strcmp()函数的一般调用形式如下。

```
strcmp(字符串1, 字符串2);
```

strcmp()函数返回一个整数来说明字符串的大小。

(1)若字符串 1<字符串 2,返回负整数。
(2)若字符串 1>字符串 2,返回正整数。
(3)若字符串 1==字符串 2,返回零。

例如,下面的字符串比较语句。

```
char str1[ ]="Hello";
int result;
result=strcmp(str1, "Hello");           /*result 是 0,两个字符串相同*/
result=strcmp("Beijing", "Xi'an");      /*result 是负数,"Xi'an"大*/
```

5.4.5 字符串应用示例

【例 5-20】 输入一个以回车结束的字符串,它由数字字符组成,将该字符串转换成整数后输出。

分析:首先将字符串中的数字字符减去数字字符'0',转换为相应整数数码,然后依次乘以 10 累加得到该数字字符序列对应的整数,遇见非数字字符则结束转换。

示例程序如下。

```
#include <stdio.h>
#define N 10
int main()
{   int i, n;
    char s[N];
    printf("请输入一个数字串(不超过%d 位数): ", N);
    fgets(s, sizeof(s), stdin);
    n=0;                        /*将字符串转换为整数存放在变量 n 中*/
    for(i=0; s[i]!='\0'; i++)
```

```
            if(s[i]>='0' && s[i]<='9')
                n=n*10+(s[i]-'0');          /*将数字字符转换为整数并累加*/
            else                            /*遇见非数字字符结束转换*/
                break;
    printf("转换为整数：%d\n", n);
    return 0;
}
```

程序执行结果如表 5-6 所示。

表 5-6 输入不同的字符串的程序执行结果

序号	字符串形式	程序执行结果
第一组	字母开头	请输入一个数字串（不超过 10 位数）：Abc123 转换为整数：0
第二组	空字符串	请输入一个数字串（不超过 10 位数）： 转换为整数：0
第三组	数字开头	请输入一个数字串（不超过 10 位数）：1314abc67 转换为整数：1314
第四组	带小数点的数字	请输入一个数字串（不超过 10 位数）：3.14 转换为整数：3

【例 5-21】 对一些国家名按字典序排序后输出。

分析：将 N 个国家名保存在二维数组 contry[N][30]中。二维数组的一行存储一个国家名，因此，可以将其看成是由字符串（国家名）组成的一维数组，contry[0]、contry[1]、…contry[N]分别是各个字符串的首地址。按照冒泡排序算法，将相邻两个字符串用 strcmp()函数进行比较，用 strcpy()函数实现交换。

示例程序如下。

```
#include <stdio.h>
#include <string.h>
#define N 5
int main()
{   char contry[N][30]={"Japan", "Korea", "China", "Germany", "India"};
    int i, j;
    char tempstr[30];                        /*用作交换两个字符串的中间变量*/
    puts("排序前的国家名：");
    for(i=0; i<N; i++)
        puts(contry[i]);                     /*contry[i]是各个字符串首地址*/
    for(i=0; i<N-1; i++)                     /*对字符串进行排序*/
        for(j=i+1; j<N; j++)
            if(strcmp(contry[i],contry[j])>0)  /*strcmp 函数比较字符串大小*/
            {   strcpy(tempstr,contry[i]);     /*strcpy()函数交换字符串*/
                strcpy(contry[i],contry[j]);
                strcpy(contry[j],tempstr);
            }
```

```
        puts("排序后的国家名：");
        for(i=0; i<N; i++)
            puts(contry[i]);
        return 0;
}
```

程序执行结果如下。

```
排序前的国家名：
Japan
Korea
China
Germany
India
排序后的国家名：
China
Germany
India
Japan
Korea
```

【例 5-22】 判断用户输入的一个单词是否是回文，直到用户输入 end 为止。回文是指对称的单词，例如 level。

分析：外层 while 循环实现多次单词读入，直到 end 为止。在外层 while 循环体内，用标志变量 flag 标识是否回文，每次读入单词后 flag 重置为 1。内层 for 循环通过设置首尾下标 i 和 j，依次取单词的两端字符对进行比较：如果相等，则将首下标 i 后移（加 1），尾下标 j 前移（减 1），继续进行下一对的比较；如果不相等，则将 flag 赋值为 0，跳出内层循环，进行下一个单词的读入和判断。

示例程序如下。

```
#include <stdio.h>
#include <string.h>
int main()
{   int i, j, flag;
    char word[80];
    puts("请输入单词，输入 end 结束判断");
    fgets(word,sizeof(word),stdin);  /*读入第一个单词*/
    word[strlen(word)-1]='\0';         /*去除 fgets()读入的字符串最后的换行符*/
    while(strcmp(word, "end"))
    {   flag=1;                        /*假设读入单词是回文*/
        for(i=0,j=strlen(word)-1; i<j; i++,j--)    /*i、j 要比较的字符下标*/
            if(word[i]!=word[j])       /*两字符不相同，则不是回文，跳出循环*/
            {flag=0; break;}
        if(flag)
            printf("%s 是回文\n", word);
        else
```

```
            printf("%s 不是回文\n", word);
        puts("请输入单词,输入 end 结束判断");        /*读入下一个单词*/
        fgets(word,sizeof(word),stdin);
        word[strlen(word)-1]='\0';
    }
    return 0;
}
```

程序执行结果如下。

```
请输入单词,输入 end 结束判断
level
level 是回文
请输入单词,输入 end 结束判断
hello
hello 不是回文
请输入单词,输入 end 结束判断
end
```

程序执行结果分析如下。

由于 fgets()函数读入字符串时会将换行符(回车)读入,作为字符串的最后一个字符,因此在程序中需要去除该换行符,否则 word 数组中的字符串与 end 比较结果永远不为 0,无法退出外层 while 循环。

习题

一、填空题

1. 对于数组 a[3][5]来说,使用数组的某个元素时,行下标的最大值是_____,列下标的最大值是_____。
2. 在 C 语言中,_____是数组的首地址。
3. 设有定义语句:int a[ ][3]={{0},{1},{2}};则数组元素 a[1][2]的值是_____。
4. 下面程序段的执行结果是_____。

```
int a[3][4]={1,2,3,4,5,6,7,8,9,10,11,12}, b[4][3];
int i, j;
for(i=0; i<3; i++)
    for(j=0; j<4; j++)
    b[j][i]=a[i][j];
for(i=0; i<4; i++)
{   for(j=0; j<3; j++)
        printf("%5d", b[i][j]);
    printf("\n");
}
```

5. 下面程序段的执行结果是_____。

```
char str[ ]={"a1b2c3d4e5"}, i, s=0;
for(i=0; str[i]; i++)
   if(str[i]>='a' && str[i]<='z')
      printf("%c",str[i]);
```

二、选择题

1. 若有如下定义语句，则下面对 m 数组元素的引用中错误的是（   ）。

```
int m[ ]={5,4,3,2,1}, i=4;
```

    A. m[--i]   B. m[2*2]   C. m[m[0]]   D. m[m[i]]

2. 对两个数组 a 和 b 进行如下初始化，则以下叙述正确的是（   ）。

```
char a[ ]="ABCDEF";
char b[ ]={'A','B','C','D','E','F'};
```

    A. a 和 b 数组完全相同   B. a 和 b 长度相同
    C. a 和 b 中都存放字符串   D. a 数组比 b 数组长度长

3. 若有说明如下，则下列叙述不正确的是（   ）。

```
int a[ ][4]={0,0};
```

    A. 数组 a 的每个元素都可以得到初值 0
    B. 二维数组 a 的第一维的大小为 1
    C. 数组 a 的行数为 1
    D. 只有元素 a[0][0]和 a[0][1]可得到初值 0，其余元素均得不到初值

4. 有两个字符数组 a、b，则以下正确的输入语句是（   ）。

    A. gets(a,b);   B. scanf("%s%s", a, b);
    C. fgets(a);   fgets(b)   D. gets("a");   gets("b");

5. 下列定义数组的语句中，不正确的是（   ）。

    A. int a[5]={1,2,3,4,5};   B. int a[5]={1,2,3};
    C. int a[4]={0,0,0,0,0};   D. int a[5]={0*5};

6. 下列定义数组的语句中正确的是（   ）。

    A. #define size 10   B. int n=5;
        char str1[size], str2[size+2];   int a[n][n+2];
    C. int num['10'];   D. char str[ ];

7. 下面程序段的执行结果是（   ）。

```
int a[3][3]={1,2,3,4,5,6,7,8,9}, i;
for(i=0; i<=2; i++)
   printf("%d", a[i][2-i]);
```

    A. 3 5 7   B. 3 6 9   C. 1 5 9   D. 1 4 7

8. 下列字符串赋值语句中，不能正确把字符串"C program"赋给数组的语句是（   ）。

   A．char a[ ]={'C',' ','p','r','o','g','r','a','m',0};

   B．char a[10]; strcpy(a, "C program");

   C．char a[10]; a="C program";

   D．char a[10]="C program";

9. 下面程序段的执行结果是（   ）。

```
char c[5]={'a','b','\0','c','\0'};
printf("%s", c);
```

   A．abc   B．ab\0c\0   C．ab c   D．ab

10. 判断字符串 a 和 b 相等，应当使用（   ）。

    A．if (a==b)   B．if(strcpy(a,b))

    C．if(strcmp(a,b)==0)   D．if (a=b)

三、编程题

1．编程实现，从键盘输入 10 个整数并保存到数组中，求出这 10 个整数的最大值、最小值及平均值。

2．编程实现，从键盘输入 10 个整数并保存到数组中，要求找出最小的数及其下标，然后把它和数组中最前面的元素对换位置。

3．编程实现，输入一个字符串，统计其中单词个数。单词之间用空格分隔开。

4．有 M 个人参加了 N 门课程的考试，编程输入所有成绩，求每个人的平均成绩和每门课程的平均分数，并找出所有成绩中最高分是哪个学生的哪门课程的成绩。

5．编程实现删除一个字符串从某个特定字符开始的所有字符。例如字符串为"abcdefg"，特定字符为'd'，删除后字符串为"abc"。

6．编程实现将输入字符串逆序存放后输出。

7．编程实现判断用户输入的密码强度。如果密码中只包含数字，密码强度为弱；包含数字和字母，密码强度为中等，包含数字、字母和其他符号，密码强度为强。

8．编程实现在一个整型数组中删除由用户输入的整数 x，如果有多个相同的 x，则全部删除后输出数组，如果 x 不存在于数组中，则输出"x 不存在"。

9．编程实现对用户输入的字符串采用简单的恺撒密码进行加密和解密。恺撒密码加密方法为：将每个字符的 ASCII 码加上一个整数。

10．编程实现将用户输入的字符串中的所有小写字母转换成大写字母后输出。

第 6 章

用函数实现模块化程序设计

CHAPTER **6**

函数是完成特定功能的程序模块,它能够对接收的数据进行处理,并返回处理结果。采用函数编程可以使程序结构更加清晰,易于维护。此外,函数可以被多次调用,从而实现代码的复用,提高软件开发效率。

学习目标
- 掌握函数定义、声明和调用的方法。
- 掌握函数参数传递和获得返回值的方法。
- 理解递归函数的实现和递归调用。
- 理解局部变量和全局变量的区别。
- 了解变量的存储类型。

6.1　认识函数

在前面各章编写的 C 程序中，有且只有一个 main()函数。实际上，C 程序可以由一个或多个函数组成，函数是 C 程序的基本单位。如图 6-1 所示，对于复杂的程序，一般将程序划分为若干个独立且功能单一的模块，每个模块完成一个特定的功能，对应一个函数。这些函数可以放在一个或分别放在多个源程序文件中，便于分别编写和编译，提高调试效率。因此，一个 C 程序可以包含一个或多个源程序文件，每个源程序文件可以包含一个或多个函数以及其他相关的内容（如编译预处理命令等），系统以源程序文件为单位进行编译。

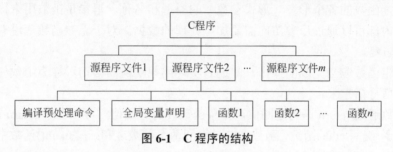

图 6-1　C 程序的结构

可以按照不同角度对函数进行分类。

1. 从编程人员使用的角度，可以分为库函数和自定义函数

（1）库函数。由系统提供的函数，如 scanf()和 printf()函数，编程人员可直接使用。需要注意的是，不同的 C 语言编译系统提供的库函数的数量和功能可能会有所不同。

（2）自定义函数。编程人员自己编写的完成特定功能的函数，本章主要介绍自定义函数。

2. 从函数参数的角度，可以分为无参函数和有参函数

（1）无参函数。函数定义时没有指定任何参数的函数。在使用无参函数时，不需要向函数传递任何数据，但圆括号不能省略。例如，getchar()函数是一个无参函数，使用 getchar()函数从键盘读取一个字符并保存到 char 型变量 ch 中的语句如下。

```
ch=getchar();
```

（2）有参函数。函数定义时指定了一个或多个参数的函数。在使用有参函数时，必须向函数传递数据。例如，sqrt()函数是有一个参数的函数，使用 sqrt()函数计算变量 x 的平方根并保存到 float 型变量 y 中的语句如下。

```
y=sqrt(x);
```

6.2　函数定义

C 程序中用到的所有函数，必须先定义后使用。定义函数的一般形式如下。

```
返回值类型 函数名(形参列表)
{
    函数体
}
```

定义函数包括以下几个方面。

（1）指定函数的返回值类型。并不是所有函数都有返回值，当函数没有返回值时，返回值类型应说明为 void。

（2）指定函数名，以便以后按该函数名调用函数。函数名的命名规则和变量相同，但是不能与变量同名。

（3）指定函数的各个形参（形式参数）的类型和名称。形参是函数用来接收数据的接口，在函数内部可以通过形参访问需要加工处理的数据。对于无参函数，没有形参，但是圆括号不能省略。

（4）指定函数应当完成的操作，即编写实现函数功能的语句，称为函数体。函数体必须用一对花括号括起来。

（5）函数通过 return 语句返回值，如果函数没有返回值，可以省略 return 语句。

【例 6-1】 编写 add()函数，函数功能是返回两个整数之和。在 main()函数中任意输入两个整数，调用 add()函数计算并输出这两个整数之和。

分析：函数名为 add。要计算两个整数之和，说明函数的形参有两个且都是整型，计算结果是整型，因此函数返回值的类型也是整型。

示例程序如下。

```
#include <stdio.h>
int add(int x, int y)                /*函数定义*/
{   int z;
    z=x+y;
    return z;                        /*返回两个整数之和*/
}
int main()
{   int a, b, c;
    printf("请输入两个整数\n");
    scanf("%d%d", &a, &b);
    c=add(a, b);                     /*调用 add()函数计算 a、b 之和*/
    printf("%d 与%d 之和是%d\n", a, b, c);
    return 0;
}
```

程序执行结果如下。

```
请输入两个整数
156 49
156 与 49 之和是 205
```

6.3 函数调用

定义一个函数后,就可以在程序中调用这个函数。在函数调用时,传递给函数的数据称为实参(实际参数),实参可以是变量、常量或者表达式。函数调用就是将实参传递给形参并执行函数体中的语句,以完成特定的功能。函数调用的一般形式如下。

> 函数名(实参列表);

函数调用可以出现在一条单独的语句中,或者作为表达式的一部分,也可以作为实参出现在另外一个函数调用中。如果调用的函数是无参函数,则不需要传递实参,但圆括号不能省略。如果包含多个实参,则各实参之间用逗号隔开。

在例 6-1 中,"add(a, b)"就是函数调用,它是表达式的一部分,add 是函数名,a 和 b 是实参。main()函数称为主调函数,add()称为被调函数。

【例 6-2】 编写 pyramid()函数,函数功能是输出 n 层的数字金字塔。

分析:函数名为 pyramid,只有一个参数 n 表示金字塔的层数。函数功能是在显示器屏幕上输出数字金字塔,没有任何运算结果,可以不需要返回值,因此将函数的返回值类型指定为 void。void 型的函数调用必须使用一条单独的语句。

示例程序如下。

```
#include <stdio.h>
void pyramid(int n)                    /*函数定义,给定金字塔层数*/
{   int i, j;
    for(i=1; i<=n; i++)
    {   for(j=1; j<=n-i; j++)          /*输出每行左边的空格数*/
            printf(" ");
        for(j=1; j<=i; j++)            /*输出每行的数字*/
            printf("%d ", i);
        printf("\n");                  /*换行*/
    }
}
int main()
{   int num;
    printf("请输入金字塔的层数:");
    scanf("%d", &num);                 /*输入金字塔层数*/
    pyramid(num);                      /*单独的函数调用语句*/
    return 0;
}
```

程序执行结果如下。

```
请输入金字塔的层数:5
    1
   2 2
```

```
    3   3   3
  4   4   4   4
5   5   5   5   5
```

6.4 函数返回值

函数的返回值是指函数被调用之后,执行函数体中的语句所得到的结果,这个结果通过 return 语句返回。没有返回值的函数为空类型,用 void 表示。返回值的类型必须与函数定义时指定的类型一致。return 语句的一般形式如下。

```
return 表达式;
return (表达式);
```

使用 return 语句需要注意以下几点。

(1) 函数最多只能有一个返回值。虽然函数体内部可以有多条 return 语句,但是每次调用函数时,只能有一个 return 语句被执行。

(2) 函数一旦执行 return 语句就会立即返回,return 语句后面的所有语句都不会被执行,即 return 语句有强制结束函数执行的作用。

(3) 函数执行 return 语句后,立即返回主调函数,继续执行主调函数中的语句。但在 main()函数中执行 return 语句后,意味着整个程序执行结束。

(4) 如果没有 return 语句,执行完函数体后会自动返回主调函数。

【例 6-3】 编写 max()函数,函数功能是计算两个整数的较大者并返回。

分析:函数名为 max,形参有两个且都是整型,计算结果是整型。

示例程序如下。

```
#include <stdio.h>
int max(int x, int y)                  /*函数定义*/
{   if(x>y)                            /*返回两个整数较大的那一个*/
        return x;
    else
        return y;
}
int main()
{   int a, b;
    printf("请输入两个整数\n");
    scanf("%d%d", &a, &b);
    printf("%d与%d较大的是%d\n", a, b, max(a, b)); /*作为printf()函数的实参*/
    return 0;
}
```

程序执行结果如下。

```
请输入两个整数
15 6
```

```
15 与 6 较大的是 15
```

6.5 函数声明

函数调用时，被调函数需要满足以下条件。
（1）被调函数必须是已存在的函数，可以是库函数或自定义函数。
（2）如果被调函数是库函数，必须使用"#include"命令将相关的头文件包含进来。例如，要使用字符串处理函数 strcpy()，必须使用"#include <string.h>"命令。
（3）如果被调函数是自定义函数，且该函数定义的位置在主调函数的后面，则必须进行函数声明。反之，如果该函数定义的位置在主调函数的前面，可以不进行函数声明。

函数声明的作用是把函数名、返回值类型以及形参的类型、个数和顺序通知编译系统，以便在调用该函数时系统按此进行对照检查。例如，函数名是否正确，实参与形参的类型和个数是否一致等。

函数声明的位置可以在编译预处理命令之后，也可以在主调函数的声明部分。函数声明语句的一般形式如下。

```
返回值类型  函数名(形参列表);
```

函数声明与函数定义的首部（函数头）基本相同，只是加上了分号作为语句的结束，例如下面对前面定义的 add()、pyramid()和 max()函数的声明语句。

```
int max(int x, int y);
void pyramid(int n);
int add(int x, int y);
```

实际上，函数声明可以省略形参的名称，但形参的类型不能省略。因为编译系统只检查参数的个数和类型，在调用函数时只要求保证实参与形参的个数和类型一致。例如，下面对 add()、pyramid()和 max()函数的声明语句也是正确的。

```
int max(int, int);
void pyramid(int);
int add(int, int);
```

【例6-4】 编写 isprime()函数，函数功能是判断整数 x 是否是素数，如果 x 是素数，函数返回 1，否则返回 0。在 main()函数中调用该函数判断并输出 100～200 的所有素数，每行最多输出 5 个。

分析：在 main()函数中调用 isprime()函数判断 n（100≤n≤200）是否为素数。如果是，则输出该数。此外，需要一个计数器 count 统计素数的个数，以实现每行只输出 5 个素数。由于 main()函数在前，isprime()函数在后，必须进行函数声明。

示例程序如下。

```
#include <stdio.h>
#include <math.h>
```

```
    int main()
    {   int n, count=0;
        int isprime(int x);            /*在main()函数内进行函数声明*/
        for(n=100; n<=200; n++)
            if(isprime(n)==1)          /*调用isprime()函数判断当前的n是否是素数*/
            {   printf("%5d", n);      /*是素数，输出*/
                count++;               /*计数器，统计素数个数*/
                if(count%5==0)
                    putchar('\n');     /*素数个数为5的倍数时，输出换行*/
            }
        return 0;
    }
    int isprime(int x)                 /*函数定义*/
    {   int i, k;
        k=sqrt(x);
        for(i=2; i<=k; i++)
            if(x%i==0)
                return 0;              /*不是素数，返回0*/
        return 1;                      /*是素数，返回1*/
    }
```

程序执行结果如下。

```
  101  103  107  109  113
  127  131  137  139  149
  151  157  163  167  173
  179  181  191  193  197
  199
```

【例6-5】 编写gcd()函数，函数功能是计算两个整数的最大公约数。

分析：函数名为gcd，形参有两个且都是整型，计算结果是整型。由于main()函数在前，gcd()函数在后，必须进行函数声明。

示例程序如下。

```
    #include <stdio.h>
    int gcd(int a, int b);                 /*在编译预处理命令之后进行函数声明*/
    int main()
    {   int m, n;
        printf("请输入两个正整数：");
        scanf("%d%d", &m, &n);
        printf("%d 和%d 的最大公约数是：%d", m, n, gcd(m, n));
        return 0;
    }
    int gcd(int a, int b)                  /*函数定义*/
    {   int t=a%b;                         /*辗转相除法计算最大公约数*/
        while(t!=0)
        {   a=b;
```

```
        b=t;
        t=a%b;
    }
    return b;
}
```

程序执行结果如下。

```
请输入两个正整数：24 13
24 和 13 的最大公约数是：1
```

6.6 函数参数传递

函数参数传递是指在函数调用时将实参的数据传递给形参的过程，以供函数内部使用。形参出现在函数定义的参数中，实参出现在函数调用的参数中。

6.6.1 值传递

当形参是普通变量时，函数参数的传递方式是单向的值传递，在函数内部对形参变量的修改不会影响实参的值。

【例 6-6】 编写 swap()函数，函数功能是交换两个数值。

示例程序如下。

```
#include <stdio.h>
void swap(int x, int y);                  /*函数声明*/
int main()
{   int a,b;
    printf("请输入交换的数值：");
    scanf("%d%d", &a, &b);
    printf("交换前 a=%d, b=%d\n", a, b);
    swap(a,b);                            /*函数调用*/
    printf("交换后 a=%d, b=%d\n", a, b);
    return 0;
}
void swap(int x, int y)                   /*函数定义*/
{   int temp;
    temp=x;
    x=y;
    y=temp;
}
```

程序执行结果如下。

```
请输入交换的数值：5  8
交换前 a=5, b=8
```

交换后 a=5，b=8

从程序的执行结果来看，并没有实现数值的交换，但程序看起来也没有什么不妥之处，那究竟是什么原因导致的呢？实际上，形参变量并不是一直存在的，只有在函数调用开始时系统才为其分配内存空间（变量产生），并将实参的值复制到形参变量中，在函数调用结束时，形参变量的内存空间被释放（变量消失），但是实参仍保留并维持原值。

对于例 6-4 中的示例程序，调用函数 swap(a, b)时，为形参 x 和 y 分配内存空间，并将实参的值分别复制给形参，即 x=a=5，y=b=8。swap()函数体交换的是形参 x 和 y 的值，并不是实参 a 和 b 的值。函数调用结束时，形参 x 和 y 与函数内部变量 temp 都会消失，因此实参 a 和 b 的值没有发生变化。

改写例 6-6 中的 swap()函数如下，以查看形参 x 和 y 值的变化情况。

```
void swap(int x, int y)                    /*函数定义*/
{    int temp;
     printf("--swap --交换前 x=%d,y=%d\n", x, y);
     temp=x;
     x=y;
     y=temp;
     printf("--swap --交换后 x=%d,y=%d\n", x, y);
}
```

程序执行结果如下。

```
请输入交换的数值：5   8
交换前 a=5，b=8
--swap --交换前 x=5,y=8
--swap --交换后 x=8,y=5
交换后 a=5，b=8
```

要真正实现数值的交换，程序将如何改写，请读者思考。

6.6.2 地址传递

当形参是数组时，参数的传递方式是地址传递。在函数调用时，实参必须是数组名，系统不会给形参数组分配内存空间，而是与实参数组共用一块内存空间，实际上实参向形参传递的是数组的首地址。

当形参是一维数组时，由于传递的是数组的首地址，因此在数组声明中可以指定或不指定数组长度。例如，下面的函数声明语句完全等价。

```
int fun(int a[10]);
int fun(int a[ ]);
```

由于只传递了数组的首地址，在函数中无法确定数组中的有效数据个数，因此通常要增加一个用来接收数组有效数据个数的形参。例如，下面的函数声明语句。

```
int fun(int a[ ], int n);           /*a[ ]是数组（地址传递），n是变量（值传递）*/
```

【例 6-7】 编写 arr_sort()函数，函数功能是对数组 a 中的 len 个元素进行冒泡排序。

分析：函数名为 arr_sort，需要两个参数，一个是数组 a，另一个是数组有效数据个数 len。由于形参数组与实参数组共用一块内存空间，因此在 arr_sort()函数内对形参数组 a 进行排序，实际上就等同于直接对实参数组进行排序，不需要返回值。

示例程序如下。

```c
#include <stdio.h>
#define N 10
void arr_sort(int a[], int len);            /*函数声明*/
int main()
{   int i, n;
    int arr[N];
    printf("请输入要进行排序的整数个数(不超过%d个)：",N);
    scanf("%d", &n);
    printf("请输入%d个整数：", n);
    for(i=0; i<n; i++)
        scanf("%d",&arr[i]);
    arr_sort(arr, n);                /*调用 arr_sort()函数完成排序，实参是数组名*/
    printf("由小到大的排序结果是：");
    for(i=0; i<n; i++)
        printf("%d  ", arr[i]);
    printf("\n");
    return 0;
}
void arr_sort(int a[ ], int len)           /*函数定义*/
{   int i, j, t;
    for(i=0; i<len-1; i++)                 /*冒泡排序*/
        for(j=0; j<len-i-1; j++)
            if(a[j]>a[j+1])
            {   t=a[j];
                a[j]=a[j+1];
                a[j+1]=t;
            }
}
```

程序执行结果如下。

```
请输入要进行排序的整数个数(不超过10个)：5
请输入5个整数：89 23 22 24 95
由小到大的排序结果是：22  23  24  89  95
```

图 6-2 为调用 arr_sort()函数时的内存空间。在函数内部访问数组 a 实际上就是访问 main()函数中的数组 arr。

图 6-2　arr_sort()函数调用内存示意图

6.7　函数嵌套调用

前面的程序都是在 main()函数中调用其他函数，以实现某一功能。实际上，函数调用没有限制，被调函数中同样也可以调用其他函数，这种形式的函数调用称为嵌套调用。需要注意的是，不能调用 main()函数，因为 main()函数是整个程序的执行入口和出口。

理论上，函数嵌套调用的层数不受限制，但实际中一般层数不会过大，以防代码过于复杂。C 程序允许函数嵌套调用，但是不允许函数嵌套定义，即在一个函数定义内部不能再定义另外一个函数，所有函数的定义都是平等的。

【例 6-8】　编写程序计算两个整数的最小公倍数。

分析：编写一个计算两个整数的最大公约数的函数 gcd()，然后在计算最小公倍数的函数 lcm()中调用最大公约数函数 gcd()完成计算。

示例程序如下。

```
#include <stdio.h>
int gcd(int a, int b);                  /*函数声明*/
int lcm(int a, int b);
int main()
{   int x, y;
    printf("输入两个整数：");
    scanf("%d%d", &x, &y);
    printf("%d 和%d 的最小公倍数是：%d\n", x, y, lcm(x, y));
    return 0;
}
int gcd(int a, int b)                   /*最大公约数函数定义*/
{   int k;
    k=a<b?a:b;
    while(a%k!=0||b%k!=0)
        k--;
    return k;
}
int lcm(int a, int b)                   /*最小公倍数函数定义*/
{   int t;
    t=a*b/gcd(a, b);                    /*调用最大公约数函数 gcd()*/
    return t;
}
```

程序执行结果如下。

```
输入两个整数：12  18
12 和 18 的最小公倍数是 36
```

图 6-3 给出了计算最小公倍数时函数的两层嵌套调用的执行过程。具体执行过程如下。
（1）开始执行 main()函数。
（2）执行到函数调用语句，调用 lcm()函数，转去执行 lcm()函数。
（3）开始执行 lcm()函数。
（4）执行到函数调用语句，调用 gcd()函数，转去执行 gcd()函数。
（5）执行 gcd()函数，其中没有其他的函数调用语句，gcd()函数的全部语句执行完毕。
（6）返回到 lcm()函数中调用 gcd()函数的位置。
（7）继续执行 lcm()函数中尚未执行的部分，直到 lcm()函数结束。
（8）返回到 main()函数中调用 lcm()函数的位置。
（9）继续执行 main()函数的剩余部分直到程序结束。

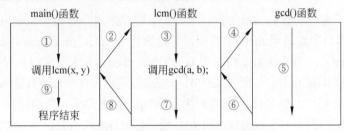

图 6-3 函数的嵌套调用执行过程

6.8 递归函数与递归调用

一个函数除了可以调用其他函数外，还可以直接或间接地调用自己，这种函数自己调用自己的形式，称为函数的递归调用，带有递归调用的函数也称为递归函数。

【例 6-9】 编写递归函数计算整数 n 的阶乘。

分析：阶乘的递归定义如下。

$$n! = \begin{cases} n \times (n-1)! & n > 1 \\ 1 & n = 0 \text{或} n = 1 \end{cases}$$

即求 n!可以在(n-1)!的基础上再乘上 n。如果把求 n!写成函数 fact()，则 fact(n)的实现依赖 fact(n-1)。

示例程序如下。

```c
#include <stdio.h>
double fact(int n);                          /*函数声明*/
int main()
{   int n;
    printf("输入一个整数：");
```

```
        scanf("%d", &n);
        printf("%d 的阶乘是: %.0f\n", n, fact(n));    /*函数调用,不输出小数*/
        return 0;
}
double fact(int n)                                  /*函数定义*/
{   double result;              /*阶乘值可能超过 int 的表示范围,所以定义为 double*/
    if(n == 1 || n == 0)
        result=1;
    else
        result=n*fact(n-1);                         /*函数递归调用*/
    return result;
}
```

程序执行结果如下。

```
输入一个整数: 8
8 的阶乘是: 40320
```

图 6-4 给出了递归函数 fact(4)的执行过程。①到⑥是递归函数调用返回的顺序编号。在 main()函数以 4 作为参数调用 fact()函数后,开始执行 fact(4),由于 fact(4)依赖 fact(3),所以必须先计算出 fact(3)。当 fact(4)递归调用 fact(3)时,fact(4)并未结束,只是暂停,等待计算出 fact(3)后再继续计算 fact(4),此时 fact(4)和 fact(3)同时执行。fact(3)是 fact(4)的克隆体,尽管语句、变量名相同,但是使用不同的内存空间。以此类推,当调用到 fact(1)时,同时有 4 个 fact()函数在运行,当 fact(1)返回值 1 后,fact(1)函数结束,不再继续递归调用。有了 fact(1)的返回值 1,就可以计算出 fact(2)的返回值 2,接着计算 fact(3)的返回值 6,最后计算出 fact(4)的返回值 24,最终将计算结果 24 返回给 main()函数。

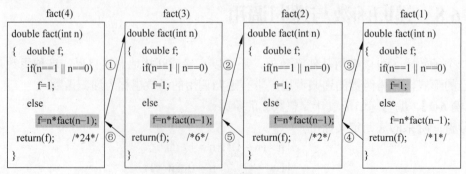

图 6-4 fact(4)的递归调用过程

在递归函数中,存在着自调用的过程,但每次调用都要比原始问题简单,这样问题会越来越简单,规模也越来越小,最终归结到递归出口,也就是不需要再进行递归的部分。这样防止了递归调用过程无休止地继续下去。解决完递归出口后,函数会沿着调用顺序逐级返回结果,直到该函数的原始调用把最终结果返回给 main()函数。

综上所述,递归函数应具备两个条件。

(1)递归结束条件,满足条件则不会再递归调用下去。

(2)递归调用表达式,如 fact(n)=n*fact(n−1)。

【例 6-10】 汉诺塔问题。一块板上有三根针 A、B 和 C（如图 6-5 所示）。A 针上套有 n 个大小不等的圆盘，大盘在下，小盘在上。要把这 n 个圆盘从 A 针移动 C 针上，每次只能移动一个圆盘，移动可以借助 B 针进行。但在任何时候，任何针上的圆盘都必须保持大盘在下，小盘在上。求移动的步骤。

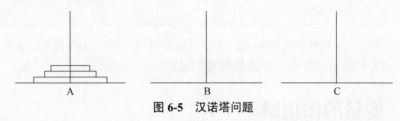

图 6-5　汉诺塔问题

分析：这是一个非常经典的递归问题。经过分析可以得出规律。要想将 n 个盘子从 A 针移动到 C 针，首先要把上面的 n–1 个盘子从 A 针移动到 B 针，然后把最底下的第 n 个盘子从 A 针移动到 C 针，最后把那 n–1 个盘子从 B 针移动到 C 针。汉诺塔问题的递归形式如下。

（1）递归结束条件：如果只有一个盘子，则直接移动。

（2）递归调用表达式：调用函数将 n–1 个盘子从 A 针移动到 B 针；将第 n 个盘子从 A 针移动到 C 针后，继续调用函数将那 n–1 个盘子从 B 针移动到 C 针。

示例程序如下。

```
#include <stdio.h>
void hanio(int n, char a, char b, char c);        /*函数声明*/
int main()
{   int n;
    printf("输入汉诺塔盘子的个数：");
    scanf("%d", &n);
    printf("移动的步骤为：\n");
    hanio(n, 'a', 'b', 'c');                      /*函数调用*/
    return 0;
}
/*将 n 个盘子从 a 移动到 c，借助 b*/
void hanio(int n, char a, char b, char c)         /*函数定义*/
{   if(n==1)
        printf("%c-->%c\n", a, c);
    else
    {   hanio(n-1, a, c, b);          /*将 n-1 个盘子从 a 移动到 b，借助 c*/
        printf("%c-->%c\n", a, c);    /*将第 n 个盘子从 a 移动到 c*/
        hanio(n-1, b, a, c);          /*将 n-1 个盘子从 b 移动到 c，借助 a*/
    }
}
```

程序执行结果如下。

```
输入汉诺塔盘子的个数：3
移动的步骤为：
a-->c
```

```
a-->b
c-->b
a-->c
b-->a
b-->c
a-->c
```

程序虽然简短，从执行结果中可知，3个盘需要移动7次，不难证明，n个盘子需要移动 2^n-1 次。读者可以自己分析一下函数的递归过程。

6.9 变量的作用域

C程序可以在不同的位置定义（或声明）变量，被定义在不同位置的变量其作用域也不尽相同。变量定义有三个基本位置：函数内部、函数参数和函数外部，分别称为局部变量、形参和全局变量。其中局部变量和形参由于具有相同的特性，一般统称为局部变量。

6.9.1 局部变量

局部变量只在定义它们的函数内部或者定义它们的复合语句内有效，当退出该函数或复合语句后，局部变量消失。也就是说，局部变量在定义自己的代码模块之外是不可知的。需要说明是，局部变量只有在函数调用时才在内存中为其分配空间（变量产生），一旦函数调用结束，其空间也随即释放（变量消失）。例如，分析下面的函数定义。

```
float f(int x)                /*x、y、z只在f()函数内有效，属于局部变量*/
{   float y, z;
    …
    return z;
}
int main()                    /*a、b、c只在main()函数内有效，属于局部变量*/
{   int a, b;
    float c;
    …
    c=f(a);
    return 0;
}
```

在f()函数中定义了局部变量x、y和z，其中x是形参。在main()函数中定义了局部变量a、b和c。当执行到函数调用语句"c=f(a);"时，转去执行f()函数，系统才为x、y和z分配相应的内存空间。当f()函数执行完并返回main()函数时，这三个变量分配的临时空间被释放，x、y和z也就消失了。所以，在main()函数中是不能访问变量x、y和z的。同样，在f()函数中也无法访问变量a、b和c。继续分析下面的函数定义。

```
int f(int a)                  /*f()函数有局部变量a*/
{   a++;
```

```
        return a;
    }
    int main()
    {   int a=0, b;                    /*main()函数也有局部变量a*/
        b=f(a);
        printf("%d %d\n", a, b);       /*输出结果为 0 1*/
        return 0;
    }
```

当执行到函数调用语句"b=f(a);"时,将实参 a 的值 0 传递给 f()函数中的形参 a,这两个 a 虽然同名,但并不是同一个变量,前者是 main()函数中的局部变量,后者是 f()函数中的局部变量,所占用的内存空间不同。在 f()函数中,将变量 a 增 1,但是 main()函数中的变量 a 不会有任何变化。也就是说,C 程序允许在不同的函数中使用同名的局部变量。

还有一种局部变量是在复合语句中定义的,它的作用范围只在定义它的复合语句内有效,如果与复合语句外的变量重名,外部的变量无效。

【例 6-11】 复合语句内局部变量示例。

示例程序如下。

```
#include <stdio.h>
int main()
{   int a=0, b=1;
    {   int a;
        a=b;
        printf("复合语句内变量 a 的值是: %d\n", a);
    }
    printf("复合语句外变量 a 的值是: %d\n", a);
    return 0;
}
```

程序执行结果如下。

```
复合语句内变量a的值是: 1
复合语句外变量a的值是: 0
```

6.9.2 全局变量

在函数外部定义的变量称为全局变量。全局变量的有效范围是从定义该变量的位置开始到本文件结束,因此全局变量可以被本文件中的多个函数共同访问。

【例 6-12】 全局变量与局部变量示例。

示例程序如下。

```
#include <stdio.h>
int a=0, b;                    /*定义全局变量a和b,有效范围是整个程序文件*/
void sub();
int main()
{   printf("main: a=%d, b=%d\n", a, b);
```

```
        a=3, b=4;                        /*给全局变量a、b赋值*/
        printf("main: a=%d, b=%d\n", a, b);
        sub();                           /*调用sub()函数*/
        printf("main: a=%d, b=%d\n", a, b);
        return 0;
    }
    void sub()
    {   int a;                           /*定义局部变量a,同时使全局变量a无效 */
        a=6, b=7;                        /*给局部变量a、全局变量b赋值*/
        printf("sub: a=%d, b=%d\n", a, b);
    }
```

程序执行结果如下。

```
main: a=0, b=0
main: a=3, b=4
sub: a=6, b=7
main: a=3, b=7
```

程序执行结果分析如下。

(1) 在main()函数中没有定义任何变量,因此第一条printf()语句中的变量a和b是全局变量。如果全局变量在定义时没有赋值,默认其值为0。给全局变量重新赋值3和4后,改变了全局变量a和b的值。

(2) 在sub()函数中定义了局部变量a,当局部变量与全局变量同名时,全局变量无效,所以在sub()函数中是对局部变量a和全局变量b赋值。

(3) sub()函数调用结束并返回main()函数后,此时全局变量b的值已经在sub()函数中被修改为7,但全局变量a的值不变。

【例6-13】 将数组和数组中有效元素个数都定义为全局变量,改写例6-7的程序,编写arr_sort()函数实现对数组a中的len个元素进行冒泡排序。

分析:由于全局变量可以被多个函数访问,因此,将数组a和有效元素个数len都定义为全局变量后,不需要参数传递,函数可定义为无参函数。

示例程序如下。

```
#include <stdio.h>
int a[10];                      /*定义全局数组和有效元素个数*/
int len;
void arr_sort()                 /*函数定义,不需要传递参数*/
{   int i, j, t;
    for(i=0; i< len-1; i++)     /*冒泡排序,直接访问全局变量len和数组a*/
        for(j=0; j<len-i-1; j++)
            if(a[j]>a[j+1])
            {   t=a[j];
                a[j]=a[j+1];
                a[j+1]=t;
            }
}
```

```
int main()
{   int i;
    printf("请输入要进行排序的整数个数(不超过 10)：");
    scanf("%d", &len);                /*给全局变量 len 赋值*/
    printf("请输入%d 个整数：", len);
    for(i=0; i<len; i++)
        scanf("%d", &a[i]);           /*给全局数组 a 赋值*/
    arr_sort();                       /*调用 arr_sort()函数，不用传递参数*/
    printf("由小到大的排序结果是：");
    for(i=0; i<len; i++)
        printf("%d  ", a[i]);         /*输出数组 a 中的 len 个元素*/
    printf("\n");
    return 0;
}
```

程序执行结果与例 6-7 完全相同。在本例中数组 a 和有效元素个数 len 被定义为全局变量，可以被 main()函数和 arr_sort()函数访问，间接起了参数传递的作用。

在使用全局变量时，要特别注意以下几个问题。

（1）定义全局变量会长久占用内存，造成资源浪费。

（2）全局变量是所有函数都能操作的变量，任何一个函数对该变量的误操作都会影响后面的结果，这有一定的危险性。

（3）全局变量的使用虽然增加了函数之间的联系，但降低了函数作为一个程序模块的相对独立性。在模块化软件设计方法中不提倡使用全局变量。

因此，除非大多数函数都要使用的公共数据，一般不使用全局变量在函数间传递参数。

6.9.3　变量的存储类型和生存期

变量的存储类型决定了该变量数据在内存中的存储区域是动态存储区还是静态存储区。在不同存储区中的数据，有着不同的生存期。生存期是指变量存在的时间段，即从变量被分配内存（变量产生）到变量内存被释放（变量消失）的时间间隔。例如，在函数内部定义的局部变量的生存期与其有效范围相对应，它们在函数调用时被分配内存，在函数结束时被释放，即它们的生存期是函数调用期间。在 C 程序中，变量有四种存储类型。

1. auto 存储类型

auto 存储类型通常用于定义局部变量，变量数据存放在动态存储区，程序运行期间根据需要，动态分配内存空间，可以节省内存开销。在 C 程序中，默认的存储类型是 auto 型。声明变量为 auto 存储类型的一般形式如下。

```
auto 数据类型 变量名;
```

例如，定义 auto 型整型变量 i 时，下面两条定义语句完全等价。

```
auto int i;
```

```
int i;
```

2. register 存储类型

register 存储类型只能用于定义局部变量,表示该变量数据尽可能存储在寄存器中,以提高访问速度。寄存器是 CPU 内部的高速存储单元,比内存的访问速度快,但数量有限。声明变量为 register 存储类型的一般形式如下。

```
register 数据类型 变量名;
```

因为寄存器没有地址,所以 register 型的变量不能使用取地址运算符"&"。register 存储类型通常用于需要频繁进行访问和更新的变量。例如,在 for 语句中的循环控制变量作为 register 存储类型就是一个很好的选择。

```
int sum_array(int a[ ], int n)
{   register int i;
    int sum=0;
    for(i=0; i<n; i++)
        sum+=a[i];
    return sum;
}
```

由于寄存器数量有限,所以 register 型变量一般很少使用。

3. static 存储类型

static 存储类型既可以定义局部变量,也可以定义全局变量,变量数据存放在静态存储区。当用于定义全局变量时,表示该变量只能在本文件中使用,不能被其他文件访问。当用于定义局部变量时,表示该变量在函数调用结束后不会释放其占用的内存空间。也就是说,函数调用结束后变量不会消失,而是保留上一次的值,当该函数再次被调用时,继续使用该变量,直到程序结束。声明变量为 static 存储类型的一般形式如下。

```
static 数据类型 变量名;
```

【例 6-14】 static 存储类型的局部变量示例。

示例程序如下。

```
#include <stdio.h>
void f()
{   static int a;                    /*static 型变量*/
    printf("a=%d\n", a);
    a++;
}
int main()
{   f();                             /*函数调用*/
    f();                             /*函数调用*/
    return 0;
```

```
    }
```

程序执行结果如下。

```
a=0
a=1
```

程序执行结果分析如下。

(1) static 型变量默认的初值为 0，并且只初始化一次。

(2) 第一次调用 f()函数时，定义并初始化 static 型变量 a 的值为 0，且在函数结束时不释放内存空间。

(3) 第二次调用 f()函数时，static 型变量 a 在内存中已经存在，不必重新分配内存，而且依然保留上次函数调用后的值 1。这是 static 与 auto 型变量的最大区别。

4．extern 存储类型

extern 存储类型通常用于声明在其他文件中已经定义的全局变量，表示该变量可以在多个文件中共享，因此也称为外部参考存储类型。默认情况下，全局变量都是 extern 存储类型。声明变量为 extern 存储类型的一般形式如下。

```
extern 数据类型 变量名;
```

例如，下面的声明语句不会给变量 i 分配内存空间，它只是提示程序中需要访问定义在别处的变量 i。

```
extern int i;
```

变量 i 在程序中可以有多次声明，但只能定义一次。此外，初始化变量的 extern 声明可以用作变量的定义。例如，下面的程序段的执行结果为 1。

```
extern int i=1;                    /*等价于 int i=0;*/
int main()
{   printf("i=%d\n", i);
    return 0;
}
```

如果将该语句"extern int i=1;"修改为"extern int i;"，就会出现编译错误，提示没有定义变量 i。

extern 型变量的常用方法是在某一个文件中定义变量，而在其他文件中用 extern 声明该变量，从而使得这些文件可以访问共同的一个变量。

函数和变量一样，也可以指定存储类型，但是只有 extern 和 static 两种。在函数定义前添加 static 时，函数为内部函数，此函数只能被本文件中的其他函数调用，不能被其他文件中的函数调用。在函数定义前添加 extern 时，函数为外部函数，此函数可以被本文件或其他文件中的函数调用。函数的存储类型也可以省略，默认为 extern 型。

6.10 函数应用示例

【例 6-15】 编写函数实现查找浮点型数组中的最大值。

分析：为了让 main()函数结构更清晰，定义了三个函数，read_array()函数的功能是输入数组元素的值，out_array()函数的功能是输出数组中存储的数据，max_array()函数的功能查找数组中的最大值。

示例程序如下。

```c
#include <stdio.h>
#define N 10
float max_array(float a[ ], int n);           /*函数声明*/
void read_array(float a[ ],int);
void out_array(float a[ ], int n);
int main()
{   float array[N], max;
    int n;
    printf("请输入实数个数(不超过%d)：", N);
    scanf("%d", &n);
    printf("请输入%d个实数：", n);
    read_array(array, n);                     /*函数调用输入数组中的数据*/
    printf("数组中的%d个实数是：", n);
    out_array(array, n);                      /*函数调用输出数组中的数据*/
    max=max_array(array, n);                  /*函数调用查找数组中的最大值*/
    printf("\n数组中最大元素是：%.2f", max);
    return 0;
}
float max_array(float a[ ], int n)            /*求最大值的函数定义*/
{   int i;
    float max;
    max=a[0];
    for(i=1; i<n; i++)
        if(a[i]>max)
            max=a[i];
    return max;
}
void read_array(float a[ ], int n)            /*输入数组数据的函数定义*/
{   int i;
    for(i=0; i<n; i++)
        scanf("%f", &a[i]);
}
void out_array(float a[ ], int n)             /*输出数组数据的函数定义*/
{   int i;
    for(i=0; i<n; i++)
        printf("%.2f  ", a[i]);
```

```
}
```

程序执行结果如下。

```
请输入实数个数(不超过10)：5
请输入 5 个实数：25 55 15 13 14
数组中的 5 个实数是：25.00  55.00  15.00  13.00  14.00
数组中最大元素是：55.00
```

【例 6-16】 编写函数计算数组中 N 个元素的均方差。

分析：均方差是方差的平方根。方差等于数组中所有元素与其平均值之差的平方和的平均值，它描述的是数据波动的情况。计算均方差的数学公式如下。其中 x_i 为数组中的第 i 个元素，μ 为数组中 N 个元素的算术平均值。

$$\sigma = \sqrt{\frac{1}{N}\sum_{i=1}^{N}(x_i - \mu)^2}$$

示例程序如下。

```c
#include <stdio.h>
#include <math.h>
#define N 10
float average(float x[ ], int n);                /*函数声明*/
float variance(float x[ ], int n, float ave);
float rms(float x[ ], int n);
int main()
{   float a[N], var;
    int i;
    printf("输入%d 个数值：",N);
    for(i=0; i<N; i++)                           /*读入数值*/
        scanf("%f", &a[i]);
    var=rms(a, N);                               /*函数调用，计算均方差*/
    printf("这些数值的均方差为：%.4f\n", var);
    return 0;
}
float average(float x[ ], int n)                 /*计算数组平均值的函数定义*/
{   int i;
    float sum=0.0;
    for(i=0; i<n; i++)
        sum=sum+x[i];
    return sum/n;
}
float variance(float x[ ], int n, float ave)     /*计算方差的函数定义*/
{   int i;
    float vari=0.0;
    for(i=0; i<n; i++)
        vari=vari+pow((x[i]-ave), 2);
    return vari/n;
```

```
    }
    float rms(float x[ ], int n)                    /*计算均方差的函数定义*/
    {   int i;
        float ave, vari;
        ave=average(x, n);
        vari=variance(x, n, ave);
        vari=sqrt(vari);
        return vari;
    }
```

程序执行结果如下。

```
输入 10 个数值: 1.0  2.0  3.0  4.0  5.0  6.0  7.0  8.0  9.0  10.0
这些数值的均方差为: 2.8723
```

【例 6-17】编写函数实现比较两个数组 a 和 b 的大小，比较规则如下。

（1）用 m、n 和 k 分别记录两个数组对应元素的比较结果。如果 a[i]>b[i]，则 m++；如果 a[i]<b[i]，则 n++，否则 k++。

（2）如果 m>n，则数组 a 大于 b；如果 m<n，则数组 a 小于 b，否则数组 a 等于 b。

分析：定义一个函数实现比较两个数组大小，如果两个数组相等，则返回 0；如果第一个数组大，则返回 1，否则返回-1。

示例程序如下。

```
    #include<stdio.h>
    #define N 5
    int cmp_array(int a[ ], int b[ ], int length);   /*函数声明*/
    int main()
    {   int a[N], b[N], cmp;
        int i;
        printf("请输入数组1(%d个整数): ", N);         /*输入数据*/
        for(i=0; i<N; i++)
            scanf("%d", &a[i]);
        printf("请输入数组2(%d个整数): ", N);
        for(i=0; i<N; i++)
            scanf("%d", &b[i]);
        cmp=cmp_array(a, b, N);                       /*函数调用*/
        if(cmp>0)                                     /*输出结果*/
            printf("数组 1 大于数组 2\n");
        else if(cmp<0)
            printf("数组 1 小于数组 2\n");
        else
            printf("数组 1 等于数组 2\n");
        return 0;
    }
    int cmp_array(int a[ ], int b[ ], int length)    /*函数定义*/
    {   int i, result, m , n, k;
```

```
        m=n=k=0;
        for(i=0; i<length; i++)                        /*计算m、n和k*/
            if(a[i]>b[i])
                m++;
            else if(a[i]<b[i])
                n++;
            else
                k++;
        if(m>n)
            result=1;
         else if(m<n)
            result=-1;
         else
            result=0;
         return result;                                /*返回结果*/
    }
```

输入不同数组元素的程序执行结果如表 6-1 所示。

表 6-1 输入不同数组元素的程序执行结果

序号	数组 1 和数组 2	程序执行结果
第一组	数组 1<数组 2	请输入数组 1（5 个整数）：1 2 3 4 5 请输入数组 2（5 个整数）：6 7 8 9 0 数组 1 小于数组 2
第二组	数组 1>数组 2	请输入数组 1（5 个整数）：6 7 8 9 0 请输入数组 2（5 个整数）：1 2 3 4 5 数组 1 大于数组 2
第三组	数组 1=数组 2	请输入数组 1（5 个整数）：2 3 4 5 6 请输入数组 1（5 个整数）：3 2 4 6 5 数组 1 等于数组 2

当函数参数中的数组多于一个时，应注意数组中有效数据个数的传递。如果所有数组的有效数据个数相同，可以像本例一样只使用一个参数传递，但是如果数组的有效数据个数不同，那么要分别传递，并且保证顺序正确。例如，下面的函数声明分别传递两个数组的有效数据个数。

```
    int cmp_array(int a[ ], int a_length, int b[ ], int b_length);
```

【例 6-18】编写函数实现学生成绩按平均分排名，学生成绩存储在一个二维数组中。

分析：每个学生的平均分使用一维数组进行存储，按平均分排序实际就是给该一维数组排序，但是在排序交换时必须同时交换存储学生成绩的二维数组对应的行。

示例程序如下。

```
#include <stdio.h>
#define M 5                                  /*学生人数*/
#define N 3                                  /*成绩科数*/
```

```
    void sort_score(float score[ ][N],float ave[ ],int m, int n);/*函数声明*/
    int main()
    {   float score[M][N]={{80.0, 85.0, 78.0 }, {90.0, 97.0, 89.0},
                          {60.0, 75.0, 79.0}, {98.0, 61.0, 78.0},
                          {80.0, 89.0, 98.0}};            /*学生成绩*/
        float ave[M]={0};                                 /*保存平均分*/
        int i, j;
        sort_score(score, ave, M, N);                     /*函数调用*/
        for(i=0; i<M; i++)                                /*按排名输出学生成绩*/
        {   printf("第%d名学生的平均成绩为%.2f(各科成绩: ", i+1, ave[i]);
            for(j=0; j<N; j++)
                printf("%6.1f", score[i][j]);
            printf(")\n");
        }
        return 0;
    }
    /*函数定义,当形参是多维数组时,只能忽略第一维的长度*/
    void sort_score(float score[ ][N], float ave[ ], int m, int n)
    {   float sum, temp;
        int i, j, k;
        for(i=0; i<m; i++)                                /*计算平均成绩*/
        {   sum=0;
            for(j=0; j<n; j++)
                sum=sum+score[i][j];
            ave[i]=sum/n;
        }
        for(i=0; i<m-1; i++)                              /*按平均成绩排序*/
            for(j=i+1; j<m; j++)
            {   if(ave[i]<ave[j])
                {   temp=ave[i];
                    ave[i]=ave[j];
                    ave[j]=temp;
                    for(k=0; k<n; k++)                    /*同时交换学生成绩*/
                    {   temp=score[i][k];
                        score[i][k]=score[j][k];
                        score[j][k]=temp;
                    }
                }
            }
    }
```

程序执行结果如下。

```
第1名学生的平均成绩为92.00(各科成绩:   90.0  97.0  89.0)
第2名学生的平均成绩为89.00(各科成绩:   80.0  89.0  98.0)
第3名学生的平均成绩为81.00(各科成绩:   80.0  85.0  78.0)
第4名学生的平均成绩为79.00(各科成绩:   98.0  61.0  78.0)
```

```
第 5 名学生的平均成绩为 71.33(各科成绩:    60.0   75.0   79.0)
```

【例 6-19】 编写函数实现字符串的复制。

分析：由于字符串有结束标志'\0'，所以在函数中不用定义形参来传递字符串长度。在函数中可以调用库函数 strlen()获得字符串长度，或者通过字符串结束标志'\0'来进行判断。
示例程序如下。

```
#include <stdio.h>
#define N 80
void copy_string(char from[ ], char to[ ]);    /*函数声明*/
int main()
{   char str1[N], str2[N];
    printf("请输入字符串: ");
    fgets(str1, sizeof(str1), stdin);
    copy_string(str1, str2);            /*调用函数把str1中的字符串复制到str2中*/
    puts(str2);
    return 0;
}
void copy_string(char from[ ], char to[ ])    /*函数定义*/
{   int i;
    for(i=0; from[i]!='\0'; i++)                /*把from中的字符复制到to,直到'\0'*/
        to[i]=from[i];
    to[i]='\0';                                  /*为to字符数组添加结束标志'\0'*/
}
```

程序执行结果如下。

```
请输入字符串: I love china!
I love china!
```

习题

一、填空题

1. 下面程序段的输出结果是_____。

```
int f(int x)
{   static int k=0;
    x+=k++;
    return x;
}
int main()
{   printf("%d\n", f(4));
    return 0;
}
```

2. 下面程序段的输出结果是_____。

```c
int f(int x)
{   if(x==0)return 0;
    else return(x%10+f(x/10));
}
int main()
{   printf("%d\n", f(267));
    return 0;
}
```

3. 下面程序段的输出结果是_____。

```c
void prn(int a, int b, int c, int max, int min)
{   max=(max=a>b?a:b)>c?max:c;
    min=(min=a<b?a:b)<c?min:c;
    printf("max=%d, min=%d\n", max, min);
}
int main()
{   int x,y;
    x=y=0;
    prn(19, 23, -4, x, y);
    printf("max=%d, min=%d\n", x, y);
    return 0;
}
```

4. 下面程序段的输出结果是_____。

```c
fun(int x)
{   if(x/2 > 0)
        fun(x/2);
    printf("%d", x);
}
int main()
{   fun(6);
    return 0;
}
```

5. 下面程序段的输出结果是_____。

```c
int main()
{   int a=1, b=2, c=3;
    ++a;
    c+=b++;
    {   int b=3, c;
        c=b*3;
        a+=c;
        printf("first:%d, %d, %d\n", a, b, c);
        a+=c;
```

```
        printf("second:%d, %d, %d\n", a, b, c);
    }
    printf("third:%d, %d, %d\n", a, b, c);
    return 0;
}
```

二、选择题

1. 一个 C 程序的执行是从（　　）。
   A．本程序的 main()函数开始到 main()函数结束
   B．本程序文件的第一个函数开始到本程序文件的最后一个函数结束
   C．本程序的 main()函数开始到本程序文件的最后一个函数结束
   D．本程序文件的第一个函数开始到本程序 main()函数结束
2. 在 C 程序中，局部变量缺省的存储类型是（　　）。
   A．auto　　　　B．register　　　　C．static　　　　D．extern
3. 下列叙述中错误的是（　　）。
   A．一个函数中可以有多条 return 语句
   B．调用函数必须在一条独立的语句中完成
   C．函数中可以通过 return 语句传递函数值
   D．主函数 main()也可以带有形参
4. 下列叙述中错误的是（　　）。
   A．在不同函数中可以使用相同名字的变量
   B．形参是局部变量
   C．在函数内定义的变量只在本函数范围内有效
   D．在函数内的复合语句中定义的变量在本函数范围内有效
5. 有函数调用 fun(rec1, rec2+rec3, (rec4, rec5))，则 fun()函数的参数个数是（　　）。
   A．3　　　　B．4　　　　C．5　　　　D．有语法错误
6. 函数 f()定义如下，执行语句"sum=f(5)+f(3);"后，sum 的值为（　　）。

```
int f(int m)
{   static int i=0;
    int s=0;
    for(; i<=m; i++) s+=i;
    return s;
}
```

   A．21　　　　B．16　　　　C．15　　　　D．8
7. 下面程序段的输出结果是（　　）。

```
void f(int a, int b, int c)
{   a=11;
    b=22;
    c=33;
```

```
    }
    int main()
    {   int a=1, b=2, c=3;
        f(c,b,a);
        printf("%d, %d, %d\n", a, b, c);
        return 0;
    }
```

    A．1,2,3   B．11,22,33   C．3,2,1   D．33,22,11

8．以下描述中正确的是（ ）。

  A．函数的定义可以嵌套，但函数的调用不可以嵌套

  B．函数的定义不可以嵌套，但函数的调用可以嵌套

  C．函数的定义和函数的调用都可以嵌套

  D．函数的定义和函数的调用都不可以嵌套

9．对于以下递归函数 f()，则调用函数 f(2)的返回值是（ ）。

```
int f(int x)
{   return((x<=0)? x: f(x-1)+f(x-2));}
```

    A．-1   B．0   C．1   D．3

10．对于以下递归函数 f()，则调用函数 f(3)的返回值是（ ）。

```
int f(int n)
{   if(n)
        return f(n-1)+n;
    else
        return n;
}
```

    A．10   B．6   C．3   D．0

11．用数组名作为函数调用的实参，实际上传递给形参的是（ ）。

  A．数组首地址   B．数组的第一个元素值

  C．数组中全部元素的值   D．数组元素的个数

12．以下正确的函数声明形式是（ ）。

  A．double fun(int x,int y) ;   B．double fun(int x; int y) ;

  C．double fun(x, y);   D．double fun int x,y;

13．以下不正确的说法是（ ）。

  A．实参可以是常量、变量或表达式

  B．形参可以是常量、变量或表达式

  C．形参可以被当作局部变量使用

  D．实参应与其对应的形参类型一致

14．C 语言规定，函数返回值的类型是由（ ）。

  A．return 语句中的表达式类型所决定

  B．调用该函数时系统临时决定

C. 调用该函数时的主调函数类型所决定
D. 在定义该函数时所指定的函数类型所决定

15．下面程序段的输出结果是（　　）。

```
int f(int a)
{   int b=0;
    static int c=3;
    b++;
    c++;
    return(a+b+c);
}
int main()
{   int a=3, i;
    for(i=0; i<3; i++)
        printf("%4d", f(a));
    return 0;
}
```

A．8 8 8　　　B．8 11 14　　　C．8 10 12　　　D．8 9 10

三、编程题

1．编写一个函数，其功能是判断形参是否为小写字母，如果是，返回其对应的大写字母，否则返回原字符。

2．编写函数 reverse(int number)，其功能是将 number 逆序输出，在主函数中输入一个整数并调用该函数。例如，reverse（11233）的返回值是 33211。

3．如果整数 A 的全部因子（包括 1，不包括 A 本身）之和等于 B，整数 B 的全部因子（包括 1，不包括 B 本身）之和等于 A，则将整数 A 和 B 称为亲密数。编写函数求 n 以内的全部亲密数，如 n=3000。

4．编写函数统计输入字符串中各个字母出现的次数，其中大小写字母作为同一字母处理，如字母 A 和 a 的出现次数需累加。

5．编写函数 substring(char s[ ], char sub[ ])，查找字串 sub 在字符串 s 中第一次出现的下标位置。

6．编写函数 insert(char s1[ ], char s2[ ], int pos)，实现在字符串 s1 中的指定位置 pos 处插入字符串 s2。

7．编写一个函数 longword(char s1[ ], char s2[ ])，查找字符串 s1 中最长的单词，存放到 s2 中，如果长度相同，取第一个单词。

8．利用递归函数调用方式，实现把所输入的字符，以相反顺序打印出来。

第7章

用指针访问内存中的数据

CHAPTER 7

指针是 C 语言中一种特殊的变量,它存放的是内存地址。通过指针,可以间接地访问或修改内存中的数据(即变量或数组元素的值)。指针是 C 语言的灵魂。

学习目标
- 理解变量的值与地址的区别与联系。
- 了解通过指针间接访问变量的方法。
- 了解通过指针间接访问数组以及字符串的方法。
- 了解指针作为函数参数的作用。

7.1 认识指针

学习指针，必须清楚数据在内存中的存储方式。在 C 程序中定义一个变量后，系统就会根据变量的数据类型为其分配一定长度的内存空间。例如，int 型变量分配 4 字节，double 型变量分配 8 字节，char 型变量分配 1 字节。内存由若干字节（存储单元）组成，每 1 字节有一个唯一的编号，称为地址，它相当于学生宿舍的房间号，在地址所标志的存储单元中存放的数据则相当于居住在该宿舍中的学生。内存地址从 0 开始依次编号，一般用十六进制来表示。如图 7-1 所示为采用 16 位二进制数进行编址的内存结构。

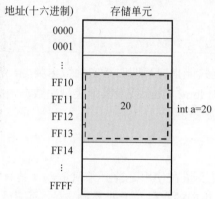

图 7-1 16 位二进制数编址的内存结构

例如，有下面的变量定义语句。

```
int a=20;
```

系统将为整型变量 a 分配 4 字节的存储单元，假定地址分别为 FF10、FF11、FF12 和 FF13（系统执行程序时分配，每次分配情况可能不同，并非表示一定分配这样的地址），并且将变量 a 的值 20 以二进制补码形式存储在这 4 字节中，并将最低字节的地址 FF10 作为变量 a 的地址。例如，下面两条 printf() 函数调用语句分别输出变量 a 的值和地址。

```
printf("变量a的值为%d\n", a);       /*输出20*/
printf("变量a的地址为%X\n", &a);    /*输出FF10，&为取地址运算符，X为十六进制*/
```

如果把变量 a 的地址 FF10 存放到一个指针 p 中，表示将指针 p 指向变量 a，则通过指针 p 就可以找到变量 a 所在的存储单元，进而可以访问或修改该存储单元中的数据，实现间接访问变量 a。

7.2 指针变量的声明和初始化

存放地址的变量称为指针变量，同其他变量一样，指针变量必须先声明后使用。

1. 指针变量的声明

声明指针变量时必须指定它指向的数据类型。指针变量的声明形式如下。

```
数据类型  * 指针变量名;
```

在 C 语言中，指针变量本身占用的内存空间大小并不依赖它指向的数据类型，而是由计算机系统的字长决定。在 32 位系统中，一个指针变量通常占用 4 字节，在 64 位系统中，一个指针变量通常占用 8 字节。例如，下面语句分别定义了不同数据类型的指针变量，但是它们占用的字节数一定完全相同，读者可以自己执行程序试一下。

```
int *p1;
float *p2;
char *p3;
printf("p1=%d, p2=%d, p3=%d\n", sizeof(p1), sizeof(p2), sizeof(p3));
```

指针变量一旦声明，就只能指向声明时指定的数据类型。在上面的例子中，p1 只能指向 int 型的数据，而不能指向 long、float 或者其他类型的数据，p2 只能指向 float 型的数据，而 p3 也只能指向 char 型的数据。

2. 指针变量的初始化

与其他变量一样，指针变量在使用之前必须赋值，使其有明确的指向，否则就成了悬挂指针（随机数）。悬挂指针指向的存储单元是不确定的，而编译系统并不会检测这类错误，这可能会导致严重的后果，编程人员必须避免这种情况发生。

指针变量的初始化就是在定义指针变量时将地址赋值给它。例如，下面的语句在定义指针变量 p 的同时将变量 a 的地址赋值给 p，使得 p 指向变量 a。

```
int a, *p=&a;
```

除了可以将变量地址赋值给指针变量外，还可以将指针变量赋值为 NULL 或 0，此时该指针称为空指针，不指向任何存储单元，可以避免悬挂指针的危害。例如，下面的变量声明语句定义了两个空指针 p 和 q。

```
int *p=NULL, *q=0;
```

需要注意的是，除了 NULL 和 0 之外，不允许将常量直接赋值给指针变量。

7.3 通过指针访问变量

将指针 p 指向变量 a 后，对变量 a 的访问方式有以下两种。
（1）直接访问。即通过变量名来直接访问变量。例如下面的赋值语句。

```
a=5;
```

（2）间接访问。通过指向变量的指针来访问变量，通过指针运算符"*"实现。例如下面的赋值语句。

```
*p=30;                    /*等价于 a=30*/
```

【例 7-1】通过指针访问变量示例。
示例程序如下。

```
#include <stdio.h>
int main()
{   int a=10, *p;              /*定义一个普通变量 a，一个指针变量 p*/
    p=&a;                      /*指针 p 指向变量 a*/
    *p=*p+2;                   /*等价于 a=a+2，指针 p 间接访问变量 a*/
    printf("a=%d, p=%X, *p=%d, &p=%X\n", a, p, *p, &p);
    return 0;
}
```

假定程序开始执行时的内存空间分配如图 7-2 所示，其中指针变量占用 4 字节。

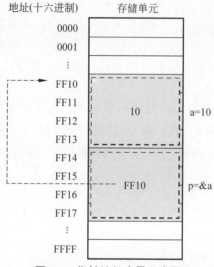

图 7-2 指针访问变量示意图

程序执行结果如下。

```
a=12, p=FF10, *p=12, &p=FF14
```

程序执行结果分析如下。

（1）声明语句中的"*"是指针类型说明符，表示 p 是一个指针变量。

（2）语句"p=&a;"的含义是让指针 p 指向变量 a，此时 p 的值为变量 a 的地址 FF10。

（3）在赋值语句"*p=*p+2;"中，"*p"是对变量 a 的间接访问，*p 等价于 a，最终使 a 的值变为 12。

（4）在 printf()函数调用语句中，分别输出普通变量 a 的值，指针 p 的值（十六进制）和指针 p 所指向的内存单元（即变量 a）的值，指针 p 的地址。

【例 7-2】悬挂指针示例。

分析：指针变量声明后没有赋值，即没有明确指向，此时，该指针成了悬挂指针，非常危险，在编程中一定要避免出现悬挂指针。

示例程序如下。

```
#include <stdio.h>
int main()
{   int i=10, j, *p;
    *p=i+2;                          /*指针p是悬挂指针，危险*/
    printf("i=%d, *p=%d\n", i, *p);
    return 0;
}
```

为了避免悬挂指针的危害，可以在声明时用变量 j 的地址对指针 p 进行初始化，即将主函数中第一行声明语句修改如下。

```
int i=10, j, *p=&j;
```

程序执行结果如下。

```
i=10, *p=12
```

【例 7-3】 通过指针访问变量实现，输入两个整数，将它们从大到小输出，但不要交换这两个整数。

分析：将输入的两个整数保存在变量 a 和 b 中，定义两个指针变量 pmax 和 pmin，开始时 pmax 指向 a，pmin 指向 b，然后通过比较两个数的大小，交换 pmax 和 pmin 指针所指向的变量，最终使得 pmax 一定指向较大数，pmin 一定指向较小数，保证变量 a 和 b 的值不变。

示例程序如下。

```
#include <stdio.h>
int main()
{   int a, b, *pmax=&a, *pmin=&b, *pt=NULL;       /*pt用来实现指针交换*/
    printf("请输入两个整数：");
    scanf("%d%d", &a, &b);
    if(a<b)
    {   pt=pmax; pmax=pmin; pmin=pt;   }          /*指针交换*/
    printf("较大数是%d, 较小数是%d\n", *pmax, *pmin);
    printf("a=%d, b=%d", a, b);
    return 0;
}
```

程序执行结果如下。

```
请输入两个整数：3 5
较大数是5, 较小数是3
a=3, b=5
```

7.4 通过指针访问数组

一个数组包含若干元素，每个数组元素都在内存中占用存储单元，它们都有相应的地址。数组名实质上是数组的首地址，也就是下标为 0 的数组元素的地址。数组与地址有密不可分的关系。

1. 指向数组元素的指针

指针既然可以指向普通变量，当然也可以指向数组元素（即指针变量的值是该数组元素的地址）。例如，下面的语句将指针 p 指向数组元素 a[0]。

```
int a[5]={1,3,5,7,9};
int *p;
p=&a[0];              /*等同于 p=a, 把数组 a 的首地址赋给指针变量 p*/
```

假定程序运行时给数组 a 和指针 p 分配的内存空间如图 7-3 所示。其中，各个数组元素连续存放，指针变量占用 4 字节。

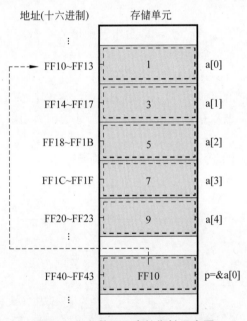

图 7-3 指向数组元素的指针示意图

2. 指向数组元素指针的算术运算和关系运算

当指针指向一个数组元素后，可以对指针进行以下算术运算和关系运算。

（1）加减一个整数，如 p+1、p-1、p+i、p-i、p+=i 等。

假定指针 p 当前指向数组元素 a[2]，即 p=&a[2]，则 p+1 表示 p 向后偏移 1 个元素，即指向下一个元素 a[3]。同理，p-1 表示 p 向前偏移 1 个元素，即指向上一个元素 a[1]。也就是说，p+1 并不是将 p 的值（地址）简单地加 1，而是加上一个数组元素所占用的字节数。

此时，指针 p 的指向不会改变。

假定指针 p 当前指向数组元素 a[0]，即 p=a 或 p=&a[0]，则 p+i 和 a+i 表示向后偏移 i 个元素，即数组元素 a[i]的地址。这里需要注意的是，a 表示数组的首地址，因此 a+i 也是地址，等同于 p+i。与 p+i 不同，p+=i 会改变指针 p 的值，使得让 p 指向数组元素 a[i]。

（2）自增、自减，如 p++、--p 等。

p++、--p 等会改变指针 p 指向的数组元素。假定指针 p 当前指向数组元素 a[1]，执行 p++后，p 指向数组元素 a[2]。

（3）两个指针相减，如 p1-p2（只有 p1 和 p2 都指向同一数组中的元素时才有意义）。

如果指针 p1 和 p2 都指向同一数组中的元素，则 p1-p2 为它们之间的元素个数。假定 p1 指向数组元素 a[4]，p2 指向数组元素 a[1]，则 p1-p2 的值为 3。

（4）两个指针比较大小，如"p1<p2""p1==p2"等（只有 p1 和 p2 都指向同一数组中的元素时才有意义）。

如果指针 p1 和 p2 指向同一数组中的元素，则可以比较它们的大小。如果 p1 和 p2 同时指向同一个数组元素，则"p1==p2"为真。如果 p1 指向数组元素 a[4]，p2 指向数组元素 a[1]，则"p1>p2"为真。

3. 通过指针访问数组元素

当指针 p 指向数组 a 的第一个元素（即数组首地址）后，数组元素 a[i]有两种表示方法。

（1）下标法，p[i]与 a[i]完全等价。

（2）指针法，*(a+i)、*(p+i)与 a[i]完全等价。

相应的，数组元素 a[i]的地址也可以表示为&a[i]、&p[i]、a+i、p+i，它们完全等价。

【例 7-4】 输入 10 个整数存放在数组中，用指针访问数组的方式，计算平均值，并输出所有大于平均值的数。

分析：用指针访问数组的第一步是让指针指向数组的第一个元素，然后通过给指针加上不同的偏移量或者移动指针来实现数组元素的访问。

示例程序如下。

```c
#include <stdio.h>
int main()
{   int a[10], i;
    float sum=0, avg;
    int *p=a;                          /*指针指向数组元素 a[0]*/
    printf("请输入 10 个整数：");
    for(i=0; i<10; i++)
    {   scanf("%d", p+i);              /*p+i 等价于&a[i]，首地址加偏移量*/
        sum += *(p+i);                 /**(p+i)等价于 a[i]*/
    }
    avg= sum/10;
    printf("这 10 个数的平均值是：%.2f\n", avg);
    printf("大于平均值的整数：");
    for(i=0; i<10; i++)
```

```
        { if(*p>avg)                          /*间接访问 p 当前指向的数组元素*/
              printf("%d  ", *(p++));        /*输出同时使 p 指向下一个元素,移动指针*/
          else
              p++;
        }
        return 0;
}
```

程序执行结果如下。

```
请输入 10 个整数：10 20 30 40 50 60 70 80 90 100
这 10 个数的平均值是：55.00
大于平均值的整数： 60    70    80    90   100
```

思考：*(p++)和(*p)++的区别。

（1）*(p++)是先求*p 的值（即 p 指向的数据），再执行 p++（即将指针 p 指向下一个数组元素），p 原本所指向的数组元素不受任何影响。

（2）(*p)++是对(*p)执行自增运算，也就是将 p 指向的数组元素的值加 1，而 p 的值并不改变，也就是说 p 的指向不发生变化。

【例 7-5】用指针访问数组的方式，计算字符串的长度。

分析：计算字符串长度，可以通过让两个指针分别指向字符串的第一个字符和结束标志'\0'，然后将两个指针相减实现。

示例程序如下。

```
#include <stdio.h>
int main()
{   char str[ ]="China", *ptail;
    int len;
    ptail=str;
    while(*ptail!='\0')
        ptail ++;
    len=ptail-str;                                    /*str 是字符串的首地址*/
    printf("字符串\"%s\"的长度是%d\n", str, len);
    return 0;
}
```

程序执行结果如下。

```
字符串"China"的长度是 5
```

7.5 指针作为函数参数

在第 6 章的例 6-6 编写的 swap()函数中，采用的是值传递方式，无法实现交换两个变量值的功能。实际上，将 swap()函数中的形参定义成指针，采用地址传递方式传递数据，就可以实现交换两个变量的值。

【例7-6】改写例6-6，编写函数swap()实现交换两个数值。

分析：在swap()函数中，将形参定义成指针pa和pb。调用时的实参是a和b的地址，用地址传递的方式，在swap()函数中通过指针变量间接访问主函数中的a和b，就可以实现交换主函数中变量a和b的目的。

示例程序如下。

```c
#include <stdio.h>
void swap(int *pa, int *pb);     /*函数声明，形参是指针*/
int main()
{   int a, b;
    printf("请输入交换的数值：");
    scanf("%d%d", &a, &b);
    printf("交换前 a=%d, b=%d\n", a, b);
    swap(&a, &b);                /*形参是指针时，对应的实参必须是地址 */
    printf("交换后 a=%d, b=%d\n", a, b);
    return 0;
}
void swap(int *pa, int *pb)
{   int temp;
    temp=*pa;                    /*间接访问a和b，*pa等价于a，*pb等价于b*/
    *pa=*pb;
    *pb=temp;
}
```

程序执行结果如下。

```
请输入交换的数值：5  8
交换前 a=5, b=8
交换后 a=8, b=5
```

实际上，使用指针作为函数参数时，传递的是一个地址。因此，将数组作为函数参数等同于使用指针作为函数参数，因为数组作为函数参数时，传递的只是数组的首地址。例如下面两条函数声明语句完全等价。

```c
float max_array(float a[ ], int n);       /*求数组最大值的函数声明*/
float max_array(float *a, int n);
```

7.6 指针应用示例

【例7-7】用指针作为形参，编写arr_sort()函数实现对整型数组按从大到小进行冒泡排序。

分析：数组作为函数参数是地址传递，形参可以用指针来代替数组。

示例程序如下。

```c
#include <stdio.h>
```

```
#define N 10
void arr_sort( int *p, int len);           /*函数声明,形参数组修改为指针*/
int main()
{   int i, n;
    int arr[N];
    printf("请输入要进行排序的整数个数(小于等于%d 个):",N);
    scanf("%d", &n);
    printf("请输入%d 个整数:", n);
    for(i=0; i<n; i++)
        scanf("%d", &arr[i]);
    arr_sort(arr, n);                      /*调用函数完成排序*/
    printf("由大到小的排序结果是:");         /*输出排序后的结果*/
    for(i=0; i<n; i++)
        printf("%d  ", arr[i]);
    printf("\n");
    return 0;
}
void arr_sort(int *p, int len)
{   int i, j, t;
    for(i=0; i<len-1; i++)
        for(j=0; j<len-i-1; j++)
            if(p[j]<p[j+1])                /*通过指针 p 访问数组,p[j]等价于 arr[j]*/
            {   t=p[j];
                p[j]=p[j+1];
                p[j+1]=t;
            }
}
```

程序执行结果如下。

```
请输入要进行排序的整数个数(小于等于10 个):5
请输入5 个整数:10 50 20 80 40
由大到小的排序结果是:80  50  40  20  10
```

【例 7-8】用指针作为形参,编写 is_symmetric()函数实现判断输入的单词是否是回文,直到输入 end 为止。

分析:将 is_symmetric()函数的形参定义为指向字符的指针,如果是回文则返回 1,否则返回 0。在 main()函数中重复读入单词,调用该函数判断是否是回文,直到读入的单词为 end 结束。

示例程序如下。

```
#include <stdio.h>
#include <string.h>
int is_symmetric(char *p)
{   char *pend=p+strlen(p)-1;              /*p 指向单词首字符,pend 指向单词尾字符*/
    for( ; p<pend; p++,pend--)
        if(*p!=*pend)                      /*两端字符不相同,则不是回文*/
```

```
            return 0;
        return 1;
}
int main()
{   int i, j;
    char word[80];
    puts("请输入单词 end 结束");
    fgets(word, sizeof(word), stdin);   /*读入第一个单词*/
    word[strlen(word)-1]='\0';          /*去除 fgets()读入的字符串最后的换行符*/
    while(strcmp(word, "end")!=0)
    {   if(is_symmetric(word))
            printf("%s 是回文\n",word);
        else
            printf("%s 不是回文\n",word);
        puts("请输入单词, end 结束");
        fgets(word,sizeof(word),stdin);         /*继续读入下一个单词*/
        word[strlen(word)-1]='\0';
    }
    return 0;
}
```

程序执行结果如下。

```
请请输入单词, end 结束
level
level 是回文
请输入单词, end 结束
China
China 不是回文
请输入单词, end 结束
end
```

习题

一、填空题

1. 指针变量的值是内存单元的_____。
2. _____是取址运算符。
3. _____是指针运算符。
4. _____和_____是可以赋给指针变量的常数。
5. 给定以下语句:

```
int a=5, b=20;
int *p=&a, *q=&b;
```

（1）(*p)++ 的值是_____。
（2）--(*q) 的值是_____。
（3）*p+(*p)-- 的值是_____。
（4）++(*q)-*p 的值是_____。

6. 以下函数的功能是把字符串 b 连接到字符串 a 的后面，并返回 a 中新字符串的长度。请填空。

```
int mystrcat(char *a, char *b)
{   int num=0, n=0;
    while(*(a+num)!= _____ )
        num++;
    while(b[n])
    {   *(a+num)=b[n];
        num++;
    }
    _____ ;
    return(num);
}
```

7. 以下函数的功能是删除字符串 s 中的所有数字字符。请填空。

```
void dele(char *s)
{   int n=0, i;
    for(i=0; s[i]; i++)
        if(_____)
            s[n++]=s[i];
    s[n]= _____ ;
}
```

8. 下面程序段的执行结果是_____。

```
int a[ ]={2, 3, 4}, s, i, *p;
s=1;
p=a;
for(i=0; i<3; i++)
    s *= *(p+i);
printf("s=%d\n", s);
```

9. 执行下面的程序段，输入字符串 life，程序的输出结果是_____。

```
char str1[80]="this is us", str2[10];
char *p1=str1, *p2=str2;
scanf("%s", p2);
strcpy(p1+8, p2);
printf("%s\n", p1);
```

10. 下面程序段的执行结果是_____。

```
void fun(int x, int y, int *cp, int *dp)
{   *cp=x+y;
    *dp=x-y;
}
int main()
{   int a, b, c, d;
    a=30; b=50;
    fun(a, b, &c, &d);
    printf("%d, %d\n", c, d);
    return 0;
}
```

二、选择题

1. 下列叙述正确的是（   ）。
    A. 可以将任意整数赋值给指针
    B. 两个指针不可以做减法运算
    C. 数组名作为函数参数，实际上传递的是指针
    D. 函数中局部变量的值在其他函数中没有办法加以改变

2. 若有以下定义，则对数组 a 中元素的正确引用是（   ）。

```
int a[5], *p=a;
```

  A. *(++a) B. a+2 C. *(p+5) D. *(a+2)

3. 若有以下定义，则对 a 数组元素地址的正确引用是（   ）。

```
int a[5], *p=a;
```

  A. p+5 B. *a+1 C. &a+1 D. &a[0]

4. 设有下面的程序段：

```
char s[ ]= "china";
char *p;
p=s;
```

则下列叙述正确的是（   ）。
    A. s 和 p 完全相同
    B. 数组 s 中的内容和指针 p 中的内容相等
    C. s 数组长度和 p 所指向的字符串长度相等
    D. *p 与 s[0] 相等

5. 下面程序段的执行结果是（   ）。

```
char str[ ]= "ABC", *p=str;
printf("%s\n", p+1);
```

  A. 无法执行 B. BC C. 字符'B'的地址 D. B

6. 已有如下定义且 ptr1 和 ptr2 均指向变量 k,下面不能正确执行的赋值语句是(　　)。

```
int k=2, *ptr1, *ptr2;
```

  A. k=*ptr1+*ptr2;　　　　　　B. ptr2=k;
  C. ptr1=ptr2;　　　　　　　　D. k=*ptr1*(*ptr2);

7. 若有下面定义和语句:

```
int a=4,b=3,*p,*q,*w;
p=&a; q=&b;
w=q; q=NULL;
```

则以下选项中错误的语句是 (　　)。

  A. *q=0;　　B. w=p;　　　　C. *p=&a;　　D. *p=*w;

8. 下面程序段的执行结果是 (　　)。

```
# include <stdio.h>
int main()
{   int x[8]={8,7,6,5,0,0}, *s;
    s=x+3;
    printf("%d\n", s[2]);
    return 0;
}
```

  A. 随机值　　B. 0　　　　　C. 5　　　　　　D. 6

9. 下面程序段的执行结果是(　　)。

```
# include <stdio.h>
int main()
{   char str[ ]="xyz", *ps=str;
    while(*ps)  ps++;
    for(ps--; ps-str>=0; ps--)  puts(ps);
    return 0;
}
```

  A. yz　　　　　B. z　　　　　　C. z　　　　　　D. x
     xyz　　　　　 yz　　　　　　 yz　　　　　　 xy
     xyz　　　　　 xyz

10. 执行下面的程序段后,y 的值是(　　)。

```
int a[ ]={2,4,6,8,10};
int y=1, x, *p;
p=&a[1];
for(x=0; x<3; x++)     y+=*(p+x);
printf("%d\n", y);
```

  A. 17　　　　　B. 18　　　　　C. 19　　　　　　D. 20

三、编程题

1. 用指针编程实现：输入 10 个整数，将其中的最小数与第一个数对换，把最大数与最后一个数对换。要求：编写三个自定义函数，①输入 10 个数；②进行处理；③输出 10 个数，在主函数中调用这些函数实现题目要求。

2. 用指针编程实现：读入一个已经排序的数组和一个整数值，并且将该整数插入正确的位置。

3. 用指针编程实现：读入字符串 s、字符串 s1 和字符串 s2，如果 s1 是字符串 s 的子串，则用 s2 替换 s 中的 s1，并且打印结果字符串。

4. 用指针编程实现：将字符串中的第 m 个字符开始以后的全部字符复制成另一个字符串。要求在主函数中输入字符串及 m 的值并输出复制结果，在被调函数中完成复制。

5. 设有一数列，包含 10 个数，已按升序排好。现要求编一程序，实现把从指定位置开始的 n 个数按逆序重新排列并输出新的完整数列。进行逆序处理时要求使用指针方法（例如，原数列为 2，4，6，8，10，12，14，16，18，20，若要求把从第 4 个数开始的 5 个数按逆序重新排列，则得到新数列为 2，4，6，16，14，12，10，8，18，20）。

6. 用指针编程实现 str2num()函数，其功能是将由数字字符组成的字符串转换成一个整数，遇到非数字字符或结束标志则结束转换。

第8章

用自定义数据类型描述复杂数据

CHAPTER *8*

自定义数据类型是指编程人员根据实际需求定义的数据类型。C语言提供了 int、float、double 和 char 等基本的数据类型，编程人员可以基于这些基本数据类型定义新的复杂数据类型。C语言常用的自定义数据类型有结构体和枚举等。

学习目标
- 理解结构体类型和结构体变量。
- 掌握引用结构体成员的方法。
- 理解结构体变量、结构体数组以及结构体指针作为函数参数的使用方法。
- 理解枚举类型在编程中的作用。
- 了解使用 typedef 为已经存在的数据类型定义别名的方法。

8.1 结构体

结构体可以把不同类型的数据组合成一个整体。例如，一个学生的信息包括学号、姓名、年龄、成绩和家庭住址等数据项，虽然各个数据项的数据类型不同，但它们之间有内在联系，各个数据项都属于同一个学生。因此，可以定义一个结构体把同一个学生的相关数据项组合成一个整体。

8.1.1 定义结构体类型

定义结构体类型的一般形式如下。

```
struct 结构体类型名
{    数据类型 成员1；
     …
     数据类型 成员n；
};
```

其中，struct 是定义结构体类型时使用的关键字，不能缺省；结构体类型名应遵循标识符的命名规则；花括号中的内容是结构体的成员声明，每个成员的数据类型可以不同。

例如，定义一个学生结构体类型来描述学生的学号、姓名、性别、年龄、成绩和家庭住址等信息，结构体类型定义如下。

```
struct student
{    char num[10];              /*学号*/
     char name[10];             /*姓名*/
     char sex;                  /*性别*/
     int age;                   /*年龄*/
     float score;               /*成绩*/
     char addr[30];             /*家庭住址*/
};
```

其中，student 是结构体类型名，包含了 6 个数据类型不完全相同的成员。定义结构体类型只是描述了该结构体的组织形式，系统并不为其分配内存，因此也不能直接对其赋值。这就如同系统不会为类型 int 分配内存一样，只有定义了 int 型的变量，系统才会为变量分配内存。

8.1.2 定义和引用结构体变量

如同必须先有 int 数据类型，才能用 int 去定义变量一样，要定义结构体变量，必须先有一个结构体类型，然后才能用该结构体类型来定义变量。

1．定义结构体变量

定义结构体变量的形式有如下三种。

（1）形式一：先定义类型，再定义变量。

```
struct 结构体类型名
{   数据类型   成员1;
    …
    数据类型   成员n;
};
struct 结构体类型名 结构体变量1, 结构体变量2, …;
```

（2）形式二：定义类型的同时定义变量。

```
struct 结构体类型名
{   数据类型   成员1;
    …
    数据类型   成员n;
} 结构体变量1, 结构体变量2, …;
```

（3）形式三：无结构体类型名，直接定义变量。

```
struct
{   数据类型   成员1;
    …
    数据类型   成员n;
} 结构体变量1, 结构体变量2, …;
```

第三种形式在 struct 后省略了结构体类型名。这种方式定义的结构体类型只能使用一次，即结构体变量的定义必须与结构体类型的定义同时进行，之后便无法再使用该结构体类型定义新的变量。

例如，采用形式一，在前面已经定义的学生结构体类型 student 基础上，定义学生结构体变量 stu1 和 stu2，注意 struct 关键字不能省略。

```
struct student stu1, stu2;
```

采用形式二，定义学生结构体类型的同时定义学生结构体变量 stu1 和 stu2。

```
struct student
{   char num[10];
    char name[10];
    char sex;
    int age;
    float score;
    char addr[30];
} stu1, stu2;
```

一旦定义了结构体变量，就会为该变量分配内存空间，并能够对结构体变量进行赋值、初始化等操作。结构体变量各个成员都具有自己独立的存储空间，结构体变量所占用的存储空间是其各成员所占用字节的总和。

2. 引用结构体变量

在程序中对结构体变量的操作都是通过逐个引用其成员来实现的。

（1）引用结构体成员。

引用结构体成员的一般形式如下。

> 结构体变量名.成员名

其中，"."是结构体成员运算符，连接结构体变量名和成员名，它在所有运算符中优先级最高。

例如，已定义了 stu1 为学生结构体变量，则在程序中可以对 stu1 的成员赋值。下面的程序段实现了用结构体变量 stu1 保存一个学生（学号 105040125，姓名 Liming，性别 M，年龄 19，成绩 96，家庭住址 Beinong Road）的信息。

```
strcpy(stu1.num, "105040125");          /*字符串（字符数组）赋值*/
strcpy(stu1.name, "Liming");
stu1.sex='M';                           /*字符型变量赋值*/
stu1.age=19;                            /*整型变量赋值*/
stu1.score=96.0;                        /*实型变量赋值*/
strcpy(stu1.addr, "Beinong Road");
```

（2）结构体变量初始化。

可以在定义结构体变量的同时对其进行初始化，初始化的一般形式如下。

> struct 结构体类型名 结构体变量名={初始数据列表};

此外，程序中允许具有相同类型的结构体变量相互整体赋值。

【例 8-1】 设学生信息包括学号、姓名和成绩。将某个学生信息以变量初始化方式存放在一个结构体变量中，然后将其赋值给另一个结构体变量后输出该变量所存放的学生信息。

分析：定义一个学生结构体类型，再定义该类型的两个变量 a 和 b，仅对 a 进行初始化，然后将 a 赋值给 b，最后输出 a、b 中存放的学生信息。

示例程序如下。

```
#include <stdio.h>
struct student                                       /*定义结构体类型*/
{   long num;                                        /*学号*/
    char name[10];                                   /*姓名*/
    float score;                                     /*成绩*/
};
int main()
{   struct student a={89031, "Liming", 98}, b;       /*定义结构体变量*/
    b=a;                                             /*结构体变量相互赋值*/
    printf("学号：%ld\t 姓名：%s\t 成绩：%.1f\n", a.num, a.name, a.score);
    printf("学号：%ld\t 姓名：%s\t 成绩：%.1f\n", b.num, b.name, b.score);
    return 0;
}
```

程序执行结果如下，结构体变量 a、b 的值完全相同。

```
学号：89031     姓名：Liming    成绩：98.0
学号：89031     姓名：Liming    成绩：98.0
```

3. 结构体嵌套

结构体嵌套就是在一个结构体内包含了另一个结构体作为其成员。例如，下面的程序段中定义了两个结构体类型，一个是日期结构体类型 struct date，另一个是学生结构体类型 struct student，并且在学生结构体类型中使用了日期结构体类型来定义成员 birthdate（出生日期）。

```
struct date                     /*定义结构体类型 date*/
{   int year, month, day;       /*年、月、日*/
};
struct student                  /*定义结构体类型 student*/
{   long num;                   /*学号*/
    char name[10];              /*姓名*/
    struct date birthdate;      /*出生日期*/
};
struct student stu1;            /*定义结构体变量 stu1*/
```

当出现结构体嵌套时，必须以级联方式逐级引用结构体成员。例如，要使变量 stu1 所存放学生的出生日期为 2008 年 8 月 10 日，则应该这样给变量 stu1 的 birthdate 的成员 year、month 和 day 赋值。

```
stu1.birthdate.year=2008;
stu1.birthdate.month=8;
stu1.birthdate.day=10;
```

8.1.3 结构体数组

结构体数组中的每一个元素都是具有相同数据类型的结构体变量。在实际应用中，通常使用结构体数组来表示具有相同数据结构的一个群体。例如，一个班级的学生档案信息。

引用结构体数组中的各个元素成员的方法与引用结构体变量成员的方法相同，其一般引用形式如下。

> 结构体数组名[下标].成员名

【例 8-2】薪火小组 6 个同学的测试成绩单如表 8-1 所示，定义一个结构体数组存放这些数据（序号除外），然后统计计算整个小组的平均成绩和不及格人数。

表 8-1 薪火小组测试成绩单

序号	学号	姓名	性别	成绩
1	1101	Wangzi	M	92.5
2	1102	Zhanglin	M	45

续表

序号	学号	姓名	性别	成绩
3	1103	Hefan	M	87
4	1104	Liping	F	58
5	1105	Chengli	F	62.5
6	1106	Liming	M	100

分析：6 个同学的相关数据通过初始化保存在结构体数组中，然后利用结构体数组中保存的测试成绩进行统计计算。

示例程序如下。

```c
#include <stdio.h>
struct student                              /*学生结构体定义*/
{   long num;                               /*学号*/
    char name[10];                          /*姓名*/
    char sex;                               /*性别*/
    float score;                            /*成绩*/
};
int main()
{   struct student stu[6]={{1101, "Wangzi", 'M', 92.5},
        {1102, "Zhanglin", 'M', 45}, {1103, "Hefan", 'M', 87},
        {1104, "Liping", 'F', 58}, {1105, "Chengli", 'F', 62.5},
        {1106, "Liming", 'M', 100}};
    int i, count=0;                         /*count 不及格人数*/
    float ave=0;
    for(i=0; i<6; i++)
    {   ave+=stu[i].score;                  /*计算成绩累加和*/
        if(stu[i].score<60)
            count++;                        /*统计不及格人数*/
    }
    ave=ave/6;
    printf("平均成绩是：%.2f\n 不及格的人数是：%d 人\n", ave, count);
    return 0;
}
```

程序执行结果如下。

```
平均成绩是：74.17
不及格的人数是：2 人
```

【例 8-3】 编写候选人得票统计程序。设有 3 个候选人（Lili、Zhanglin、Wangzi），从键盘逐个输入每张选票的候选人姓名（end 结束），统计每个候选人的得票数并输出。

分析：定义一个结构体数组 person[3]存放 3 个候选人的姓名和得票数，并将得票数均初始化为 0。依次输入每张选票上的姓名，将该姓名与 3 个候选人的姓名进行比较，姓名相同候选人的得票数增 1，直到输入 end 结束。

示例程序如下。

```c
#include <stdio.h>
#include <string.h>
struct vote                            /*定义结构体类型*/
{   char name[10];                     /*候选人姓名*/
    int count;                         /*得票数*/
} ;
int main()
{   struct vote person[3]={"Lili",0,"Zhanglin",0,"Wangzi",0};
    char name[10];                              /*保存选票所投候选人的姓名*/
    int i;
    printf("请输入选票所投候选人的姓名(end结束)：\n");
    for(; ;)
    {   scanf("%s", name);
        if(strcmp(name, "end")==0)
            break;
        for(i=0; i<3; i++)
            if(strcmp(name, person[i].name)==0)
                person[i].count++;
    }
    printf("统计结果：\n");
    for(i=0; i<3; i++)
        printf("%-10s: %d 票\n", person[i].name, person[i].count);
    return 0;
}
```

程序执行结果如下。

```
请输入选票所投候选人的姓名(end结束)：
Lili Lili Lili Zhanglin Zhanglin Wangzi Zhanglin Lili Lili Lili end
统计结果：
Lili:      6 票
Zhanglin:  3 票
Wangzi:    1 票
```

8.1.4 结构体指针

结构体指针既可指向结构体变量，也可指向结构体数组中的元素。把一个结构体变量或数组元素的地址存放在一个指针变量中，那么这个指针变量就指向该结构体变量或数组元素。结构体指针变量定义的一般形如下。

```
struct 结构体类型名    *结构体指针名;
```

结构体指针变量使用前必须初始化，通过结构体指针变量引用其所指目标结构体成员有以下两种形式。

```
(*结构体指针名).成员名
```

或者

> 结构体指针名->成员名

由于成员运算符"."的优先级高于"*",因此"(*结构体指针名)"的圆括号不能省略。两种形式功能一样,但一般使用后者。

【例 8-4】 设图书信息包括书号、书名、库存数量和价格。利用结构体指针引用图书结构体变量的方式输出某本图书的信息。

分析:定义一个图书结构体类型 book,然后定义一个图书结构体变量 bk1 并初始化,通过结构体指针 p 引用 bk1 完成输出。

示例程序如下。

```c
#include <stdio.h>
struct book
{   long num;                   /*书号*/
    char name[50];              /*书名*/
    int stock;                  /*库存数量*/
    float price;                /*价格*/
};
int main()
{   struct book bk1={89101, "math",5, 49.8}, *p=&bk1;
    printf("书号:%ld\t 书名:%s\t 库存数量:%d\t 价格:%.2f\n",
            bk1.num, bk1.name, bk1.stock, bk1.price);
    printf("书号:%ld\t 书名:%s\t 库存数量:%d\t 价格:%.2f\n",
            (*p).num, (*p).name, (*p).stock, (*p).price);
    printf("书号:%ld\t 书名:%s\t 库存数量:%d\t 价格:%.2f\n",
            p->num, p->name, p->stock, p->price);
    return 0;
}
```

程序执行结果如下。三条 printf()语句采用不同形式输出图书信息,结果完全相同。

```
书号:89101      书名:math      库存数量:5      价格:49.80
书号:89101      书名:math      库存数量:5      价格:49.80
书号:89101      书名:math      库存数量:5      价格:49.80
```

【例 8-5】 设学生信息包括学号、姓名、性别和成绩。将 2 个学生的信息存放到一个结构体数组中,然后利用指针引用结构体数组中的元素输出所有学生的信息。

分析:定义一个学生结构体数组 stu[2]存放 2 个学生的信息,然后通过结构体指针 p 引用结构体数组中的每一个元素完成输出。

示例程序如下。

```c
#include <stdio.h>
struct student
{   long num;
    char name[10];
```

```
        char sex;
        float score;
} stu[2]={{1101, "Wangzi", 'M', 92.5}, {1102, "Zhanglin", 'M', 62.5}};
int main()
{   struct student *p;
    printf("学号\t姓名\t\t性别\t成绩\n");
    for(p=stu; p<stu+2; p++)
        printf("%ld\t%-15s\t%2c\t%.2f\n",p->num,p->name,p->sex,p->score);
    return 0;
}
```

程序执行结果如下。

学号	姓名	性别	成绩
1101	Wangzi	M	92.50
1102	Zhanglin	M	62.50

8.1.5 结构体作为函数参数

结构体变量、结构体数组和结构体指针都可以作为函数的参数。结构体变量作为函数参数时，函数调用是值传递方式；结构体数组或结构体指针作为函数参数时，函数调用是地址传递方式。

【例 8-6】 设学生信息包括学号、姓名和 3 门课的成绩。编写一个函数实现输出一个学生的信息。在主函数中输入某个学生的信息后，调用该函数输出学生的信息。

分析：这里采用结构体变量和结构体指针作为函数参数两种方法实现。

（1）使用结构体变量作为函数参数。

示例程序如下。

```
#include <stdio.h>
struct student                              /*定义学生结构体类型*/
{   long num;
    char name[10];
    float score[3];
};
void prt_student(struct student stu);       /*函数声明*/
int main()
{   struct student stu;
    printf("请输入学号 姓名 高数成绩 英语成绩 体育成绩(以空格分隔)\n");
    scanf("%ld%s%f%f%f", &stu.num, stu.name,
                &stu.score[0], &stu.score[1], &stu.score[2]);
    prt_student(stu);                       /*函数调用，值传递*/
    return 0;
}
void prt_student(struct student stu)        /*函数定义*/
{   printf("学号: %ld\n姓名: %s\n高数: %.2f\n英语: %.2f\n体育: %.2f\n",
```

```
                stu.num, stu.name, stu.score[0], stu.score[1], stu.score[2]);
}
```

程序执行结果如下。

```
请输入学号  姓名  高数成绩  英语成绩  体育成绩(以空格分隔)
1101  Wangzi 92.5  98  90
学号：1101
姓名：Wangzi
高数：92.50
英语：98.00
体育：90.00
```

（2）使用结构体指针作为函数参数。

示例程序如下。

```
#include <stdio.h>
struct student                              /*定义学生结构体类型*/
{   long num;
    char name[10];
    float score[3];
};
void prt_student(struct student *p);        /*函数声明*/
int main()
{   struct student stu;
    printf("请输入学号  姓名  高数成绩  英语成绩  体育成绩(以空格分隔)\n");
    scanf("%ld%s%f%f%f", &stu.num, stu.name,
          &stu.score[0], &stu.score[1], &stu.score[2]);
    prt_student(&stu);                      /*函数调用，地址传递*/
    return 0;
}
void prt_student(struct student *p)         /*函数定义*/
{    printf("学号：%ld\n姓名：%s\n高数：%.2f\n英语：%.2f\n体育：%.2f\n",
           p->num, p->name, p->score[0], p->score[1], p->score[2]);
}
```

8.1.6 结构体应用示例

结构体能够解决很多规模较大的实际应用问题，例如电话号码簿管理、学生信息管理、图书管理等。在这些实际问题中，需要处理的数据都是表格式的，由多条记录组成。这里以电话号码簿为例来学习使用结构体解决实际问题的方法。

【例 8-7】电话号码簿管理。电话号码簿中联系人的信息包括姓名和手机号，基本功能有添加联系人、根据姓名删除联系人、根据姓名查找联系人的电话、输出所有联系人。要求提供菜单进行功能选择。

分析：定义一个联系人结构体数组保存联系人信息。程序中要为每一个基本功能编写相应的函数。程序执行时，首先输出功能菜单，然后根据用户选择的菜单调用相应的函数完成操作。

示例程序如下。

```c
#include <stdio.h>
#include <string.h>
#define MAXSIZE 100              /*联系人最大数量*/
struct Tel                       /*联系人结构体类型定义*/
{   char name[10];               /*姓名*/
    char telno[12];              /*手机号*/
};
/*函数声明*/
int append(struct Tel telList[], int *len, struct Tel newtel);  /*添加*/
int del(struct Tel telList[], int *len, char name[]);           /*删除*/
int find(struct Tel telList[], int len, char name[]);           /*查找*/
void prttel(struct Tel telList[], int len);                     /*输出*/

int main()
{   int choice, len=0;           /*choice 菜单选择结果，len 联系人数量*/
    char name[10];               /*要查找或删除的联系人姓名*/
    struct Tel telList[MAXSIZE]; /*联系人结构体数组*/
    while(1)
    {   printf("功能菜单:\n 1:添加\n 2:删除\n 3:查询\n 4:输出\n 0:退出\n");
        printf("请选择:");
        scanf("%d", &choice);
        switch(choice)
        {   case 1: struct Tel newtel;
                    printf("请输入新联系人的姓名和电话(以空格分隔)\n");
                    scanf("%s%s", newtel.name, newtel.telno);
                    if(append(telList, &len, newtel)==0)
                        printf("添加失败！\n");
                    else
                        printf("添加成功！\n");
                    break;
            case 2: printf("请输入要删除的联系人姓名：\n");
                    scanf("%s", name);
                    if(del(telList, &len, name)==0)
                        printf("删除失败！\n");
                    else
                        printf("删除成功！\n");
                    break;
            case 3: int k;
                    printf("请输入要查找的联系人姓名:\n");
                    scanf("%s", name);
                    if((k=find(telList, len, name))!=-1)
                        printf("该联系人的电话为：%s\n",telList[k].telno );
                    else
```

```c
                    printf("没有该联系人！\n");
                    break;
            case 4: printf("电话号码表为：");
                    prttel(telList, len);
                    break;
            case 0: return 0;
            default:continue;
        }
    }
}
/*append()函数添加联系人，成功返回1，失败返回0*/
int append(struct Tel telList[], int *len, struct Tel newtel)
{   int length=*len ;
    if(length==MAXSIZE)
        return 0;
    telList[length]=newtel;
    (*len)++;
    return 1;
}
/*del()函数删除指定姓名的联系人，删除成功返回1，否则返回0*/
int del(struct Tel telList[], int *len, char name[])
{
    int length=*len, i, j;
    for(i=0; i<length; i++)
        if(strcmp(telList[i].name, name) == 0)
            break;
    if(i<length)                    /*删除*/
    {   for(j=i; j<length-1; j++)
            telList[j]=telList[j+1];
        (*len)--;
        return 1;
    }
    return 0;
}
/*find()函数根据联系人查找电话号，查找成功返回下标，否则返回-1*/
int find(struct Tel telList[], int len, char name[])
{   int length=len, i;
    for(i=0; i<length; i++)
        if(strcmp(telList[i].name, name)==0)
            return i;
    return -1;
}
/*prttel()函数输出所有联系人*/
void prttel(struct Tel telList[], int len)
{   int length=len,i;
    printf("\n     姓名              电话\n");
```

```
    for(i=0; i<length; i++)
        printf("%15s%20s\n", telList[i].name, telList[i].telno);
}
```

程序执行的菜单界面如下。

```
功能菜单：
  1:添加
  2:删除
  3:查询
  4:输出
  0:退出
请选择：
```

虽然程序较长，但结构清晰，读者可以自己执行程序，按菜单提示进行操作。

8.2 枚举

如果一个变量的取值被限定在一个有限的范围内，则可以定义为枚举类型。在枚举类型的定义中将所有可能的取值一一列举出来，该枚举类型变量的值只限于列举的范围内。

8.2.1 定义枚举类型

定义枚举类型的一般形式如下。

```
enum 枚举类型名 {枚举值列表};
```

enum 是关键字，定义枚举类型必须以 enum 开头。在枚举值列表中应列举出所有可能的取值，这些值也称为枚举元素。例如，一个星期只有七天，可以定义一个 weekday 枚举类型如下。

```
enum weekday {Sun, Mon, Tue, Wed, Thu, Fri, Sat};
```

该枚举类型名为 weekday，枚举值共有 7 个，即一周中的七天。凡被说明为 weekday 类型变量的取值只能是七天中的某一天。

枚举类型在使用中有以下规定。

（1）枚举值是符号常量，不能在程序中用赋值语句对它赋值，只能将它赋给枚举变量。此外，枚举值见名知意，可以增加程序的可读性。

（2）枚举值列表中的枚举元素本身由系统定义了一个表示序号的数值，默认从 0 开始，依次为 0、1、2、…。例如，在枚举类型 weekday 中，枚举元素 Sun 的数值为 0，Mon 的数值为 1，Sat 的数值为 6。此外，也可以指定枚举元素的数值。对于未指定数值的枚举元素，其数值按照前面最近的已赋值的枚举元素递增 1。例如，下面的枚举类型定义。

```
enum weekday {Mon=1, Sat=6, Sun, Tue=2, Wed, Thu, Fri};
```

Mon 的数值为 1，Sat 的数值为 6，Sun 的数值为 7，Tue 的数值为 2，Wed 的数值为 3，Thu 的数值为 4，Fri 的数值为 5。

8.2.2 定义枚举变量

1. 定义枚举变量

与结构体变量的定义类似，枚举变量也有三种不同的定义形式。
（1）形式一：先定义类型，再定义变量。

```
enum 枚举类型名 {枚举值表};
enum 枚举类型名 枚举变量1, 枚举变量2, …;
```

（2）形式二：定义类型的同时定义变量。

```
enum 枚举类型名 {枚举值表} 枚举变量1, 枚举变量2, …;
```

（3）形式三：无枚举类型名，直接定义变量。

```
enum {枚举值表} 枚举变量1, 枚举变量2, …;
```

例如，采用形式一，在前面已经定义的枚举类型 weekday 基础上，定义枚举变量 day1 和 day2，注意 enum 关键字不能省略。

```
enum weekday day1, day2;
```

采用形式二，定义枚举类型 weekday 的同时定义枚举变量 day1 和 day2。

```
enum weekday {Sun, Mon, Tue, Wed, Thu, Fri, Sat} day1, day2;
```

2. 枚举变量的赋值

只能把枚举值赋予枚举变量，不能把表示枚举元素序号的数值直接赋予枚举变量，如一定要把表示序号的数值赋予枚举变量，则必须用强制类型转换。

【例 8-8】 定义一个星期枚举类型 weekday，两个枚举变量 day1 和 day2 并赋值，输出枚举变量的值。

示例程序如下。

```
#include <stdio.h>
enum weekday {Sun, Mon, Tue, Wed, Thu, Fri, Sat};
int main()
{   enum weekday day1, day2;
    day1=Tue;                              /*day1 赋值为 Tue*/
    day2=(enum weekday)2;                  /*day2 赋值为 2（Tue）*/
    printf("Tue:%d, day1: %d, day2: %d \n", Tue, day1, day2);
    return 0;
}
```

程序执行结果如下。

```
Tue:2, day1: 2, day2: 2
```

枚举元素 Tue 是常量，数值为 2。给枚举变量赋值后，其值实际上是一个整数，因此可以将枚举变量按整型处理。要想输出枚举值对应的字符串，必须在选择结构中分别使用不同的 printf()语句实现。

8.2.3 枚举应用示例

【例 8-9】 定义一个星期枚举类型。输入 0~6 的整数，输出该整数对应的是星期几。
分析：定义一个枚举类型 weekday 和该类型的枚举变量 day，根据 day 的值输出星期几。
示例程序如下。

```c
#include <stdio.h>
enum weekday {Sun, Mon, Tue, Wed, Thu, Fri, Sat};
int main()
{   enum weekday day;
    int d;
    printf("请输入一周的某一天(0~6):");
    scanf("%d", &d);
    day=(enum weekday)d;
    switch(day)
    {   case Sun: printf("%d是Sunday\n", day); break;
        case Mon: printf("%d是Monday\n", day); break;
        case Tue: printf("%d是Tuesday\n", day); break;
        case Wed: printf("%d是Wednesday\n", day); break;
        case Thu: printf("%d是Thursday\n", day); break;
        case Fri: printf("%d是Friday\n", day); break;
        case Sat: printf("%d是Saturday\n", day); break;
        default: printf("输入数据错误\n");
    }
    return 0;
}
```

程序执行结果如下。

```
请输入一周的某一天（0~6）: 2
2是Tuesday
```

8.3 用 typedef 语句定义新类型名

C 语言允许编程人员使用 typedef 语句为已经存在的数据类型定义新类型名来代替已有的类型名，从而简化复杂数据类型的书写形式。
typedef 语句的一般形式如下。

```
typedef  原类型名  新类型名;
```

其中,原类型名中可以包含类型的定义,新类型名一般用大写表示,以便于区分。需要注意的是,typedef 只是对已经存在的数据类型增加一个别名,并不是定义新的数据类型。

1. 为 C 语言的基本数据类型定义新类型名

例如,int 是 C 语言的基本数据类型。在程序中需要一个 int 型变量实现计数,为了增加程序的可读性,可以给 int 定义一个别名 COUNT,typedef 语句如下。

```
typedef  int  COUNT;
```

此时,下面两条变量定义语句完全等价。

```
COUNT  a, b;
int a, b;
```

使用 COUNT 后,可以一目了然地知道变量 a、b 是用于计数的。

2. 为数组定义新类型名

C 语言中使用字符数组来存储字符串,因此可以使用 typedef 为大小为 80 的字符数组定义一个新类型名 STRING,使其意义更为明确。

```
typedef char STRING[80];
```

STRING 被说明为大小为 80 的字符数组类型。此时,下面两条变量定义语句完全等价。

```
STRING company, addr;                /*工作单位,家庭住址*/
char company[80], addr[80];
```

3. 为指针定义新类型名

使用 typedef 为指针定义新类型名,以简化代码并增加程序可读性。例如为 int 型指针定义新类型名的语句如下。

```
typedef  int*  INTPTR;
```

INTPTR 被说明为整型指针。此时,下面两条指针变量定义语句完全等价。

```
INTPTR p;
int *p;
```

4. 为自定义数据类型定义新类型名

前面已经定义了学生结构体类型,在定义结构体变量时,关键字 struct 不能省略。同样,前面已经定义了星期枚举类型,在定义枚举变量时,关键字 enum 也不能省略。这使得程序书写形式复杂,容易出错。可以给它们定义别名以简化书写形式,例如,使用 typedef 给 struct student 结构体类型定义别名 STU 的语句如下。

```
typedef struct student
{   long num;
    char name[10];
    char sex;
    float score;
} STU;
```

定义 STU 为 struct student 的别名后，下面两条结构体变量定义语句完全等价。

```
STU stu1, stu2;
struct student stu1, stu2;
```

习题

一、填空题

1. 定义结构体类型的关键字是_____，定义枚举类型的关键字是_____。
2. 下面程序段的执行结果是_____。

```
struct info
{   char a, b, c;};
int main()
{   struct info s[2]={{'a','b','c'}, {'d','e','f'}};
    int t;
    t=(s[0].a-s[1].a)+(s[1].c-s[0].b);
    printf("%d\n", t);
    return 0;
}
```

3. 以下程序段用于在结构体数组中查找最高分和最低分的学生姓名和成绩。请填空。

```
typedef struct student
{   char name[10];
    int score;
} STU;
int main()
{   int max, min, i, j;
    STU stud[4]={"李平", 92, "王兵", 72, "钟虎", 83, "孙逊", 60};
    max=min=0;
    for(i=1; i<4; i++)
        if(stud[i].score>stud[max].score)
            _____;
        else if(stud[i].score<stud[min].score)
            _____;
    printf("最高分%d, 最低分%d\n", _____, _____);
    return 0;
}
```

4. 有以下枚举类型定义，则 Red 的数值为_____，Black 的数值为_____。

```
enum color {White, Red, Green, Blue, Yellow=105, Black};
```

5. 用 typedef 为数组定义新类型名如下。

```
typedef int ARRAY[10];
```

则使用新类型名定义数组 a[10]、b[10]、c[10]的语句为_____。

二、选择题

1. 在 C 语言中，当定义一个结构体类型，并定义该结构体类型的变量后，系统分配给该变量的内存大小是（　　）。
  A. 各成员所占内存空间的总和 B. 第一个成员所占内存空间
  C. 成员中空间最大者   D. 成员中空间最小者

2. 设有如下定义，以下对结构体成员引用错误的是（　　）。

```
struct student
{   long num;
    int age;
} stu1, *p=&stu1;
```

  A. stu1.num B. student.age C. p->num D. (*p).age;

3. 下面程序段的执行结果是（　　）。

```
struct abcd
{   int m;
    int n;
} cm[2]={1,2,3,7};
printf("%d\n ", cm[0].n/cm[0].m*cm[1].m);
```

  A. 0   B. 1   C. 3   D. 6

4. 设有如下定义，若使 p1 指向 dt 中的成员 m，则正确的语句是（　　）。

```
struct student
{   int m;
    float n;
} dt;
struct *p1;
```

  A. p1=&m; B. p1=dt.m; C. p1=&dt.m D. *p=&dt.m

5. 设有如下定义，下面各输入语句中错误的是（　　）。

```
struct ss
{   char name[10];
    int age;
    char sex;
```

```
} std[3], *p=std;
```

  A．scanf("%d", &(*p).age); B．scanf("%s", &std.name);
  C．scanf("%c", &std[0].sex); D．scanf("%c", &(p->sex));

6．下面程序段的执行结果是（ ）。

```
struct info
{   int k;
    char *s;
} t;
void f(struct info t)
{   t.k=1997;
    t.s="Borland";
}
int main()
{   t.k=2000;
    t.s="inprise";
    f(t);
    printf("%d%s\n", t.k, t.s);
    return 0;
}
```

  A．2000inprise B．1997inprise C．2000Borland D．1997Borland

7．设有如下定义，则对 worker 的出生年份 year 进行赋值的正确语句是（ ）。

```
struct date
{   int year, month, day;
};
struct worklist
{   char name[10];
    char sex;
    struct date birthdate;
} worker;
```

  A．year=1978   B．birthdate.year=1978
  C．worker.birthdate.year=1978 D．worker.year=1978

8．以下枚举类型的定义中，正确的是（ ）。

  A．enum a={one, two, three}; B．enum a {one=9, two=-1, three};
  C．enum a={"one", "two", "three"}; D．enum a {"one", "two", "three"};

9．下面程序段的输出结果是（ ）。

```
enum team{my, your=4, his, her=his+10};
printf("%d %d %d %d\n", my, your, his, her);
```

  A．0 1 2 3 B．0 4 0 10 C．0 4 5 15 D．1 4 5 15

10．设有如下说明，则能正确定义结构体数组并对其赋值的语句是（ ）。

```
typedef struct
{   int n;
    char c;
    double x;
} STD;
```

    A. STD   tt[2]={{1, 'A', 62}, {2, 'B', 75}};
    B. STD   tt[2]={1, "A", 62 , 2, "B", 75};
    C. struct   tt[2]={{1, 'A', 62}, {2, 'B', 75}};
    D. struct   tt[2]={{1, "A", 62}, {2, "B", 75}};

三、编程题

1．数学中的复数可通过如下结构体进行描述：

```
struct complex
{   int real;      /*实部*/
    int im;        /*虚部*/
};
```

试写出两个函数，分别求两个复数的和与积。其函数原型分别为：

```
struct complex cadd(struct complex creal, struct complex cim);
struct complex cmult(struct complex creal, struct complex cim);
```

参数和返回值皆为结构体类型。

2．改写上面两函数，使其原型为：

```
struct complex cadd(struct complex *creal, struct complex *cim);
struct complex cmult(struct complex *creal, struct complex *cim);
```

即参数为结构体变量指针。

3．编写程序，输入若干人员的姓名及电话号码，以 end 结束；然后输入姓名，查找对应的电话号码。

4．编写程序，从键盘输入 10 本书的名称及定价，存放在一个结构体数组中；然后找出定价最高和最低的书。

5．每个学生的信息包括学号、姓名、数学、语文、英语成绩。编写程序完成以下功能：
（1）从键盘输入 10 个学生的信息。
（2）求出每个学生的总成绩和平均成绩。
（3）求出每门课的平均成绩。
（4）按每个学生的总成绩排序后输出。

6．某餐厅用西瓜、哈密瓜、桃子、草莓、苹果、橘子六种水果制作水果拼盘，要求每个拼盘中有四种不同水果。编写程序计算可以制作出多少种这样的水果拼盘。将六种水果定义为枚举类型。

第9章

用文件保存数据

CHAPTER 9

在前面的编程中,程序执行时所需要的数据都是从键盘输入,并把运算结果输出到显示器屏幕上。当数据量比较大时,仅依靠键盘输入和显示器输出的方式是远远不够的。通常的解决办法是将这些数据以文件的形式存储在磁盘上,程序可以从文件中读取数据,也可以将程序的执行结果写入文件实现永久保存。

学习目标

- 理解文本文件和二进制文件概念。
- 掌握文件的打开和关闭方法。
- 掌握文件读写函数的使用方法。

9.1 认识文件

文件是以一定格式存放在外存（如磁盘）上的一组相关数据的集合。操作系统以文件为单位对数据进行管理。如果想从文件中读取数据，必须先根据文件名找到并打开指定的文件；如果想将程序的执行结果写入文件，必须先确定该文件是否存在，如果存在则打开该文件，否则必须先创建该文件。可以按照不同角度对文件进行分类。

1. 从用户的角度，可以分为普通文件和设备文件

（1）普通文件指的是磁盘上保存的文件。

（2）设备文件是指各种输入输出设备（如键盘、显示器等）。操作系统将所有输入输出设备都看作是一个文件来进行管理，把它们的输入、输出等同于对磁盘文件的读和写。通常将键盘指定为标准输入文件、显示器指定为标准输出文件。从标准输入文件读入数据的含义就是从键盘输入数据，将数据写入标准输出文件的含义就是在屏幕上显示数据。

2. 从文件内容的角度，可以分为程序文件和数据文件

（1）程序文件包括源程序文件（.cpp）、目标文件（.obj）和可执行文件（.exe）等，文件的内容主要是程序代码。

（2）数据文件是用来存放程序所需的数据或程序的处理结果的文件。

3. 从编码的角度，可以分为文本文件和二进制文件

（1）文本文件主要用于存储文本信息，文件中存放的是每个字符对应的二进制编码（西文字符是 ASCII 码，汉字是汉字编码），可以直接使用文本编辑器（如 Windows 记事本程序）打开进行编辑。

（2）二进制文件主要用于存储二进制数据或其他非文本信息（如目标文件、可执行文件、声音、图像等），文件中存放的数据形式与计算机内存中的存储形式完全相同，不能直接使用文本编辑器打开进行编辑，通常需要用专门的软件或工具来处理。

例如，西文字符信息在内存中以 ASCII 码值形式存放，无论是用文本文件还是用二进制文件存储，其数据形式是一样的。但是对于数值信息，二者是不同的。如图 9-1 所示，对于整型数据 12345678，在内存中占用 4 字节，以文本文件存储时，存储的是每位数字对应的 ASCII 码，共需要 8 字节；以二进制文件存储时，只需要 4 字节。

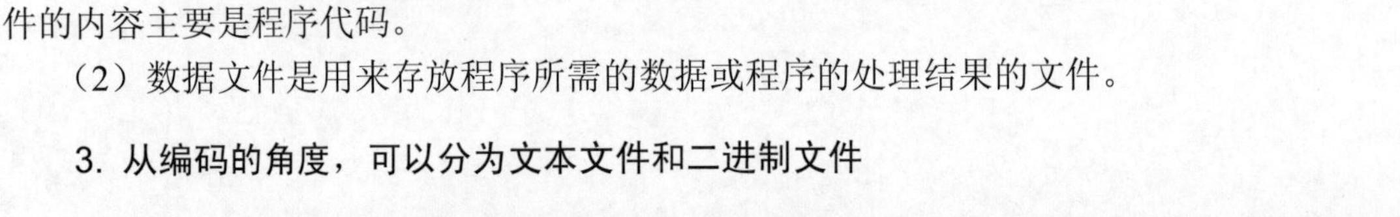

图 9-1　整型数据 12345678 的存储形式

实际上，C 语言对文件的存取是以字节为单位的，它把数据看成是一序列字符（字节），

即字符流,且字符流的开始和结束仅受程序控制,这种文件通常称为流式文件。因此,C程序在读写一个文件时,可以不用考虑文件的类型或存储形式。

9.2 文件的打开与关闭

C 语言的文件是流式文件,因此,要想读写一个文件,必须先打开该文件的流之后才能进行读写操作。读写操作结束后,必须关闭文件流以释放资源。

9.2.1 文件指针

操作系统把所有输入输出设备都看作文件来管理,因此 C 程序执行时默认会自动打开表 9-1 所示的两个设备文件流,并将设备文件流与对应的文件指针建立联系。

表 9-1 设备文件

设备	文件流	文件指针
键盘	标准输入	stdin
显示器	标准输出	stdout

在程序中使用 scanf()、printf()函数进行输入输出操作时,实际上是对 stdin 和 stdout 两个文件指针进行操作。文件指针的类型为 FILE,FILE 类型的定义包含在头文件"stdio.h"中。

同样,对磁盘文件的读写也必须先将 FILE 类型的文件指针与磁盘文件建立联系后,再用该文件指针来完成对文件的读写操作。文件指针定义的形式如下。

```
FILE *文件指针名;
```

例如,下面的语句定义了一个文件指针 fp。

```
FILE *fp;
```

9.2.2 用 fopen()函数打开文件

打开文件的作用是将 FILE 类型的文件指针与磁盘文件建立联系,以便后续的读写文件操作。用 fopen()函数打开文件的形式如下。

```
文件指针=fopen("文件名", "文件打开方式");
```

如果 fopen()函数打开文件成功,返回文件缓冲区的首地址,否则返回 NULL(空指针)。其中,文件名如果不指定路径,默认为当前项目源程序所在的文件夹;文件打开方式用来确定对文件进行何种操作(读、写或追加),如表 9-2 所示。

例如,下面语句的功能是以只读方式打开当前项目源程序所在的文件夹中的文本文件"myfile.txt",并使文件指针 fp 指向该文件。

```
fp=fopen("myfile.txt", "rt");
```

表 9-2 文件打开方式

文本文件	二进制文件	打开方式	说明
rt	rb	只读	若指定文件不存在，返回 NULL。打开文件后，只能读取文件中的数据，不能将数据写到文件中
wt	wb	只写	若指定文件存在，则删除原有数据，否则以指定的"文件名"创建一个新文件。打开文件后，只能将数据写到文件中，不能读取文件中的数据
at	ab	追加	若指定文件不存在，则以指定的"文件名"创建一个新文件。打开文件后，只允许在文件尾写数据，不能读取文件中的数据
rt+	rb+	读/写	若指定文件不存在，返回 NULL。打开文件后，可以读取文件中的数据，也可以将数据写到文件中
wt+	wb+	读/写	若指定文件存在，则删除原有数据，否则以指定的"文件名"创建一个新文件。打开文件后，可以读取文件中的数据，也可以将数据写到文件中
at+	ab+	读/追加	若指定文件不存在，则以指定的"文件名"创建一个新文件。打开文件后，可以读取文件中的数据，但只允许在文件尾写数据

下面语句的功能是以只读方式打开 C 盘根目录下的二进制文件"mydata.dat"，并使文件指针 fp 指向该文件，其中"\\"是转义字符，表示一个反斜杠。

```
fp=fopen("c:\\mydata.dat", "rb");
```

C 语言允许同时打开多个文件，不同文件采用不同的文件指针表示，但不允许同一个文件在关闭前被再次打开。

9.2.3 用 fclose()函数关闭文件

当文件操作完成后，应及时关闭它，以防止发生文件数据丢失。用 fclose()函数关闭文件的形式如下。

```
fclose(文件指针);
```

fclose()函数正常完成关闭文件操作后，返回值为 0，若返回非 0 值则表示有错误发生。关闭文件的同时，还将释放文件缓冲区的资源，解除文件指针与磁盘文件之间的联系。此时磁盘文件和文件指针仍然存在，只是文件指针不再指向该磁盘文件，可以将该文件指针与其他磁盘文件建立关联，以实现对新文件的读写操作。

例如，下面语句的功能是关闭文件指针 fp 所关联的文件。

```
fopen(fp);
```

9.3 文件的读写

文件打开之后，就可以对它进行读写了。一般情况下，对文件读写数据的顺序与数据在文件中的物理顺序一致，即顺序读写。

9.3.1 读写文本文件

C 语言为文本文件的读写定义了一系列标准库函数，它们都包含在"stdio.h"文件中。

1. 读写一个字符

fgetc()和 fputc()函数可以实现读写一个字符。
（1）fgetc()函数。函数功能是从文件中读取一个字符，其调用形式如下。

```
变量=fgetc(文件指针);
```

其中，变量可以是 char 型或者整型。如果读取成功，函数返回读取到的字符；如果到达文件尾或者发生错误，返回 EOF。EOF 是 C 语言提供的表示文件尾或者发生错误的一个符号常量，其值通常为-1。
（2）fputc()函数。函数功能是向文件写入一个字符，其调用形式如下。

```
fputc(单个字符, 文件指针);
```

其中，单个字符可以是字符常量、char 型或者整型的变量。如果写入成功，返回写入的字符，否则返回 EOF。

【例 9-1】编写程序，采用每次读取一个字符的方式读取文本文件"f1.txt"（如图 9-2 所示）中的内容显示在屏幕上，同时将所有数字字符写入文本文件"f2.txt"中。

图 9-2　f1.txt 文件

分析：每次只读写一个字符，用 fgetc()和 fputc()函数实现。程序涉及两个文本文件，需要定义两个文件指针实现。此外，在读取字符的过程中，需要判断是否到达文件尾。
示例程序如下。

```
#include <stdio.h>
#include <stdlib.h>                          /*exit()函数包含于stdlib.h*/
int main()
{   FILE *fp1, *fp2;
    char c;                                  /*保存读取的字符*/
    if((fp1=fopen("f1.txt", "rt"))==NULL)    /*文件存放在源程序所在文件夹*/
    {   printf("f1.txt open error!\n");
        exit(1);                             /*程序结束，1表示异常结束*/
    }
```

```c
        if((fp2=fopen("f2.txt","wt"))==NULL)        /*文本文件只写方式*/
        {   printf("f2.txt open error!\n");
            fclose(fp1);                             /*关闭前面打开的 f1.txt 文件*/
            exit(1);
        }
        c=fgetc(fp1);                                /*读取第一个字符*/
        while(c!=EOF)                                /*若未到文件尾,继续循环处理*/
        {   putchar(c);                              /*输出到屏幕上*/
            if(c>='0' && c<='9')
                fputc(c, fp2);                       /*把数字写入 f2.txt 文件*/
            c=fgetc(fp1);                            /*读取下一个字符*/
        }
        fclose(fp1);                                 /*关闭文件*/
        fclose(fp2);
        return 0;
    }
```

程序执行结果如下。

```
I see 3 spiders in the garden. I count them again and again.
I see 5 cats on the floor. They walk out the door.
I see 8 toys on my bed. They are all new and red.
I see 7 stars in the sky. I must sleep. I wave goodbye.
```

此时用 Windows 记事本程序打开"f2.txt"文件,可以看到内容为"3587",如图 9-3 所示。

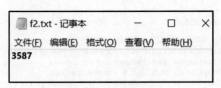

图 9-3 f2.txt 文件

2. 读写一个字符串

fgets()和 fputs()函数可以实现读写一个字符串。

(1) fgets()函数。函数功能是从文件中读取指定长度的一个字符串,其调用形式如下。

```
fgets(存放字符串的首地址, 长度, 文件指针);
```

其中,存放字符串的首地址可以是字符数组名或者字符型指针;长度是整型,最多读取"长度-1"个字符,遇到换行符或者遇到文件尾时停止,并且在字符串末尾自动添加结束标志'\0'。如果读取成功,fgets()函数返回存放字符串的首地址,否则返回 NULL。

(2) fputs()函数。函数功能是向文件写入一个字符串(不含结束标志'\0'),其调用形式如下。

```
fputs(字符串的首地址, 文件指针);
```

其中,字符串的首地址可以是字符数组名、字符型指针变量或字符串常量。如果写入成功，fputs()函数返回 0，否则返回 EOF。

【例 9-2】 编写程序，采用每次读取一个字符串的方式读取文本文件 "f1.txt" 中的内容显示在屏幕上，同时将所有内容复制到文本文件 "f3.txt" 中。

分析：每次读写一个字符串，用 fgets()和 fputs()函数实现。程序涉及两个文本文件，需要定义两个文件指针实现。此外，在读取字符串的过程中，需要使用 feof()函数判断是否到达文件尾，如果到达文件尾，feof()函数返回 1，否则返回 0。

示例程序如下。

```
#include <stdio.h>
#include <stdlib.h>
int main()
{   FILE *fp1, *fp2;
    char str[80];
    if((fp1=fopen("f1.txt", "rt"))==NULL)    /*文本文件只读方式*/
    {   printf("f1.txt open error!\n");
        exit(1);                              /*程序结束，1 表示异常结束*/
    }
    if((fp2=fopen("f3.txt", "wt"))==NULL)    /*文本文件只写方式*/
    {   printf("f3.txt open error!\n");
        fclose(fp1);                          /*关闭前面打开的 f1.txt 文件*/
        exit(1);
    }
    while(!feof(fp1))                         /*若未到文件尾，继续循环读取*/
    {   fgets(str, 80, fp1);                  /*一次最多读取 79 个字符*/
        fputs(str, fp2);                      /*写入另一个文件*/
    }
    fclose(fp1);
    fclose(fp2);
    return 0;
}
```

程序执行结束后，用 Windows 记事本程序打开 "f3.txt" 文件，其内容与 "f1.txt" 完全相同，如图 9-4 所示。

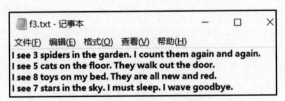

图 9-4　f3.txt 文件

3. 格式化读写

fscanf()和 fprintf()函数可以实现格式化读写。

（1）fscanf()函数。fscanf()函数与前面使用的 scanf()函数的功能相似，都是格式化输入函数，只是多了一个文件指针。两者的区别在于 fscanf()函数读取的是文件的内容，scanf()

函数只能读取键盘输入的内容。fscanf()函数的调用形式如下。

```
fscanf(文件指针, "格式控制字符串", 地址列表);
```

其中，格式控制字符串和地址列表与 scanf()函数完全相同。如果读取成功，fscanf()函数返回读取到的参数个数，否则返回 EOF。

（2）fprintf()函数。fprintf()函数与前面使用的 printf()函数的功能相似，都是格式化输出函数。两者的区别在于 fprintf()函数输出到文件，printf()函数只能输出到显示器屏幕。fprintf()函数的调用形式如下。

```
fprintf(文件指针, "格式控制字符串", 输出列表);
```

其中，格式控制字符串和输出列表与 printf()函数完全相同。如果写入成功，fprintf()函数返回所写入的字符数，否则返回 EOF。

【例 9-3】 编写程序，读取文本文件"student.txt"（如图 9-5 所示）中的保存的以空格分隔的格式化学生信息，并将成绩大于或等于 90 的所有学生信息写入评优文件"standout.txt"中。

图 9-5　student.txt 文件中的格式化学生信息

分析：每个学生的信息包括学号、姓名和成绩，用结构体类型表示，格式化数据的读写用 fscanf()和 fprintf()函数实现。

示例程序如下。

```c
#include <stdio.h>
#include <stdlib.h>
struct student
{   long num;                /*学号*/
    char name[10];           /*姓名*/
    float score;             /*成绩*/
};
int main()
{   FILE *fp1, *fp2;
    struct student a;
    if((fp1=fopen("student.txt", "rt"))==NULL)/*文件存放在源程序所在文件夹*/
    {   printf("student.txt open error!\n");
        exit(1);
    }
    if((fp2=fopen("standout.txt", "wt"))==NULL)
    {   printf("standout.txt open error!\n");
```

```
            fclose(fp1);
            exit(1);
        }
        for(; ;)
        {   /*每次读取一个学生信息,到文件尾结束*/
            if(fscanf(fp1, "%ld%s%f", &a.num, a.name, &a.score)==EOF)
                break;
            if(a.score>=90)          /*成绩≥90 的学生信息格式化写入 standout.txt*/
                fprintf(fp2, "%ld  %-10s  %.1f\n", a.num, a.name, a.score);
        }
        fclose(fp1);
        fclose(fp2);
        return 0;
    }
```

程序执行结束后,用 Windows 记事本程序打开"standout.txt"文件,其内容如图 9-6 所示。

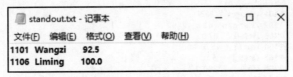

图 9-6 standout.txt 文件中的格式化学生信息

【例 9-4】 编写程序,从键盘输入 3 个学生的信息保存到"student.txt"文件中原有学生信息的后面。

分析:这里需要采用追加方式打开文件,从键盘输入数据用 scanf()函数实现,写入文件用 fprintf()函数实现。

示例程序如下。

```
#include <stdio.h>
#include <stdlib.h>
struct student
{   long num;                /*学号*/
    char name[10];           /*姓名*/
    float score;             /*成绩*/
};
int main()
{   FILE *fp;
    struct student a;
    int i;
    if((fp=fopen("student.txt", "at"))==NULL)      /*追加方式*/
    {   printf("student.txt open error!\n");
        exit(1);
    }
    printf("请输入 3 个学生的学号、姓名和成绩(以空格分隔)\n");
```

```
        for(i=0; i<3; i++)
        {   scanf("%ld%s%f", &a.num, a.name, &a.score);     /*从键盘读入*/
            fprintf(fp, "%ld  %-10s  %.1f\n", a.num, a.name, a.score);
        }
        fclose(fp);
        return 0;
    }
```

程序执行结果如下。

```
请输入 3 个学生的学号、姓名和成绩（以空格分隔）
1107 Yangfan 95
1108 Fengxun 98
1109 Maruirui 88
```

程序执行结束后，用 Windows 记事本程序打开"student.txt"文件，其内容如图 9-7 所示。

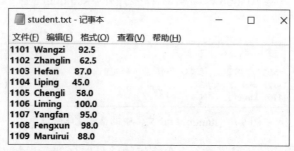

图 9-7　追加 3 个学生后的 student.txt 文件

9.3.2　读写二进制文件

二进制文件是以数据块（指定字节数量）的形式进行读写，读写函数分别是 fread()和 fwrite()。

（1）fread()函数。函数功能是从文件中读取多个数据块，其调用形式如下。

```
fread(存放数据块的首地址，单个数据块的字节数，数据块的个数，文件指针);
```

其中，存放数据块的首地址可以是数组名或指针；单个数据块的字节数和数据块的个数都是整型。如果读取成功，fread()函数返回读取的数据块的个数，否则返回 0。

例如，下面程序段采用一次读取多个数的方式从二进制文件"test1.dat"中读取 10 个 float 型数据存放到数组 a 中。

```
float a[10];
FILE *fp;
int k;
if((fp=fopen("test1.dat", "rb"))==NULL)
    exit(1);
if(fread(a, sizeof(float), 10, fp)!=10)
{   printf("read fail");
```

```
        exit(1);
    }
    fclose(fp);
```

（2）fwrite()函数。fwrite()函数的功能是向文件写入多个数据块，其调用形式如下。

```
fwrite(存放数据块的首地址，单个数据块的字节数，数据块的个数，文件指针);
```

如果写入成功，fwrite()函数返回写入的数据块的个数，否则返回 0。

例如，下面程序段采用一次写入一个整数的方式将数组 a 中的 5 个整数写入二进制文件"test2.dat"中。

```
int a[5]={1,2,3,4,5};
FILE *fp;
int i;
if((fp=fopen("test2.dat", "wb"))==NULL)
    exit(1);
for(i=0; i<5; i++)
    fwrite(&a[i], sizeof(int), 1, fp);
fclose(fp);
```

【例 9-5】 读取"student.txt"文件中的保存的格式化学生信息，同时将所有学生信息写入二进制文件"stud.dat"中，然后在显示器屏幕上输出"stud.dat"文件中的学生信息。

分析：格式化学生信息的读取采用 fscanf()函数实现，二进制文件的读写使用 fread()和 fwrite()函数实现。

示例程序如下。

```
#include <stdio.h>
#include <stdlib.h>
struct student
{   long num;                   /*学号*/
    char name[10];              /*姓名*/
    float score;                /*成绩*/
};
int main()
{   FILE *fp1, *fp2;
    struct student a, *p;
    int i, count=0;                              /*count 学生人数*/
    if((fp1=fopen("student.txt", "rt"))==NULL)   /*文本文件只读*/
    {   printf("student.txt open error!\n");
        exit(1);
    }
    if((fp2=fopen("stud.dat", "wb"))==NULL)      /*二进制文件只写*/
    {   printf("stud.dat open error!\n");
        fclose(fp1);
        exit(1);
    }
```

```
        for( ;  ; )
        { /*读取一个学生信息,到文件尾结束*/
            if(fscanf(fp1, "%ld%s%f", &a.num, a.name, &a.score)==EOF)
               break;
            count++;
            fwrite(&a, sizeof(struct student), 1, fp2);  /*写入二进制文件*/
        }
        fclose(fp1);
        fclose(fp2);
        if((fp2=fopen("stud.dat", "rb"))==NULL)           /*二进制文件只读*/
        {   printf("stud.dat open error!\n");
            exit(1);
        }
        /*分配保存count个学生信息的内存空间*/
        if((p=(struct student *)malloc(count*sizeof(struct student)))==NULL)
        {   fclose(fp2);
            exit(1);
        }
        fread(p, sizeof(struct student), count, fp2);    /*读入所有学生信息*/
        fclose(fp2);
        for(i=0; i<count; i++)
            printf("学号:%ld \t 姓名:%s \t 成绩:%.1f\n",
                      p[i].num, p[i].name, p[i].score);
        free(p);                                          /*释放内存空间*/
        return 0;
    }
```

程序执行结果如下。

```
学号:1101        姓名:Wangzi      成绩:92.5
学号:1102        姓名:Zhanglin    成绩:62.5
学号:1103        姓名:Hefan       成绩:87.0
学号:1104        姓名:Liping      成绩:45.0
学号:1105        姓名:Chengli     成绩:58.0
学号:1106        姓名:Liming      成绩:100.0
学号:1107        姓名:Yangfan     成绩:95.0
学号:1108        姓名:Fengxun     成绩:98.0
学号:1109        姓名:Maruirui    成绩:88.0
```

从这个例子可以看出,二进制文件以数据块的形式进行读写,可以一次读入多个学生的信息,这是文本文件无法实现的,但二进制文件无法用 Windows 记事本程序进行查看或编辑。

程序中用到了两个与动态内存分配相关的函数 malloc()和 free()。动态内存分配函数 malloc()可以在程序运行时根据实际需要分配内存空间。这与数组在定义时必须预先指定所需要的内存空间(即数据元素个数)完全不同。当 malloc()函数分配的内存空间不再需要时,使用 free()函数释放,以优化内存空间的使用。

(1) malloc()函数原型如下。

```
void * malloc(unsigned size);
```

其功能是在内存的动态存储区中分配 size 字节的连续存储单元。如果分配成功,malloc()函数返回指向所分配内存空间的首地址,该地址是一个 void 型的指针,因此需要强制类型转换为所需的类型。如果分配失败,则返回空指针 NULL。

(2) free()函数原型如下。

```
void free(void *p);
```

其功能是释放由 malloc()函数分配的内存空间,指针 p 指向所释放内存空间的首地址。在 C 语言中,动态分配的内存在使用结束后,必须使用 free()函数将其释放掉。

9.3.3 随机读写文件

顺序读写文件比较容易理解,但有时效率不高。例如,即使只想查看第 8 个学生的信息,但必须先逐个读入前面的 7 个学生的信息后,才能获得 8 个学生的信息。随机读写文件可以对任何位置上的数据进行访问,显然这种方法比顺序读写效率高得多。

1. 文件的位置指针

C 语言的文件设置了位置指针,用来指示"接下来要读写的字符(字节)的位置"。一般情况下,打开文件后,位置指针指向文件头,每次读写操作结束后,位置指针自动向后移动一个位置,直到文件尾结束。

实际上,对流式文件既可以进行顺序读写,也可以进行随机读写,关键在于控制位置指针。如果能将位置指针移动到指定的位置,就可以实现随机读写。

2. 移动位置指针

rewind()和 fseek()函数都可以强制使位置指针移动到指定的位置。

(1) rewind()函数。rewind()函数的功能是把文件的位置指针移动到文件头,无返回值,其调用形式如下。

```
rewind(文件指针);
```

(2) fseek()函数。fseek()函数的功能是将文件位置指针移动到指定的位置,其调用形式如下。

```
fseek(文件指针, 偏移的字节数, 起始位置);
```

如果移动成功,fseek()函数返回 0,否则返回非 0 值。其中,偏移的字节数是 long 型,正数从起始位置向后移,负数从起始位置向前移。起始位置可以用 0、1、2 或者符号常量 SEEK_SET、SEEK_CUR、SEEK_END 表示,其含义如下。

- 0 (SEEK_SET):文件头。
- 1 (SEEK_CUR):当前位置。

- 2（SEEK_END）：文件尾。

例如，分析下面的 fseek()函数调用语句。

```
fseek(fp, 100L, 0);           /*将位置指针移动到从文件头开始向后100字节处*/
fseek(fp, 120L, 1);           /*将位置指针移到从当前位置开始向后120字节处*/
fseek(fp, -20, SEEK_END);     /*将位置指针移到从文件尾开始向前20字节处*/
```

3. 获得位置指针的偏移字节数

ftell()函数的功能是计算当前位置指针相对于文件头的偏移字节数（long 型），其调用形式如下。

```
ftell(文件指针);
```

例如，分析下面的程序段。

```
long loc;
fseek(fp, 100L, 0);           /*将位置指针移动到从文件头开始向后100字节处*/
loc=ftell(fp);                /*当前位置相对于文件头的偏移字节数一定是100*/
```

4. 随机读写文件

有了 rewind()和 fseek()函数移动位置指针，就可以实现随机读写文件了，一般情况下，随机读写主要针对二进制文件，与 fwrite()和 fread()函数配合使用。

【例 9-6】 读取二进制文件"stud.dat"中第 2 个、第 5 个和第 8 个学生的信息（包含学号、姓名和成绩）并输出到显示器屏幕上。

分析：采用 fseek()和 fwind()函数定位学生信息的位置，使用 fread()函数读取学生信息，printf()函数输出数据到显示器屏幕。

示例程序如下。

```
#include <stdio.h>
#include <stdlib.h>
struct student
{   long num;                 /*学号*/
    char name[10];            /*姓名*/
    float score;              /*成绩*/
};
int main()
{   FILE *fp;
    struct student a;
    if((fp=fopen("stud.dat", "rb"))==NULL)        /*二进制文件只读*/
    {   printf("stud.dat open error!\n");
        exit(1);
    }
    fseek(fp, sizeof(struct student), 0);                 /*位置指针移到第2个学生处*/
    fread(&a, sizeof(struct student), 1, fp);             /*读取学生信息并输出*/
    printf("学号:%ld \t 姓名:%s \t 成绩:%.1f\n", a.num, a.name, a.score);
```

```
        rewind(fp);                                       /*位置指针移到文件头*/
        fseek(fp, 4*sizeof(struct student), 0);           /*位置指针移到第 5 个学生处*/
        fread(&a, sizeof(struct student), 1, fp);
        printf("学号:%ld \t 姓名:%s \t 成绩:%.1f\n", a.num, a.name, a.score);
        fseek(fp, 2*sizeof(struct student), 1);           /*位置指针移到第 8 个学生处*/
        fread(&a, sizeof(struct student), 1, fp);
        printf("学号:%ld \t 姓名:%s \t 成绩:%.1f\n", a.num, a.name, a.score);
        fclose(fp);
        return 0;
    }
```

程序执行结果如下。

```
学号:1102          姓名:Zhanglin     成绩:62.5
学号:1105          姓名:Chengli      成绩:58.0
学号:1108          姓名:Fengxun      成绩:98.0
```

9.4 文件应用示例

【例 9-7】 在第 8 章例 8-7 电话号码簿管理程序的基础上,将电话号码簿用文本文件的形式永久保存在磁盘上,方便以后使用。

分析:创建一个文本文件"contacts.txt"(如图 9-8 所示)来保存联系人信息,以方便进行维护。在程序开始时读入文件中保存的联系人,程序结束前将添加或删除后的所有联系人写入该文件中保存。这里需要增加两个函数分别实现文件的读取(readfile()函数)和写入(savefile()函数)。

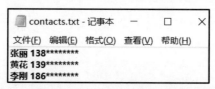

图 9-8 contacts.txt 文件中存储的格式化联系人信息

这里只给出了 readfile()和 savefile()函数,以及 main()函数中与这两个函数调用相关的部分,其他程序部分不变。

```
    ...
    /*函数声明*/
    int append(struct Tel telList[], int *len, struct Tel newtel);   /*添加*/
    int del(struct Tel telList[], int *len, char name[]);            /*删除*/
    int find(struct Tel telList[], int len, char name[]);            /*查找*/
    void prttel(struct Tel telList[], int len);                      /*输出*/
    int readfile(struct Tel telList[]);                              /*读文件*/
    void savefile(struct Tel telList[], int len);                    /*写文件*/
    int main()                                                       /*主函数*/
    {   int  choice, len=0;
```

```
            char  name[10];
        struct  Tel telList[MAXSIZE];
        len=readfile(telList);                    /*读入文件中存储的联系人*/
        while(1)
        {   printf("功能菜单:\n 1:添加\n 2:删除\n 3:查询\n 4:输出\n 0:退出\n");
            printf("请选择:");
            scanf("%d", &choice);
            switch(choice)
            {   case 1:  …
                case 2:  …
                case 3:  …
                case 4:  …
                case 0:  savefile(telList, len);      /*所有联系人写入文件中*/
                         return 0;
                default: continue;
            }
        }
    }
    /*函数定义, append()、del()、find()、prttel()函数代码不变*/
    /*读入 contacts.txt 文件中保存的联系人, 返回实际读入的联系人数量*/
    int  readfile(struct Tel telList[])
    {   int i=0;
        FILE *fp;
        if((fp=fopen("contacts.txt", "rt"))!=NULL)
        {
            for(i=0; i<MAXSIZE; i++)                  /*最多读取 MAXSIZE 个联系人*/
                if(fscanf(fp,"%s%s",telList[i].name,telList[i].telno)==EOF)
                    break;
            fclose(fp);                               /*关闭文件*/
        }
        return i;                                     /*实际联系人个数*/
    }
    /*将所有联系人写入 contacts.txt 文件中保存*/
    void  savefile(struct Tel telList[], int len)
    {   int length=len,i;
        FILE *fp;
        if((fp=fopen("contacts.txt", "wt"))!=NULL)
        {   for(i=0; i<length; i++)
                fprintf(fp,"%s %s\n", telList[i].name, telList[i].telno);
            fclose(fp);
        }
    }
```

读者可以自己执行程序,分析执行结果。

【例 9-8】 已知学生信息的结构体类型定义如下,编写程序,根据用户输入的序号,读取二进制文件"stud.dat"中对应序号的学生信息并输出到显示器屏幕上。

```
struct student
{   long num;                   /*学号*/
    char name[10];              /*姓名*/
    float score;                /*成绩*/
};
```

分析：这里并未明确二进制文件中存储的学生人数，因此需要先计算出学生人数。计算方法是利用 ftell()函数获得整个文件的字节数，将该字节数除以每个学生信息占用的字节数即可得到学生人数。

示例程序如下。

```
#include <stdio.h>
#include <stdlib.h>
struct student
{   long num;                   /*学号*/
    char name[10];              /*姓名*/
    float score;                /*成绩*/
};
int main()
{   FILE *fp;
    struct student a;
    long length, count;              /*length 为文件字节数，count 为学生人数*/
    int sn;                          /*sn 查看的学生序号*/
    if((fp=fopen("stud.dat", "rb"))==NULL)
    {   printf("stud.dat open error!\n");
        exit(1);
    }
    fseek(fp, 0, SEEK_END);                           /*位置指针移动到文件尾*/
    length=ftell(fp);                                 /*文件总字节数*/
    count=length/sizeof(struct student);              /*计算学生人数*/
    printf("共有%ld 个学生，请输入想查看的学生序号：", count);
    scanf("%d", &sn);
    rewind(fp);                                       /*位置指针移到文件头*/
    fseek(fp, (sn-1)*sizeof(struct student), 0);      /*移到第 sn 个学生处*/
    fread(&a, sizeof(struct student), 1, fp);
    printf("学号:%ld \t 姓名:%s \t 成绩:%.1f\n", a.num, a.name, a.score);
    fclose(fp);
    return 0;
}
```

程序执行结果如下。

```
共有 9 个学生，请输入想查看的学生序号：5
学号:1105        姓名:Chengli      成绩:58.0
```

习题

一、填空题

1．C 语言中调用_____函数打开文件，调用_____函数关闭文件。
2．feof()函数用来判断_____。
3．打开文件后，文件的位置指针默认在_____。随着文件的读/写操作，位置指针向_____移动。若需要将位置指针重置于文件的开头位置，可调用_____函数；若需要将文件的位置指针指向文件中倒数第 20 字节处，可调用_____函数。
4．从文件中读一个字符，可调用_____函数；从文件中读一个字符串，可调用_____函数；向文件写字符，可调用_____函数，向文件写字符串，可调用_____函数。
5．从文件中读数据块，使用_____函数；向文件写数据块，使用_____函数。

二、选择题

1．从编码的角度进行分类，文件可以分为（　　）。
　　A．程序文件和数据文件　　　　B．磁盘文件和设备文件
　　C．二进制文件和文本文件　　　D．顺序文件和随机文件
2．下面对文件打开方式的描述正确的是（　　）。
　　A．用"rt"方式打开的文件只能向文件写数据
　　B．用"wt"方式可以创建和打开不存在的文件
　　C．二进制文件必须用"at"方式打开
　　D．无论以什么方式打开文件，都不能同时对文件进行读写操作
3．函数 fgets(str, n, fp)的功能是（　　）。
　　A．从 fp 指向的文件中读取长度为 n 的字符串存入 str 字符数组
　　B．从 fp 指向的文件中读取长度不超过 n-1 的字符串存入 str 字符数组
　　C．从 fp 指向的文件中读取长度为 n-1 的字符串存入 str 字符数组
　　D．从 fp 指向的文件中读取 n 个字符串存入 str 字符数组
4．使用 fseek()函数移动位置指针时，以下（　　）参数代表从文件头开始移动。
　　A．SEEK_SET　　B．SEEK_CUR　　C．SEEK_END　　D．SEEK_BEGIN
5．ftell()函数的返回值是（　　）。
　　A．文件的大小　　　　　　　　B．位置指针的当前位置
　　C．文件尾的位置　　　　　　　D．文件头的位置

三、编程题

1．从键盘输入一个字符串，将字符串的小写字母全部转换成大写字母，并写入文本文件"f1.txt"中进行保存。

2. 从键盘输入一组学生的信息，包括学号、姓名和成绩，将输入的信息保存到文本文件"student.txt"中，直到输入的学号为 0 结束。

3. 根据第 2 题中生成的文件"student.txt"，从中读取学生的信息，按照学生的成绩排序，将排序后的结果写入二进制文件"stud.dat"中。

4. 根据第 3 题中生成的二进制文件"stud.dat"，从键盘输入想要查看的学生序号，读取对应序号的学生信息并输出到显示器屏幕上。

第 10 章

编译预处理

编译预处理是指在编译源程序之前,由预处理程序对源程序进行加工处理的过程,主要目的是为编译做准备。使用编译预处理可以提高程序的可读性和可维护性。编译预处理的主要功能有宏定义、文件包含和条件编译等。

学习目标
- 理解编译预处理的功能。
- 掌握宏定义、文件包含和条件编译的语法规则。
- 能够使用编译预处理命令进行程序设计。

10.1 认识编译预处理

编译预处理的主要功能有宏定义、文件包含和条件编译三种，分别使用宏定义命令、文件包含命令和条件编译命令来实现。

（1）宏定义是用一个标识符来表示一个字符串，这个字符串可以是常量、变量或表达式。

（2）文件包含用来把多个源文件连接成一个源文件进行编译，从而使最终生成的目标文件只有一个。

（3）条件编译允许只编译源程序中满足条件的程序段，使生成的目标程序较短，从而能够减少内存的开销，提高程序效率。

在源程序中，编译预处理命令通常放在最前面，每条命令独占一行，一律以"#"开头。在前面各章中，已多次使用过以"#"号开头的编译预处理命令，例如，文件包含命令"#include"，宏定义命令"#define"等。

需要注意的是，这些编译预处理命令不是 C 语句，也不属于 C 语言本身的组成部分，不能直接对它们进行编译，因此需要进行预处理。例如，源程序中用"#include <stdio.h>"命令包含了头文件"stdio.h"，则在编译预处理时将用"stdio.h"文件的内容替换该命令，替换之后才能进行编译。

10.2 宏定义

宏定义是 C 语言中的一种编译预处理命令，用于将一个标识符定义为一个字符串，这个标识符称为宏名。在编译预处理时，对程序中所有出现的宏名，都用宏定义中的字符串进行替换，这个过程称为宏展开或宏代换。宏定义命令"#define"分为无参数和带参数两种。

1. 无参数宏定义

无参数宏定义命令的一般形式如下。

```
#define  宏名  字符串
```

其中，宏名应符合标识符命名规则，字符串可以是常量、变量或表达式。在编译预处理时，程序中所有出现该宏名的位置都用相应的字符串替换。通常宏名用大写字母表示，以便于与其他标识符进行区分。

例如，有下面的宏定义，则在程序中可以使用标识符 PI。编译预处理后，程序中所有的 PI 都被替换为 3.1415926。

```
#define  PI  3.1415926
```

【例 10-1】 无参数宏定义示例。
示例程序如下。

```
#include <stdio.h>              /*文件包含*/
#define M  y+y                  /*宏定义*/
#define N  (y*y)                /*宏定义*/
int main()
{   int f, y;
    printf("请输入 y 的值: ");
    scanf("%d", &y);
    f=3*M+4*N;                  /*宏代换后 f=3*y+y+4*(y*y)*/
    printf("f=%d\n", f);
    return 0;
}
```

程序执行结果如下。

```
请输入 y 的值: 5
f=120
```

程序执行结果分析如下。

（1）宏代换只是宏名与字符串的简单替换。如程序中 3*M 直接替换成 3*y+y，4*N 直接替换成 4*(y*y)。因此，有必要在字符串的适当位置增加圆括号。

（2）编译预处理不做任何语法检查。如有语法错误，只能在编译时发现。

2. 带参数宏定义

带参数宏定义的形式与函数定义相似，宏定义中带有形式参数，其一般形式如下。

```
#difine   宏名(形参列表)   字符串
```

例如，有下面的宏定义，目的是计算两个形式参数的乘积的平均值。

```
#define  AVG1(x,y)   (x*y)/2
#define  AVG2(x,y)   ((x)*(y))/2
```

在字符串中给各个参数适当增加圆括号是很有必要的。在程序中如果使用了 AVG1(a+3, b)，则编译预处理后将被替换为(a+3*b)/2，显然不是预想的结果。如果使用了 AVG2(a+3, b)，则编译预处理后将被替换为((a+3)*(b))/2，这才是真正想要的结果。这两个宏定义的参数完全相同，但宏代换后的结果完全不同，原因是宏代换只是字符串的简单替换。此外，编译预处理也不做参数的匹配检查，也不会为参数分配内存空间。

【例 10-2】 带参数宏定义示例。

示例程序如下。

```
#include <stdio.h>                    /*文件包含*/
#define MAX(a,b)  (a)>(b)?(a):(b)     /*宏定义*/
int main()
{   int x, y, max1, max2;
    printf("请输入两个整数: ");
    scanf("%d%d", &x, &y);
```

```
        max1=MAX(x, y);            /* 宏代换后 max1=(x)>(y)?(x):(y)  */
        max2=MAX(x*3, y*4);        /* 宏代换后 max2=(x*3)>(y*4)?(x*3):(y*4) */
        printf("max1=%d\n", max1);
        printf("max2=%d\n", max2);
        return 0;
    }
```

程序执行结果如下。

```
请输入两个整数：10  8
max1=10
max2=32
```

10.3 文件包含

文件包含的功能是把指定的文件插入该命令行所在的位置，从而把指定的文件和当前的源程序文件连成一个源文件。文件包含命令"#include"有尖括号和双引号两种形式。

```
#include <文件名>
#include "文件名"
```

用尖括号括起来的是标准形式，编译预处理程序会在系统默认的文件夹中查找被包含的文件，适用于嵌入系统提供的头文件。用双引号括起来的形式，编译预处理程序首先在当前源程序文件所在的文件夹中查找被包含的文件，若未找到才去系统默认的文件夹中查找，这种方式适用于嵌入编程人员自己创建的头文件。例如，下面的文件包含命令都是正确的。

```
#include <stdio.h>
#include "myhead.h"            /*myhead.h是编程人员自己创建的头文件*/
```

10.4 条件编译

通常情况下，源程序中的所有语句都将被编译，但有时希望源程序中的某部分语句只在满足某种条件时才能被编译，而没有被编译的部分就像不存在一样，使得不同条件下所生成的可执行文件的功能完全不同。这时就需要使用条件编译命令。条件编译命令包括"#if""#else""#ifdef""#ifndef""#endif"和"#undef"等。条件编译有三种形式。

（1）形式一：#ifdef-#else-#endif。

```
#ifdef   宏名
     程序段一
#else
     程序段二
#endif
```

在形式一中，如果宏名已被"#define"命令定义过，则对程序段一进行编译，否则对程序段二进行编译。如果没有程序段二，"#else"可以省略。

（2）形式二：#ifndef-#else-#endif。

```
#ifndef  宏名
    程序段一
#else
    程序段二
#endif
```

形式二将"#ifdef"改为"#ifndef"。如果宏名未被"#define"命令定义过，则对程序段一进行编译，否则对程序段二进行编译。这与形式一正好相反。在源程序中可以使用"#undef"命令来取消"#define"定义的宏名，这样就可以根据需要定义或取消宏名。

（3）形式三：#if-#else-#endif。

```
#if 常量表达式
    程序段一
#else
    程序段二
#endif
```

在形式三中，如果常量表达式的值为真（非0），则对程序段一进行编译，否则对程序段二进行编译。

条件编译命令"#if"与选择结构中的if语句是不同的。前者使编译程序只对源程序的一部分进行编译并产生目标代码，而后者则会被编译程序全部编译为目标代码，在程序执行过程中控制程序中的流程。所以前者生成的目标代码一般比后者少。

【例10-3】 条件编译示例。

示例程序如下。

```
#include <stdio.h>                              /*文件包含*/
#define R 1                                     /*宏定义*/
int main()
{   float r, c, s;
    #if R==1                                    /*条件编译*/
        printf("请输入圆的半径：");
        scanf("%f", &r);
        c=3.14159*r*r;
        printf("圆的面积是：%f\n", c);
    #else
        printf("请输入正方形的边长：");
        scanf("%f", &r);
        s=r*r;
        printf("正方形的面积是：%f\n", s);
    #endif
    return 0;
}
```

程序执行结果如下。

```
请输入圆的半径: 5
圆的面积是: 78.539749
```

在程序中有宏定义 R 为 1，因此在条件编译时，常量表达式（R==1）的值为真，故将程序编译为计算并输出圆面积。读者可以将 R 定义为 0，重新执行程序，验证结果是否是计算并输出正方形的面积。

同样的程序功能，用"#ifdef"实现的示例程序如下。

```
#include <stdio.h>                    /*文件包含*/
#define  R                            /*宏定义*/
int main()
{    float r, c, s;
    #ifdef R
        printf("请输入圆的半径: ");
        scanf("%f", &r);
        c=3.14159*r*r;
        printf("圆的面积是: %f\n", c);
    #else
        printf("请输入正方形的边长: ");
        scanf("%f", &r);
        s=r*r;
        printf("正方形的面积是: %f\n", s);
    #endif
    return 0;
}
```

在程序中有宏定义 R，因此在条件编译时，将程序编译为计算并输出圆面积。读者可以将宏定义 R 的命令删除，重新执行程序，验证结果是否是计算并输出正方形的面积。

10.5 编译预处理应用示例

【例 10-4】 在第 9 章例 9-7 电话号码簿管理程序的基础上，使用条件编译命令，使得通过宏名来控制最终的可执行文件是否使用文本文件来存储电话号码簿。

分析：将所有与文本文件操作相关的语句放到#ifdef RWFILE 与#endif 之间。在程序开始处通过"#define RWFILE"命令来控制是否使用文本文件。

这里只给出了主要的语句部分，其他程序部分不变。

```
...
#define RWFILE                /*宏定义 RWFILE，如果没有宏定义，则不使用文件*/
...
/*函数声明*/
#ifdef RWFILE                 /*若定义了 RWFILE，则使用与文件相关的这两个函数*/
    int  readfile(struct Tel telList[]);         /*读文件*/
```

```
            void  savefile(struct Tel telList[], int len);    /*写文件*/
#endif
int main()                                                    /*主函数*/
{   int  choice, len=0;
    char  name[10];
    struct  Tel telList[MAXSIZE];
    #ifdef RWFILE
        len=Readfile(telList);                    /*若定义了RWFILE,则读入文件*/
    #endif
     while(1)
    {   printf("功能菜单:\n 1:添加\n 2:删除\n 3:查询\n 4:输出\n 0:退出\n");
        printf("请选择:");
         scanf("%d", &choice);
        switch(choice)
        {   case 1:   …
            case 2:   …
            case 3:   …
            case 4:   …
            case 0:
                #ifdef RWFILE                     /*若定义了RWFILE,则写入文件*/
                    Savefile(telList, len);
                #endif
                return 0;
            default: continue;
        }
    }
}

/*函数定义*/
#ifdef RWFILE                    /*若定义了RWFILE,则使用与文件相关的这两个函数*/
    int  Readfile(struct Tel telList[])
    {  …  }
    void  Savefile(struct Tel telList[], int len)
    {  …  }
#endif
```

通过是否使用"#define RWFILE"命令,读者可以分别编译程序,分析执行结果。

习题

一、填空题

1. 设有以下宏定义:

```
#define WIDTH 80
#define LENGTH1  WIDTH+40
```

```
#define LENGTH2  (WIDTH+40)
```

则执行下面的程序段后，k1 的值是_____，k2 的值是_____。

```
int k1, k2;
k1=LENGTH1*20;
k2=LENGTH2*20;
```

2. 设有以下宏定义：

```
#define SQ(x)    ((x)*(x))
#define CUBE(x)  (SQ(x)*(x))
#define FIFH(x)  (SQ(x)*CUBE(x))
```

则表达式 n+SQ(n)+ CUBE(n)+FIFH(n) 将被替换成_____。

3. 下面程序段的执行结果是_____。

```
#define SELECT(a, b)   a < b ? a : b
int main()
{   int m=2, n=4;
    printf("%d\n", SELECT(m, n));
    return 0;
}
```

4. 下面程序段的执行结果是_____。

```
#define A   4
#define B(x)   A*x/2
int main()
{   float c, a=4.5;
    c=B(a);
    printf(" %5.1f\n", c);
    return 0;
}
```

5. 下面程序段的执行结果是_____。

```
# define  DEBUG
int main()
{   float a=20, b=10, c;
    c=a/b;
    #ifndef DEBUG
        printf("a=%f, b=%f,", a, b);
    #endif
    printf("c=%f\n", c);
    return 0;
}
```

二、选择题

1. 以下关于编译预处理的叙述中错误的是（　　）。
   A. 编译预处理命令行必须以"#"开始
   B. 一条有效的编译预处理命令必须单独占据一行
   C. 编译预处理命令行只能位于源程序中所有语句之前
   D. 编译预处理命令不是 C 语言本身的组成部分

2. 以下关于宏的叙述中正确的是（　　）。
   A. 宏名必须用大写字母表示　　　　B. 宏代换时要进行语法检查
   C. 宏代换不占用程序执行时间　　　D. 宏名必须用小写字母表示

3. C 语言的编译系统对宏定义命令的处理是（　　）。
   A. 在程序执行时进行的
   B. 和 C 程序中的其他语句同时进行编译的
   C. 在程序连接时进行的
   D. 在对源程序中其他成分正式编译之前进行的

4. 以下叙述正确的是（　　）。
   A. C 语言的编译预处理功能是指完成宏代换
   B. 编译预处理命令只能位于 C 源程序文件的首部
   C. C 源程序中凡是行首以"#"开始的行都是编译预处理命令
   D. C 语言的编译预处理就是对源程序进行初步的语法检查

5. 条件编译命令"#if"和"#ifdef"的主要区别是（　　）。
   A. "#if"用于处理表达式，而"#ifdef"用于检查宏是否定义
   B. "#ifdef"可以检查宏的值，而"#if"只能检查宏是否定义
   C. "#if"只能用于数字比较，而"#ifdef"可以用于字符串比较
   D. "#ifdef"和"#if"完全一样

三、编程题

1. 定义一个宏，用来计算三个参数中的最小值。在主函数中任意输入 3 个数，使用该宏定义求这 3 个数的最小值。

2. 定义一个宏，用来判断整数 x 是否能被 n 整除。在主函数中任意输入一个整数，使用该宏定义验证其是否能同时被 3 和 7 整除。

3. 编写一个名为"myhead.h"的头文件，并将其用文件包含命令包含到你的程序文件中使用。

4. 用条件编译实现，输入一行电报文字后，有两种输出方式：一种是原文输出；另一种是将英文字母加密后输出（如'a'变成'b'，'b'变成'c'，…，'y'变成'z'，'z'变成'a'），其他字符原文输出。用"#define"命令来控制是否要加密。加密输出则用"#define CHANGE 1"，原文输出则用"#define CHANGE 0"。

第 11 章

面向对象程序设计

CHAPTER 11

面向对象程序设计是当前进行软件设计开发的重要方法，其核心概念是类和对象，具有封装、继承和多态三大特征。Windows 窗体应用程序设计是典型的面向对象程序设计。本章以图书借阅系统窗体应用程序设计为例，为读者进一步深入学习面向对象程序设计打下基础，可作为读者进阶学习其他相关教程的基石。

学习目标
- 掌握类和对象的概念。
- 掌握访问修饰符的作用以及类的封装、继承和多态。
- 了解窗体应用程序的创建步骤。
- 掌握窗体及常用控件的常用属性和事件。
- 通过图书借阅系统示例，熟悉 Windows 窗体应用程序的开发过程。

🔑 11.1 认识类和对象

类是对现实世界的抽象，是一种封装了数据和方法（C 语言称为函数）的自定义类型；对象是类的实例化，可视为类的变量。本章中所有的类和对象都是采用 VS2022 中的 C#语言实现。C#（读作 C Sharp）是在 C/C++基础上发展而来，是完全基于面向对象思想的语言，其语法风格与 C/C++非常相似。此外，基于.NET 框架的 C#简单易学，可以大大降低软件开发的复杂度，可用来开发 Windows 窗体、Web 应用、手机 App 等各种应用程序。

11.1.1 类

类是面向对象程序设计的基础，在 C#中，类是一种数据类型，是用于定义对象的模板。C#类定义的一般形式如下。

```
访问修饰符 class 类名
{
    成员(包括字段、属性、构造方法、成员方法等);
}
```

C#类定义的关键字是 class，类定义通常包括以下几个部分：

（1）访问修饰符。类的访问范围，常用的访问修饰符有 public（任何程序均可访问）和 internal（只能在当前程序集中访问）。

（2）类名。类的唯一标识符，类名通常以大写字母开头。

（3）字段。类中的数据成员，用于存储数据，可以是任何类型。

（4）属性。类中的数据成员，提供了更高级的访问控制和数据封装。通过属性，可以对字段的读（get）和写（set）进行控制，以隐藏字段的实现细节。

（5）构造方法。也称为构造函数，用于初始化对象，设置对象的字段和属性值；构造方法名必须和类名相同，且没有返回值。

（6）成员方法。类中的函数，每个方法实现一个功能，可以访问和修改对象的字段和属性值。

例如，定义一个 Person 类如下，其中以"//"开始的内容是注释信息。

```
public class Person
{   //字段，手机号码，默认值-1，private 只允许在类的内部访问
    private string _CellPhone="-1";
    //属性的简约设置方式：姓名，可读（get）可写（set），public 在类的内部和外部均可访问
    public string Name{get; set;}=null;              //C#中 null 必须小写
    //构造方法
    public Person() { }
    public Person(string name, String Phone)         //构造方法重载
    {   Name=name;                                   //设置对象的字段和属性值
        _CellPhone=Phone;
    }
```

```
        //成员方法
        public void SayHello()
        {    //利用 Windows 消息框显示信息
            MessageBox.Show("你好!\n 我叫"+Name+"\n 我的联系电话是"+_CellPhone);
        }
    }
```

其中，Person 是类名，包含了一个字段、一个属性、2 个构造方法和一个成员方法。

类与结构体很相似，它们都是自定义数据类型，可以拥有各种类型的成员，可用于定义变量（对象）、函数等。但是结构体没有访问修饰符，里面的成员都是公开可访问的，也不能拥有用函数表示的方法。

11.1.2 对象

定义一个类之后，就可以创建该类的对象，也称为类的实例化。通过 new 关键字后跟类名来创建对象。例如下面语句使用不同的构造方法来创建 Person 类的对象，然后调用对象的 SayHello()方法。

```
Person per1=new Person();
Person per2=new Person("张晓晓","136xxxxxxxx");
per1.SayHello();
per2.SayHello();
```

不同构造方法创建的对象的 SayHello()方法的执行结果如图 11-1 所示。

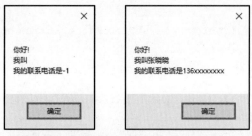

图 11-1 不同构造方法创建的对象的 **SayHello()方法的执行结果**

创建对象后，系统会为对象分配内存空间，对象可视为一个变量。通过对象的引用，可以访问对象的属性和方法，也可以修改对象的字段值。当一个对象不再被引用时，.NET 框架会自动回收该对象所占用的内存空间，以避免内存泄漏。这个过程是由 C#的垃圾回收机制自动完成，正因如此，C#创建的类往往不需要创建用于释放对象的析构函数（关于析构函数，有兴趣的读者可参阅其他面向对象的相关书籍）。

11.1.3 类的封装

类的封装是指将对象的字段、属性和方法结合为一个整体，并尽可能隐藏对象的内部实现细节和复杂性。封装的目的是增强安全性和简化编程，使用者不必了解类的具体实现细节，而只需访问类对外提供的接口，以特定的访问权限来使用类的成员。

C#中通过访问修饰符来实现类的封装。访问修饰符主要包括 private、public、protected 和 internal，用来控制类内部各个字段、属性、方法的访问范围。

（1）private（私有的）：访问范围只限于类内，作用是掩藏。
（2）public（公有的）：类内及类外均可访问，作用是对外部提供访问接口。
（3）protected（受保护的）：类内及其派生类内可以访问。
（4）internal：访问范围只限于同一程序集。

11.1.4 类的继承与派生

类的继承是指一个类继承另一个类的字段、属性和方法。被继承的类称为父类或基类，继承的类称为子类或派生类。通过类的继承，基于已有的类可以快速构建新类，不需要从零开始。派生类除了继承基类的字段、属性和方法外，还可以加入自己特有的字段、属性和方法，也可以改写基类中的方法。C#类继承的一般形式如下。

```
访问修饰符 class 派生类名 ： 基类名
{
    派生类新增加的成员；
}
```

例如，基于前面定义的 Person 类生成一个派生类 Employee 表示员工。

```
public class Employee : Person
{   //在 Person 类基础上增加属性 Company 工作单位
    public string Company{get; set;};
    //构造方法
    public Employee(string name,string Phone,string cpy):base(name, Phone)
    {
        Company=cpy;
    }
    //改写 Person 中的成员方法，必须使用关键字 override，但只能改写基类中的虚方法
    public override void SayHello()
    {   MessageBox.Show("你好!\n 我叫"+Name+"\n 我的工作单位是"+Company);
    }
}
```

11.1.5 类的多态

多态指的是同一类事物根据具体类的不同而呈现出不同的形态，其目的是为了在不知道对象具体类的情况下使用统一的方式处理对象。

在 C#中，实现多态有虚方法、抽象类和接口三种方式，这里仅介绍虚方法。虚方法是实现多态的一种常见方式，通过在基类中使用关键字 virtual 定义虚方法，然后在派生类中使用关键字 override 改写虚方法来实现多态。

例如，下面的基类 Person 中将 SayHello()方法定义为虚方法，在以 Person 为基类的两个派生类 Employee（员工）和 SelfEmployee（自由职业者）中改写了该虚方法。

```
public class Person                                  //Person 类
{   private string _CellPhone;
    public string Name{get; set;}
    public Person(String name, String Phone)
    {   Name=name;
        _CellPhone=Phone;
    }
    //虚方法
    public virtual void SayHello()
    {   MessageBox.Show("你好!\n 我叫"+Name+"\n 我的联系电话是"+_CellPhone);
    }
}
//派生类 Employee: 基类 Person
public class Employee : Person
{   //在基类基础上增加属性 Company 工作单位
    public string Company{get; set;}
    //构造方法
    public Employee(string name,String Phone,String cpy):base(name, Phone)
    {   Company=cpy;
    }
    //改写基类中的虚方法，必须使用关键字 override
    public override void SayHello()
    {   MessageBox.Show("你好!\n 我叫"+Name+"\n 我的工作单位是"+Company);
    }
}
//派生类 SelfEmployee: 基类 Person
public class SelfEmployee : Person
{   //在基类基础上增加属性 Addr 家庭住址
    public string Addr{get; set;}
    //构造方法
    public SelfEmployee(string name,String Phn,String adr):base(name,Phn)
    {   Addr=adr;
    }
    //改写基类中虚方法，必须使用关键字 override
    public override void SayHello()
    {   MessageBox.Show("你好!\n 我叫"+Name+"\n 我的家庭住址是"+Addr);
    }
}
```

可以定义一个通用的方法 PrintOut()来输出 Person 类对象的信息。

```
public void PrintOut(Person per)
{   per.SayHello();
}
```

下面语句分别创建了 Person 类、Employee 类和 SelEmployee 类的对象，然后调用 PrintOut()方法输出各个对象的信息。

```
Person per1=new Person("赵欣欣", "136xxxxxxxx");
Employee per2=new Employee("李小明", "138xxxxxxxx", "人工智能学院");
SelfEmployee per3=new SelfEmployee("王莉莉", "139xxxxxxxx", "北京市昌平区");
PrintOut(per1);
PrintOut(per2);
PrintOut(per3);
```

同一个方法不同对象的执行结果如图 11-2 所示。

图 11-2　同一个方法不同对象的执行结果

多态使得无论是 Person 类、Employee 类还是 SelfEmployee 类的对象，都可以看作是基类 Person 的对象进行处理。但实际上，Person 类对象输出的是联系电话、Employee 类对象输出的是工作单位，SelfEmployee 类对象输出的是家庭住址，执行结果完全不同。

11.1.6　在 C#中验证类和对象的执行结果

类和对象设计完成后，可以在 C#的 Windows 窗体应用程序中验证类和对象的执行结果。具体操作步骤如下。

（1）创建新项目。

① 在主窗口菜单栏中选择"文件→新建→项目"，打开如图 11-3 所示的"创建新项目"

图 11-3　"创建新项目"对话框

对话框。在列表中选择 C#的"Windows 窗体应用",单击"下一步"按钮。

② 在图 11-4 所示的"配置新项目"对话框中输入项目名称(默认以 WinFormApp1 开头),确定项目的保存位置以及解决方案名称后,单击"下一步"按钮。

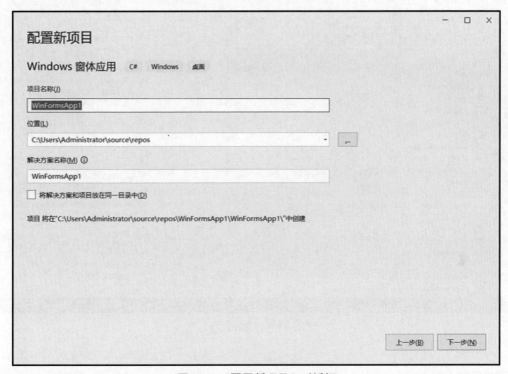

图 11-4 "配置新项目"对话框

③ 在图 11-5 所示的"其他信息"对话框中选择框架为".NET 8.0(长期支持)",单击"创建"按钮。

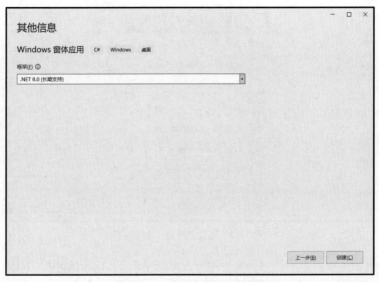

图 11-5 "其他信息"对话框

④ 新项目创建成功后，自动被打开，如图 11-6 所示，同时自动创建了一个名为 Form1 的窗体。

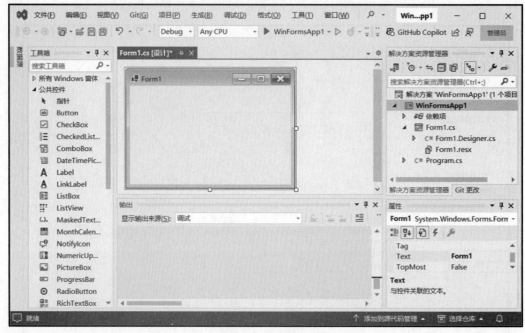

图 11-6　项目窗口

（2）在主窗口菜单栏中选择"项目→添加类"，打开"添加新项"对话框，如图 11-7 所示。选择"类"，输入文件名称"Person.cs"，单击"添加"按钮即可。此时项目中添加了一个"Person.cs"文件并打开其代码窗口。

图 11-7　"添加新项"对话框

（3）在代码窗口中，本项目的命名空间（namespace WinFormApp1）下输入 Person 类、Employee 类和 SelfEmployee 类定义的代码并保存，如图 11-8 所示。

```csharp
using System;                          //using用于导入系统在其他命名空间中定义的类型
using System.Collections.Generic;
using System.Linq;
using System.Text;
using System.Threading.Tasks;

namespace WinFormsApp1                 //本项目的命名空间
{
    public class Person                //Person类
    {   private string _CellPhone;
        public string Name { get; set; }
        public Person(String name, String Phone)
        {   Name = name;
            _CellPhone = Phone;
        }
        public virtual void SayHello()         //虚方法
        {   MessageBox.Show("你好!\n我叫" + Name + "\n我的联系电话是" + _CellPhone);
        }
    }

    public class Employee : Person            //派生类Employee：基类Person
    {   public string Company { get; set; }
        public Employee(string name, String Phone, String cpy) : base(name, Phone)
        {   Company = cpy;
        }
        public override void SayHello()       //改写基类中的虚方法
        {   MessageBox.Show("你好!\n我叫" + Name + "\n我的工作单位是" + Company);
        }
    }

    public class SelfEmployee : Person        //派生类SelfEmployee：基类Person
    {   public string Addr { get; set; }
        public SelfEmployee(string name, String Phn, String adr) : base(name, Phn)
        {   Addr = adr;
        }
        public override void SayHello()       //改写基类中虚方法
        {   MessageBox.Show("你好!\n我叫" + Name + "\n我的家庭住址是" + Addr);
        }
    }
}
```

图 11-8　输入定义类的代码

（4）在 Form1 设计窗口双击鼠标左键，打开 Form1 的代码编辑窗口。在 Form1 类中输入 PrintOut()方法，在 Form1_Load 事件中添加创建对象的代码，如图 11-9 所示。

```csharp
namespace WinFormsApp1
{
    public partial class Form1 : Form          //Form1类
    {
        public Form1()
        {
            InitializeComponent();
        }
        public void PrintOut(Person per)       //PrintOut方法
        {
            per.SayHello();
        }
        private void Form1_Load(object sender, EventArgs e)    //Form1_Load事件
        {
            Person per1 = new Person("赵欣欣", "136xxxxxxxx");
            Employee per2 = new Employee("李小明", "138xxxxxxxx", "人工智能学院");
            SelfEmployee per3 = new SelfEmployee("王莉莉", "139xxxxxxxx", "北京市昌平区");
            PrintOut(per1);
            PrintOut(per2);
            PrintOut(per3);
        }
    }
}
```

图 11-9　Form1 窗体的代码

（5）执行程序。按快捷键【F5】，或在主窗口菜单栏中选择"调试→开始调试"，即可看到类和对象的执行结果。

11.2　C#语言基础

C#除了支持 C/C++语言的全部关键字，包括 int、float、char 等数据类型，if、for、while 等控制语句，数组、结构体、枚举等自定义数据类型之外，还提供了许多独有的数据类型和语句，增强了 C#语言的功能，为编程人员提供了极大的便利性。

1. 布尔类型 bool

在 C#中，布尔类型 bool 用于表示布尔值，取值只能是 true 或者 false。通常在条件表达式或循环语句中使用 bool 型变量来控制程序的执行流程。例如，下面的程序段用 bool 型变量 isGreaterThan 作为 if 语句的条件表达式。

```
int a=5;
int b=8;
bool isGreaterThan=a>b;           //判断 a 是否大于 b
if(isGreaterThan)
{   MessageBox.Show("a>b");
}
```

2. 字符串类型 string

在 C#中，虽然可以使用字符数组表示字符串，但更为常见的做法是使用 string 关键字声明字符串变量。string 提供了多种字符串的操作方法。例如，下面的字符串操作语句。

```
string greeting="Hello, World!";                    //字符串定义
string message=greeting+" Welcome!";                //字符串连接
int length=greeting.Length;                         //字符串长度
char firstChar=greeting[0];                         //获取第一个字符
bool containsHello=greeting.Contains("Hello");      //判断是否包含子串 Hello
string[] subs=greeting.Split(',');                  //以逗号为分隔符，分割成多个字符串
string trimmedText=greeting.Trim();                 //删除前后空格
string upperCase=greeting.ToUpper();                //转换为大写
string lowerCase=greeting.ToLower();                //转换为小写
string subText=greeting.Substring(7, 5);            //从第 7 个字符开始，取 5 个字符
string a="apple";
string b="banana";
int result=string.Compare(a, b);                    //比较两个字符串的大小
```

3. 结构体 Color

在 C#中，Color 是一个结构体，用于表示颜色，通常用于表示 RGBA（红、绿、蓝、透明度）或 ARGB（透明度、红、绿、蓝）的颜色值。例如，下面的语句使用了不同的形式定义颜色。

```
Color redColor=Color.Red;                           //红色
```

```
Color customColor=Color.FromArgb(255, 128, 64);        //RGB 颜色，不透明
Color myColor=Color.FromArgb(128, 255, 128, 64);       //ARGB 颜色，半透明
int alpha=myColor.A;                                    //获取透明度(0～255)
int red=myColor.R;                                      //获取红色分量(0～255)
int green=myColor.G;                                    //获取绿色分量(0～255)
int blue=myColor.B;                                     //获取蓝色分量(0～255)
```

4. 隐式类型 var

在 C#中，var 是对变量的一种隐式类型声明。该类型允许系统根据第一次赋值的类型自动推断变量的具体类型。在定义变量时，用 var 替代显式类型，可以简化代码，同时保持类型安全性。需要注意的是，使用 var 声明的变量必须在定义时初始化。例如，下面的变量定义就使用了隐式类型 var。

```
var number=10;                      //推断为 int
var text="Hello, World";            //推断为 string
var isReady=true;                   //推断为 bool
```

var 型的变量一旦明确类型后，其类型不可再次更改，否则会报错。

5. Convert 类

在 C#中，Convert 类用于实现数据类型的转换，可以在数值、字符串、布尔值、日期时间以及对象之间进行转换。例如，下面语句实现了不同数据类型的转换。

```
int intValue=123;
double doubleValue=Convert.ToDouble(intValue);          //int 转换为 double
string strValue1="456";
int intFromStr=Convert.ToInt32(strValue1);              //字符串转换为 int
string strValue2="789";
float floatValue=Convert.ToSingle(strValue2);           //字符串转换为 float
double number=123.45;
string strFromDouble=Convert.ToString(number);          //double 转换为字符串
bool isTrue=true;
int boolToInt=Convert.ToInt32(isTrue);                  //bool 转换为 int
string boolToStr=Convert.ToString(isTrue);              //bool 转换为字符串
DateTime now=DateTime.Now;
string dateStr1=Convert.ToString(now);                  //日期时间转换为字符串
string dateStr2="2024-12-21";
DateTime date=Convert.ToDateTime(dateStr2);             //字符串转为日期时间
```

6. 动态集合类型 List<T>

在 C#中，List<T>是一个经常使用的泛型集合类型，常用来实现动态数组，能够自动调整数组长度，并提供了丰富的操作方法，非常适合存储和操作一组元素。例如，下面的语句实现了多种不同的数组操作。

```
var numbers=new List<int>();                            //动态数组定义
```

```
numbers.Add(10);                                //添加一个元素，结果 10
numbers.AddRange(new[] {20, 30, 40});           //添加多个元素，结果 10 20 30 40
numbers[1]=15;                                  //修改第二个元素值，结果 10 15 30 40
numbers.Remove(15);                             //删除值为 15 的元素，结果 10 30 40
numbers.RemoveAt(1);                            //删除第二个元素，结果 10 40
bool exists=numbers.Contains(15);               //检查数组中是否包含 15，结果 false
int index=numbers.IndexOf(40);                  //查找 40 对应的数组下标，结果 1
int found=numbers.Find(x=> x>20);               //查找第一个大于 20 的元素，结果 40
var filtered=numbers.FindAll(x=> x%2==0);       //查找所有偶数，结果 10 40
numbers.Sort();                                 //按从小到大的顺序排序，结果 10 40
numbers.Reverse();                              //反转（逆序存放），结果 40 10
var n=numbers.Count;                            //获得数组有效数据个数，结果 2
numbers.Clear();                                //清空数组
```

7. 循环语句 foreach

foreach 是 C#提供的一种简化的循环结构，用于遍历集合或数组中的每一个元素。它以一种更直观、更安全的方式替代传统的 for 循环语句，尤其适用于访问集合类型（如 List<T>）。例如，下面语句是实现计算整型数组元素之和。

```
var array=new List<int> {20, 30, 40};
var s=0;
foreach(var n in array)
{   s=s+n;
}
```

8. 消息框类 MessageBox

MessageBox 是一个用于显示消息的对话框类。通常使用该类的 Show()方法来显示一个包含指定消息和按钮的消息框，并可返回用户点击的是哪一个按钮。Show()方法的一般调用形式如下。

```
MessageBox.Show(消息内容，标题内容，按钮属性值，图标属性值);
```

其中，消息内容必须提供，其余是可选项。标题内容是消息框标题栏显示的内容，按钮属性值、图标属性值和返回值的含义如表 11-1 所示。通过返回值可以判定用户单击了哪一个按钮。

表 11-1　MessageBox 的按钮属性、图标属性和返回值及其含义

属性/返回值	值	含 义
按钮属性 MessageBoxButtons	OK	只显示"确定"按钮，默认
	OKCancel	显示"确定"和"取消"按钮
	AbortRetryIgnore	显示"中止""重试"和"忽略"按钮
	YesNoCancel	显示"是""否"和"取消"按钮
	YesNo	显示"是"和"否"按钮
	RetryCancel	显示"重试"和"取消"按钮

续表

属性/返回值	值	含义
图标属性 MessageBoxIcon	Error	显示红色停止图标
	Question	显示询问图标
	Warning	显示警告图标
	Information	显示信息图标
返回值 DialogResult	OK	单击了"确定"按钮
	Cancel	单击了"取消"按钮
	Abort	单击了"中止"按钮
	Retry	单击了"重试"按钮
	Ignore	单击了"忽略"按钮
	Yes	单击了"是"按钮
	No	单击了"否"按钮

例如，下面三条 MessageBox.Show()方法调用语句的执行结果如图 11-10 所示。

```
MessageBox.Show("确定要退出吗？");
MessageBox.Show("确定要退出吗？", "退出提示", MessageBoxButtons.YesNo);
//根据用户单击不同的按钮执行不同的操作
DialogResult result=MessageBox.Show("确定要退出吗？", "退出提示",
        MessageBoxButtons.OKCancel, MessageBoxIcon.Question);
if(result==DialogResult.OK)      //用户单击了"确定"按钮
    ...
else                             //用户单击了"取消"按钮
    ...
```

图 11-10　MessageBox.Show()方法示例

11.3　Windows 窗体应用程序设计

Windows 窗体应用程序是运行在本地计算机上的基于 Windows 操作系统的应用程序，通常以窗口的形式显示在桌面上，通过鼠标单击、键盘输入等操作实现用户与计算机之间的交互功能。

11.3.1　Windows 窗体应用程序开发过程

下面通过三个示例来介绍 Windows 窗体应用程序的开发过程。

【例 11-1】 在 C#中，编写 Windows 窗体应用程序，在窗体中显示"我的第一个窗体程序！"。

具体操作步骤如下。

（1）创建一个 C#"Windows 窗体应用"新项目并命名为"WinFormsApp1"。新项目创建成功后，自动被打开，如图 11-11 所示，同时自动创建了一个 Form1 窗体。

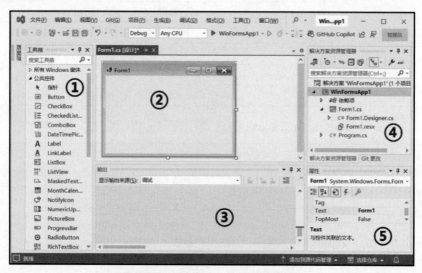

图 11-11　WinFormsApp1 项目窗口

项目窗口分为以下五个功能区域，如果看不到这些功能区域，在菜单栏"视图"的下拉列表中选择相应的选项即可。

① 工具箱。工具箱中包括了 C#提供的所有 Windows 窗体控件。

② 窗体设计窗口。设计窗体时，将所需要的控件逐一拖曳至窗体中，调整位置，合理布局。在该区域按【F7】键，或在窗体上右击，在弹出的快捷菜单中选择"查看代码"选项，即可打开代码编辑器窗口。

③ 输出窗口。显示或输出项目相关信息，可以辅助编程人员快速定位有错误的代码行。

④ 解决方案资源管理器。解决方案是某个应用程序的所有项目集，以树状结构显示其中包含的项目及组成信息。一个解决方案可以包含若干个项目。在 WinFormsApp1 项目中，有"Form1.cs""Form1.Designer.cs""Form1.resx"和"Program.cs"四个文件。其中，"Form1.cs"为 Form1 窗体的类代码文件，"Form1.Designer.cs"是 Form1 窗体的类设计文件，"Form1.resx"为窗体的资源文件。"Program.cs"是应用程序的入口文件，应用程序的执行由此文件中的 Main()函数开始，文件内容如下。

```
namespace WinFormsApp1
{
    internal static class Program
    {
```

```
        /// <summary>
        ///  The main entry point for the application.
        /// </summary>
        [STAThread]
        static void Main()
        {
            ApplicationConfiguration.Initialize();
            Application.Run(new Form1());
        }
    }
}
```

文件中以"///"开始的内容为注释信息,这种注释多用于函数、属性、类等定义名称之前,不同于普通注释,可在引用或鼠标悬停时显示函数、属性、类等相应的提示信息;Main()函数是程序的主入口;语句"ApplicationConfiguration.Initialize();"的功能是完成应用程序初始化,Application 可当作是当前的应用程序;语句"Application.Run(new Form1());"的功能是运行当前应用程序,让创建的 Form1 窗体类的对象可见,因此对于编程人员而言,程序运行后首先看到的窗体(称为启动窗体)可在此指定。

⑤ 属性窗口。以表格的形式列出了当前窗体或某个控件的属性名和属性值。在开发过程中一般只需要设置一些常用属性,其余属性保留默认值即可。此外,在属性窗口中还可以添加事件及事件代码。

(2)从工具箱中拖曳 Label 控件至窗体中,在属性窗口中设置其 Text 属性为"我的第一个窗体程序!",设置其 Font 属性为"隶书 小一",设计界面如图 11-12(a)所示。

(3)执行程序。按【F5】键,或在主窗口菜单栏中选择"调试→开始调试",执行界面如图 11-12(b)所示。

 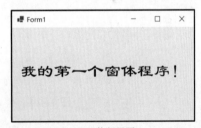

(a)设计界面　　　　　　　　　　　　(b)执行界面

图 11-12　例 11-1 的设计界面和执行界面

【例 11-2】 在例 11-1 项目中添加"登录界面"窗体,并将该窗体设置为启动窗体;运行时单击窗体中的"退出"按钮退出程序。

具体操作步骤如下。

(1)在主窗口菜单栏中选择"项目→添加新项",打开如图 11-13 所示的"添加新项"对话框。选择"窗体(Windows 窗体)",单击"添加"按钮即可。此时项目中包括两个窗体,即 Form1 和 Form2。

(2)从工具箱中将 Label 控件拖曳至窗体中,在属性窗口中设置其 Text 属性为"登录

图 11-13 添加新项(窗体)

界面";再添加一个 Button 控件,设置其 Text 属性为"退出",Font 属性均为"隶书 小一"。设计界面如图 11-14(a)所示。

(3) 修改 Program.cs 文件中的 Application.Run 语句为"Application.Run(new Form2());",即将 Form2 类创建的窗体对象作为启动窗体。执行程序,界面如图 11-14(b)所示,但此时单击"退出"按钮无法退出程序。

(a) 设计界面

(b) 执行界面

图 11-14 例 11-2 的设计界面和执行界面

(4) 为"退出"按钮添加 Click(鼠标单击)事件代码。在窗体设计窗口中双击"退出"按钮,或在属性窗口中找到"退出"按钮的 Click 事件,双击右侧空白处,即可进入窗体代码编辑器窗口。为 button1_Click()方法添加代码"Application.Exit();",重新运行程序,此时单击"退出"按钮即可退出程序。

Form2 窗体的完整代码如下。

```
using System;
using System.Collections.Generic;
using System.ComponentModel;
using System.Data;
using System.Drawing;
```

```
using System.Linq;
using System.Text;
using System.Threading.Tasks;
using System.Windows.Forms;

namespace WinFormsApp1
{
    public partial class Form2 : Form
    {
        public Form2()
        {
            InitializeComponent();
        }
        private void button1_Click(object sender, EventArgs e)
        {
            Application.Exit();
        }
    }
}
```

using 关键字用于导入其他命名空间，作用类似于 C 语言中的 "#include" 编译预处理命令，引用他人开发的成果。using System 中的 System 是系统提供的一个命名空间，包含了 Microsoft 提供的类。

【例 11-3】将例 11-2 中的项目发布为可移植的应用程序，以方便部署到其他计算机上执行。

具体操作步骤如下。

（1）在"解决方案资源管理器"窗口中右击项目名称"WinFormsApp1"，在弹出的快捷菜单中选择"发布"选项，打开发布目标配置窗口，如图 11-15 所示。

图 11-15　发布目标配置窗口

（2）在发布目标配置窗口中，选择"文件夹"，单击"下一步"按钮，打开发布特定目标配置窗口，如图 11-16 所示。

图 11-16　发布特定目标配置窗口

（3）在发布特定目标配置窗口中，选择"文件夹"，单击"下一步"按钮，打开发布位置配置窗口，如图 11-17 所示。

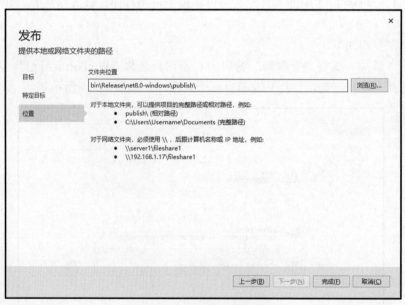

图 11-17　发布位置配置窗口

（4）在发布位置配置窗口中确定目标文件夹的位置后，单击"完成"按钮，完成发布配置，打开发布窗口，如图 11-18 所示。

图 11-18 发布窗口

（5）在发布窗口中单击"发布"按钮，在指定的文件夹中即可生成可移植的应用程序文件，将整个文件夹拷贝到其他计算机上，可以直接执行。

综上所述，C#提供了 Windows 窗体和控件元素，使开发过程变得简单，编程人员可以在编写少量代码的情况下完成应用程序的创建。创建一个 Windows 窗体应用程序通常需要经历以下五个步骤。

① 设计应用程序界面。
② 设置窗体以及窗体中各个控件的属性。
③ 编写窗体以及窗体中各个控件的事件代码。
④ 保存并执行应用程序。
⑤ 发布应用程序。

11.3.2 Windows 窗体中的控件

控件是构成窗体的重要组成元素，图 11-19 所示是 Windows 自带的本地磁盘属性窗体，其中包含的控件有分页选项卡（TabControl）、标签（Label）、文本框（TextBox）、列表（Listview）、复选框（CheckBox）、按钮（Button）等。

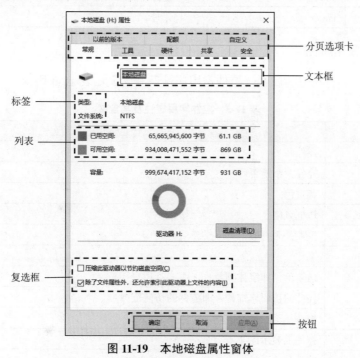

图 11-19 本地磁盘属性窗体

在 C#的工具箱中，可以看到系统提供的所有控件。设计窗体时，将所需要的控件直接拖曳至窗体中，然后设置其属性并编写相关的事件代码即可。每种控件都有很多特定的属性和事件，初学者只需掌握常用的控件及其常用属性即可。

1. 常用控件及功能

在 C#的工具箱中，常用的控件及其功能如表 11-2 所示。

表 11-2 常用的控件及其功能

控 件	控件类名	功 能
标签	Label	显示文本信息
文本框	TextBox	获取用户输入的数据
组合框	ComboBox	以下拉列表的形式显示数据
列表	ListView	以表格的形式显示数据
单选框	RadioButton	为用户提供选择
复选框	CheckBox	为用户提供选择
按钮	Button	命令按钮
分页选项卡	TabControl	实现多页面窗体布局
组框	GroupBox	实现分组
面板	Panel	实现复杂的窗体布局
菜单	MenuStrip	设计窗体顶部的菜单栏
快捷菜单	ContextMenuStrip	设计鼠标右键弹出的快捷菜单
状态栏	StatusStrip	在窗体的最底部显示应用程序的相关信息
定时器	Timer	计时

2. 控件的常用属性

大多数控件具有相似的属性，控件常用属性及其含义如表 11-3 所示。

表 11-3 控件常用属性及其含义

属 性	含 义
Name	控件名
AutoSize	控件大小是否可变
BackColor	背景色
BorderStyle	边框风格
Enabled	控件是否有效
Font	字体
ForeColor	前景色，即字体颜色
Modifiers	控件的访问修饰符，即控件的访问范围
ReadOnly	控件是否只读
Text	控件上显示的文本
Visible	控件是否可见

3. 控件的常用事件

大多数控件具有相似的事件,控件常用事件及其含义如表 11-4 所示。

表 11-4　控件常用事件及其含义

事　　件	含　　义
Click	鼠标单击事件
DoubleClick	鼠标双击事件
MouseDown	鼠标键按下事件
Load	控件加载事件
KeyPress	键盘按下事件
Shown	控件显示事件
Tick	按照设定的时间间隔周期性地触发的事件

11.4　窗体应用程序设计示例——图书借阅系统

本节构建的图书借阅系统是模拟高校图书馆图书借阅过程,实现图书借阅信息的计算机化管理,让读者基本掌握使用 C#开发 Windows 窗体应用程序的过程。此外,图书借阅的相关数据使用 LiteDB 数据库存储。LiteDB 是一个轻量级嵌入式数据库,在 C#应用程序中集成具有先天优势。

11.4.1　图书借阅系统介绍

1. 图书借阅系统的功能结构

图书借阅系统只能由图书馆管理员操作,实现对馆藏图书、借阅人以及借阅过程的管理。图书借阅系统的功能结构如图 11-20 所示。

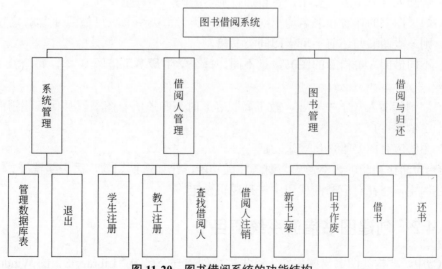

图 11-20　图书借阅系统的功能结构

(1) 系统管理。

系统管理包括管理数据库表和退出两个功能。管理数据库表可以查看数据库中各张表存储的记录信息。退出可以结束应用程序的执行。

(2) 借阅人管理。

借阅人管理包括学生注册、教工注册、查找借阅人和借阅人注销等功能。新入校的教工或学生必须注册后才能借阅图书。因学生毕业、教工离职等原因导致已注册借阅人不能再从图书馆借阅图书时，需将借阅人注销。借阅人注销后，其历史借阅记录不能因此而清除，借阅记录还需继续保存，以备查阅。当借阅人借书时，可以查询借阅人的相关信息。

(3) 图书管理。

图书管理包括新书上架和旧书作废。当有新书入馆时，管理员需完成新书的登记工作，即新书上架；对于破损严重的图书，需要进行作废处理，即旧书作废。为便于追踪每本图书的生命过程，必须为每本图书赋予唯一编码。

(4) 借阅与归还。

借阅与归还实现了借书与还书功能。为方便系统实现，不考虑对物联感知等先进设备的支持，将借书与还书功能简化为管理员手工操作。借书时，借阅人找到要借阅的书籍后，由管理员在系统录入借阅人相关信息完成借阅。还书时，借阅人需要将借阅的图书提供给管理员，管理员录入图书相关信息后完成还书。

2. 图书借阅系统说明

为了贴合实际情况，所建立的图书借阅系统应遵循一般高校图书馆管理的通用规定。在力求简洁的前提下，对图书借阅系统做如下假定。

(1) 新书上架后才能借阅，每本图书拥有一个唯一编码，不可重复。

(2) 每类图书可有若干本，其中有一本是非外借书（只能在图书馆内阅读，不可借出）。

(3) 每本图书具有在馆、借出、作废、不可借阅等多种状态。

(4) 要保证每本图书的借阅历史可查，构建其特有的生命周期。

(5) 借阅人分为学生与教工，各自拥有唯一编码，不可重复。

(6) 如果图书的作者和书名均相同，视为一类。每类图书只可借阅 1 本，若已借得某类图书，则该类图书归还前不可借阅同类书籍。

(7) 不同借阅人可借阅的图书数量不同，每个学生最多可借阅 5 本，每个教工最多可借阅 8 本。

(8) 注销借阅人（学生毕业、教工离职等）时需归还所有图书，且保证注销借阅人后其借阅记录依然可查。

(9) 系统应有图书管理员登录功能。

(10) 为简化功能，暂不考虑与财务相关功能，比如逾期罚款，丢失赔偿等。

上述约定，将在对应类的代码中进行逻辑设定。

11.4.2 创建图书借阅系统项目

在 C#中，要构建图书借阅系统，首先需要创建一个名为"LibraryIS"的 Windows 窗体应用程序项目。图书借阅系统中的所有类、窗体、数据库等都在此项目中建立。具体操作步骤如下。

（1）在主窗口菜单栏中选择"文件→新建→项目"，创建一个 C# "Windows 窗体应用"新项目并命名为"LibraryIS"。

（2）安装 LiteDB 数据库。在联网状态下通过 NuGet 安装，具体步骤如下。

① 在"解决方案资源管理器"窗口中右击项目名称"LibraryIS"，在弹出的快捷菜单中选择"管理 NuGet 程序包"选项，打开 NuGet 包管理器窗口，如图 11-21 所示。

图 11-21　NuGet 包管理器窗口

② 在"浏览"选项卡中搜索"LiteDB"，找到 LiteDB 安装连接，单击右侧的"安装"按钮，安装成功后，关闭 NuGet 包管理器窗口即可。

11.4.3　创建图书借阅系统中的类

图书借阅系统需要创建 Book（图书类）、Borrower（借阅人类）、BorrowRecord（借阅记录类）、Const（系统符号常量类）、Student（学生类）、Teacher（教工类）等六个类，每个类对应一个文件，如图 11-22 所示。其中 Teacher 类和 Student 类是 Borrower 类的派生类，Program 类是系统自动生成的应用程序类，是应用程序的入口。

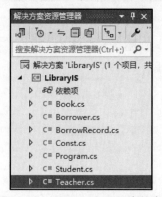

图 11-22　LibraryIS 项目中的类

1. 创建 Const 类

在构建软件系统过程中，通常需要用到一些固定的符号常量或功能固定的方法，可以构建一个 Const 类。Const 类的属性和方法描述分别如表 11-5 和表 11-6 所示。

表 11-5 Const 类的属性描述

属性名	属性类型	属性值	说　　明
FileName_DataBase	static readonly string	library.db	存储数据的数据库文件名
LiteDB	static LiteDatabase	new LiteDatabase (FileName_DataBase)	数据库连接
TableName_BorrowRecord	static readonly string	BorrowRecord	存储借阅记录的数据库表名
TableName_Student	static readonly string	Student	存储学生信息的数据库表名
TableName_Teacher	static readonly string	Teacher	存储教工信息的数据库表名
TableName_Book	static readonly string	Book	存储图书信息的数据库表名
Number_Student_Borrow	static readonly int	5	学生可借阅数量
Number_Teacher_Borrow	static readonly int	8	教工可借阅数量

表 11-6 Const 类的方法描述

方法名	方法原型	方法说明
getBorrowerCode()	public static string getBorrowerCode(Borrower borrower)	生成借阅人编码：前缀码+借阅人编号 学生前缀码：stu_，教工前缀码：teach_
getRole()	public static int getRole(string borrowCode)	获取借阅人前缀码代表的角色 角色：0-无效，1-教工，2-学生
getRoleCode()	public static string getRoleCode(string borrowCode)	获取借阅人编号

创建 Const 常量类的具体操作步骤如下。

（1）在主窗口菜单栏中选择"项目→添加类"，打开"添加新项"对话框，如图 11-23 所示。选择"类"，输入文件名称"Const.cs"，单击"添加"按钮即可。此时项目中添加了一个"Const.cs"文件并打开其代码窗口。

图 11-23 "添加新项"对话框

（2）在代码窗口中输入类定义的代码并保存后，即可完成 Const 类的创建。Const 类定义的代码如下。

```csharp
internal class Const
{   //属性：数据库文件名
    public static readonly string FileName_DataBase=@"library.db";
    //属性：数据库连接 （如果数据库不存在则创建）
    public static LiteDatabase LiteDB=new LiteDatabase(FileName_DataBase);
    //属性：借阅记录表名
    public static readonly string TableName_BorrowRecord = "BorrowRecord";
    //属性：学生表名
    public static readonly string TableName_Student = "Student";
    //属性：教师表名
    public static readonly string TableName_Teacher = "Teacher";
    //属性：图书表名
    public static readonly string TableName_Book = "Book";
    //属性：学生可借阅图书数量
    public static readonly int Number_Student_Borrow = 5;
    //属性：教工可借阅图书数量
    public static readonly int Number_Teacher_Borrow = 8;
    //方法：生成借阅人编码，前缀码——学生：stu_；教工：teach_
    public static string getBorrowerCode(Borrower borrower)
    {   string code=string.Empty;
        if(borrower!=null)
        {   if(borrower is Student)
                code="stu_"+((Student)borrower).StuCode;
            else if(borrower is Teacher)
                code="teach_"+((Teacher)borrower).JobCode;
        }
        return code;
    }
    //方法：获取借阅人前缀码代表的角色
    public static int getRole(string borrowCode)
    {   int role=0;
        if (borrowCode.IndexOf("stu_")>=0)
            role=2;
        else if(borrowCode.IndexOf("teach_")>=0)
            role=1;
        return role;
    }
    //方法：获取借阅人编号
    public static string getRoleCode(string borrowCode)
    {   string code=string.Empty;
        if(borrowCode.IndexOf("_")>0)
            code=borrowCode.Substring(borrowCode.IndexOf("_")+1);
        return code;
    }
}
```

2. 创建 Borrower 类

在图书借阅系统中，无论教工还是学生都有姓名、联系电话等属性，因此设计了 Borrower 类作为 Teacher 类和 Student 类的基类，Borrower 类的属性和方法描述分别如表 11-7 和表 11-8 所示。

表 11-7 Borrower 类的属性描述

属性名	属性类型	属性说明
ID	int	记录唯一标识，由数据库自动生成
Name	string	姓名
CellPhone	string	联系电话
Valid	bool	借阅人是否有效，注册时自动生效；注销时失效
BookNum	int	可借阅的图书数量

表 11-8 Borrower 类的方法描述

方法名	方法原型	方法说明
Borrower()	public Borrower()	构造方法
Borrow()	public string Borrow(Book book)	借书
Return()	public bool Return(Book book)	还书
Register()	public virtual bool Register()	虚方法，借阅人注册
Cancel()	public virtual bool Cancel()	虚方法，借阅人注销
QueryBorrowedBook()	public List<Book> QueryBorrowedBook()	查询借阅人未归还的图书
QueryAllBorrowedBook()	public List<Book> QueryAllBorrowedBook()	查询借阅人借阅的所有图书

创建 Borrower 类的操作步骤与创建 Const 类相似，这里不再赘述。Borrower 类定义的代码详见附录 D。

3. 创建 Teacher 类

Teacher 类继承了 Borrower 类，Teacher 类中增加的属性和方法描述分别如表 11-9 和表 11-10 所示。Teacher 类定义的代码详见附录 D。

表 11-9 Teacher 类增加的属性描述：基类 Borrower

属性名	属性类型	属性说明
JobCode	string	教工号
Department	string	教工所在部门

表 11-10 Teacher 类的方法描述

方法名	方法原型	方法说明
Teacher()	public Teacher()	构造方法
Register()	public override bool Register()	改写基类中的 Register 方法
Cancel()	public override bool Cancel()	改写基类中的 Cancel 方法

4. 创建 Student 类

Student 类继承了 Borrower 类，Student 类中增加的属性和方法描述分别如表 11-11 和表 11-12 所示。Student 类定义的代码详见附录 D。

表 11-11 Student 类增加的属性描述：基类 Borrower

属性名	属性类型	属性说明
StuCode	string	学号
Major	string	专业

表 11-12 Student 类的方法描述

方法名	方法原型	方法说明
Student()	public Student()	构造方法
Register()	public override bool Register()	改写基类中的 Register 方法
Cancel()	public override bool Cancel()	改写基类中的 Cancel 方法

5. 创建 Book 类

Book 类的属性和方法描述分别如表 11-13 和表 11-14 所示。Book 类定义的代码详见附录 D。

表 11-13 Book 类的属性描述

属性名	属性类型	属性说明
ID	int	数据表内部 ID，由数据库自动生成
BookCode	string	图书编号，每本图书唯一
Title	string	书名
Author	string	作者
Price	float	单价
Description	string	内容描述
IsLocked	bool	是否可借阅
BorrowedDate	string	最近借出日期
CreatedDate	string	图书上架日期
CancelDate	string	图书作废日期

表 11-14 Book 类的方法描述

方法名	方法原型	方法说明
Book()	public Book()	构造方法
NewBookRegister()	public bool NewBookRegister()	新书上架
Retire()	public bool Retire()	因损坏或丢失等原因，作废
Lend()	public string Lend(Borrower person)	借阅人借阅图书
Return()	public bool Return()	图书归还
getTitle	public string getTitle()	通过图书编号获取书名

6. 创建 BorrowRecord 类

BorrowRecord 类的属性和方法描述分别如表 11-15 和表 11-16 所示。BorrowerRecord 类定义的代码详见附录 D。

表 11-15 BorrowRecord 类的属性描述

属性名	属性类型	属性说明
ID	int	记录唯一标识，由数据库自动生成
BookCode	string	图书编号
PersonCode	string	借阅人编号
BorrowDate	string	借阅日期
ReturnDate	string	归还日期

表 11-16 BorrowRecord 类的方法描述

方法名	方法原型	方法说明
BorrowRecord()	public BorrowRecord()	构造方法

11.4.4 创建管理员登录窗体

管理员登录窗体的设计界面和执行界面如图 11-24 所示，输入密码时可以选择显示或隐藏输入的密码。这里用户名固定为"admin"，密码固定为"123456"。

（a）设计界面

（b）执行界面

图 11-24 管理员登录窗体的设计界面和执行界面

具体操作步骤如下。

（1）在项目中添加窗体（Windows 窗体）文件"Fm_Logging.cs"，并按照表 11-17 设置窗体的属性。

表 11-17 管理员登录窗体的属性

窗体的属性	属性值	属性说明
Name	Fm_Logging	代码中使用，创建窗体对象
FormBorderStyle	FixedDialog	模式窗口
MaximizeBox	False	不显示最大化按钮
MinimizeBox	False	不显示最小化按钮
StartPosition	CenterParent	显示在中心位置
Text	管理员登录	窗体标题栏显示的文本

(2) 按照表 11-18 在窗体中添加控件并设置属性。

表 11-18 管理员登录窗体主要控件及其属性设置

控件名	控件类型	属性	属性值	属性说明
lable1	Lable	Text	用户名	显示文本
lable2	Lable	Text	密码	显示文本
tB_Name	TextBox	Name	tB_Name	代码中使用，获取用户名
		Modifiers	Public	类外可以访问
tB_PWD	TextBox	Name	tB_PWD	代码中使用，获取密码
		PasswordChar	*	输入密码时显示*
button1	Button	Text	登录	按钮上的文本
button2	Button	Text	取消	按钮上的文本
button3	Button	Text	显示/隐藏密码	按钮上的文本

(3) 为"登录"按钮 button1 添加 Click 事件代码，代码如下。

```
private void button1_Click(object sender, EventArgs e)
{   if(tB_Name.Text.Trim().Length==0 || tB_PWD.Text.Trim().Length==0)
    {   tB_Name.Focus();       //使控件对象获得输入焦点
        MessageBox.Show("用户名或密码不能为空！", "提示",
             MessageBoxButtons.OK, MessageBoxIcon.Error);
        return;
    }
    if(tB_Name.Text.Trim()!="admin" && tB_PWD.Text.Trim()!="123456")
    {   tB_Name.Focus();
        MessageBox.Show("用户名或密码不正确！", "提示", MessageBoxButtons.OK,
             MessageBoxIcon.Error);
        return;
    }
    this.DialogResult=DialogResult.OK;
}
```

(4) 为"取消"按钮 button2 添加 Click 事件代码，代码如下。

```
private void button2_Click(object sender, EventArgs e)
{   this.DialogResult=DialogResult.Cancel;
}
```

(5) 为"显示/隐藏密码"按钮 button3 添加 Click 事件代码，代码如下。

```
private void button3_Click(object sender, EventArgs e)
{   if(tB_PWD.PasswordChar=='*')
        tB_PWD.PasswordChar='\0';
    else
        tB_PWD.PasswordChar='*';
}
```

11.4.5 创建主界面窗体

图书借阅系统主界面窗体的设计界面和执行界面如图 11-25 所示,主界面窗体包含了系统主菜单,每个菜单项对应一个功能,窗体底部状态栏显示系统日期和时间。

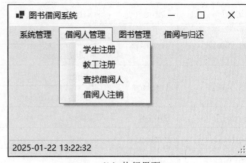

（a）设计界面　　　　　　　　　　　　　　（b）执行界面

图 11-25　主界面窗体的设计界面和执行界面

具体操作步骤如下。

（1）在项目中添加窗体文件"Fm_Main.cs",设置窗体的 Text 属性为"图书借阅系统",Name 属性为"Fm_Main",并在 Program.cs 文件中将其设置为启动窗体。

（2）在窗体中添加 MenuStrip 菜单控件 menuStrip1,并按照表 11-19 设置各个菜单项。

表 11-19　主菜单及各个菜单项

系统管理	借阅人管理	图书管理	借阅与归还
管理数据库表	学生注册	新书上架	借书
退出	教工注册	旧书作废	还书
	查找借阅人		
	借阅人注销		

（3）在窗体中添加 StatusStrip 控件 statusStrip1,设置其 item 属性,在"项集合编辑器"中添加一项 toolStripStatusLabel1,将其 Name 属性设置为"tSSL_Time"。

（4）在窗体中添加 Timer 控件 timer1,将其 Enabled 属性设置为"True",Interval 属性设置为"1000"（毫秒）。

（5）为窗体添加 Load 事件代码,代码如下。

```
private void Fm_Main_Load(object sender, EventArgs e)
{   //以对话框形式显示管理员登录窗体，只能等该窗体操作完成后方可切换到其他窗体
    Fm_Logging fm_Logging=new Fm_Logging();
    if(fm_Logging.ShowDialog()!=DialogResult.OK)
        Application.Exit();
}
```

（6）为 timer1 控件添加 Tick 事件代码,代码如下。

```
private void timer1_Tick(object sender, EventArgs e)
```

```
{    tSSL_Time.Text=DateTime.Now.ToString("yyyy-MM-dd HH:mm:ss");
}
```

（7）为每一个菜单项添加 Click 事件代码，以打开相应的窗体。这里以单击"学生注册"和"退出"菜单项为例。

① 在"退出"菜单项的属性窗口中，找到 Click 事件，双击右侧空白处，即可进入代码编辑器窗口，退出的具体代码如下。

```
private void 退出ToolStripMenuItem_Click(object sender, EventArgs e)
{    if(MessageBox.Show("是否确认退出系统？", "确认",
            MessageBoxButtons.OKCancel,
            MessageBoxIcon.Question)==DialogResult.OK)
     Application.Exit();
}
```

② 同样的方法，在"学生注册"菜单项的属性窗口中，找到 Click 事件，双击右侧空白处，即可进入代码编辑器窗口，具体代码如下。

```
private void 学生注册ToolStripMenuItem_Click(object sender, EventArgs e)
{    //学生注册窗体名为 Fm_Register_Stu
     Fm_Register_Stu fmstureg=new Fm_Register_Stu();
     fmstureg.ShowDialog();
}
```

11.4.6　创建学生注册窗体

学生在系统中注册后方可借阅，学生可借阅图书数量为 5。学生注册窗体的设计界面和执行界面如图 11-26 所示。

(a) 设计界面　　　　　　　　　　　(b) 执行界面

图 11-26　学生注册窗体的设计界面和执行界面

具体操作步骤如下。

（1）在项目中添加窗体文件"Fm_Register_Stu.cs"，设置窗体的 Text 属性为"学生注册"，StartPosition 属性为"CenterParent"，Name 属性为"Fm_Register_Stu"。

（2）按照表 11-20 在窗体中添加控件并设置属性。

表 11-20 学生注册窗体主要控件及其属性设置

控件名称	控件类型	属性	属性值	属性说明
label1	Label	Text	专业	显示文本
label2	Label	Text	姓名	显示文本
label3	Label	Text	学号	显示文本
label4	Label	Text	联系电话	显示文本
cB_Major	ComboBox	Name	cB_Major	代码中使用,获取专业
		DropDownStyle	DropDownList	显示为下拉列表
		Items	人工智能 物理 英语	下拉列表中显示的文本
tB_Name	TextBox	Name	tB_Name	代码中使用,获取姓名
tB_StuCode	TextBox	Name	tB_StuCode	代码中使用,获取学号
tB_Cellphone	TextBox	Name	tB_Cellphone	代码中使用,获取联系电话
button1	Button	Text	注册	按钮上的文本
button2	Button	Text	关闭	按钮上的文本

(3)为控件 tB_StuCode 和 tB_Cellphone 分别添加 KeyPress 事件代码。这里仅给出控件 tB_StuCode 的代码,控件 tB_Cellphone 的代码类似。代码如下。

```
private void tB_StuCode_KeyPress(object sender, KeyPressEventArgs e)
{   //只允许输入数字
    if (!char.IsDigit(e.KeyChar) && !char.IsControl(e.KeyChar))
        e.Handled=true;
}
```

(4)为"注册"按钮 button1 添加 Click 事件代码,代码如下。

```
private void button1_Click(object sender, EventArgs e)
{   Student stu=new Student();
    stu.Name=tB_Name.Text;
    stu.StuCode=tB_StuCode.Text;
    stu.CellPhone=tB_Cellphone.Text;
    stu.Major=cB_Major.Text;
    stu.Register();
}
```

(5)为"关闭"按钮 button2 添加 Click 事件代码,代码如下。

```
private void button2_Click(object sender, EventArgs e)
{   Close();
}
```

11.4.7 创建教工注册窗体

教工在系统中注册后方可借阅。教工注册窗体的设计界面和执行界面如图 11-27 所示。

(a)设计界面

(b)执行界面

图 11-27 教工注册窗体的设计界面和执行界面

具体操作步骤如下。

(1) 在项目中添加窗体文件 "Fm_Register_Teach.cs",设置窗体的 Text 属性为 "教工注册",StartPosition 属性为 "CenterParent",Name 属性为 "Fm_Register_Teach"。

(2) 按照表 11-21 在窗体中添加控件并设置属性。

表 11-21 教工注册窗体主要控件及其属性设置

控件名称	控件类型	属性	属性值	属性说明
label1	Label	Text	院系	显示文本
label2	Label	Text	姓名	显示文本
label3	Label	Text	教工号	显示文本
label4	Label	Text	联系电话	显示文本
cB_Department	ComboBox	Name	cB_Department	代码中使用,获取选择的院系
		DropDownStyle	DropDownList	显示为下拉列表
		Items	人工智能学院 数理学院 外国语学院 学生处 教务处	下拉列表中显示的文本
tB_Name	TextBox	Name	tB_Name	代码中使用,获取姓名
tB_JobCode	TextBox	Name	tB_JobCode	代码中使用,获取教工号
tB_Cellphone	TextBox	Name	tB_Cellphone	代码中使用,获取联系电话
button1	Button	Text	注册	按钮上的文本
button2	Button	Text	关闭	按钮上的文本

(3) 为控件 tB_JobCode 和 tB_Cellphone 分别添加 KeyPress 事件代码,这里仅给出控件 tB_JobCode 的代码,控件 tB_Cellphone 的代码类似。代码如下。

```
private void tB_JobCode_KeyPress(object sender, KeyPressEventArgs e)
{    //只允许输入数字
    if(!char.IsDigit(e.KeyChar) && !char.IsControl(e.KeyChar))
```

```
            e.Handled = true;
}
```

(4) 为"注册"按钮 button1 添加 Click 事件代码,代码如下。

```
private void button1_Click(object sender, EventArgs e)
{   Teacher teacher=new Teacher();
    teacher.Name=tB_Name.Text;
    teacher.CellPhone=tB_Cellphone.Text;
    teacher.JobCode=tB_JobCode.Text;
    teacher.Department=cB_Department.Text;
    teacher.Register();
}
```

(5) 为"关闭"按钮 button2 添加 Click 事件代码,代码如下。

```
private void button2_Click(object sender, EventArgs e)
{   Close();
}
```

11.4.8 创建查找借阅人窗体

按借阅人是教工或学生,提供姓名和教工号/学号等信息查找借阅人,在查询结果列表中可以通过鼠标右键弹出的快捷菜单完成还书、借书、选中借阅人等操作。查找借阅人窗体的设计界面和执行界面如图 11-28 所示。通过快捷菜单进行还书时,需要借书清单窗体辅助实现,借书清单窗体将在后面介绍。

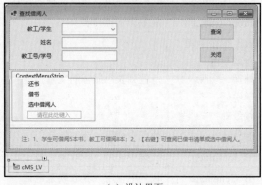
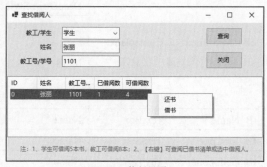

(a) 设计界面   (b) 执行界面

图 11-28 查找借阅人窗体的设计界面和执行界面

具体操作步骤如下。

(1) 在项目中添加窗体文件"Fm_Person_Query.cs",设置窗体的 Text 属性为"查找借阅人",StartPosition 属性为"CenterParent",Name 属性为"Fm_Person_Query"。

(2) 按照表 11-22 在窗体中添加控件并设置属性。窗体布局分成顶部、中部和底部三个区域。顶部区域使用了一个 Panel 控件,"教工号/学号""姓名""查询"和"关闭"等控件放置于该 Panel 中;中部区域使用了一个 ListView 控件显示查找结果;底部区域也使用了一个 Panel 控件，在该 Panel 中使用一个 Label 控件显示提示信息。

表 11-22 查找借阅人窗体主要控件及其属性设置

控件名称	控件类型	属性	属性值	属性说明
Panel1	Panel	Dock	Top	顶部区域
Panel2	Panel	Dock	Bottom	底部区域
LV_Persons	ListView	Name	LV_Persons	代码中使用
		Columns	添加 5 个成员，各成员的 Text 属性为 ID、姓名、教工号/学号、已借阅数、可借阅数	列表标题行显示的文本
		Dock	Fill	中部区域，填充所有可用空间
		FullRowSelect	True	可以选中整行
		View	Details	显示详细信息
label1	Label	Text	教工/学生	显示文本
label2	Label	Text	姓名	显示文本
label3	Label	Text	教工号/学号	显示文本
cB_Role	ComboBox	Name	cB_Role	代码中使用
		Items	学生 教工	下拉列表中显示的文本
tB_Name	TextBox	Name	tB_Name	代码中使用，获取姓名
tB_Code	TextBox	Name	tB_Code	代码中使用，获取教工号/学号
Label4	Label	ForeColer	IndianRed	文本颜色
		Text	注：1、学生可借阅 5 本书，教工可借阅 8 本；2、【右键】可查阅已借书清单或选中借阅人。	显示操作提示
cMS_LV	ContextMenuStrip	Name	cMS_LV	快捷菜单中的菜单项
		还书 Name	TSMI_ReturnBook	
		借书 Name	TSMI_QueryBook	
		选中借阅人 Name	TSMI_Selected	
button1	Button	Text	查询	按钮上的文本
button2	Button	Text	关闭	按钮上的文本

（3）在窗体类中增加下面的两个属性，以便于确定窗体功能和用户选择的图书。

```
internal Borrower SelectedBorrower{get; set;}=null;
public bool ReturnPerson{get; set;}=false;
```

（4）为窗体添加 Load 事件代码，代码如下。

```csharp
private void Fm_Person_Query_Load(object sender, EventArgs e)
{   this.TSMI_Selected.Visible=this.ReturnPerson;
    this.TSMI_ReturnBook.Visible=!this.ReturnPerson;
}
```

（5）为窗体添加 Shown 事件代码，代码如下。

```csharp
private void Fm_Person_Query_Shown(object sender, EventArgs e)
{   cB_Role.SelectedIndex=0;
    tB_Name.Focus();
}
```

（6）为"查询"按钮 button1 添加 Click 事件代码，代码如下。

```csharp
private void button1_Click(object sender, EventArgs e)
{   if(cB_Role.SelectedIndex<0 && string.IsNullOrEmpty(tB_Code.Text)&&
            string.IsNullOrEmpty(tB_Name.Text))
    {   MessageBox.Show("必须选择教工或学生等角色后，填写编号与姓名方可查询！");
        tB_Name.Focus();
        return;
    }
    this.LV_Persons.Items.Clear();
    BsonExpression query="1=1";
    switch(cB_Role.SelectedIndex)
    {   case 0:   //学生
            var students= Const.LiteDB.GetCollection<Student>
                    (Const.TableName_Student);
            //查询条件
            if(!string.IsNullOrEmpty(tB_Code.Text))
               query=Query.And(query, Query.StartsWith("StuCode",
                    tB_Code.Text.Trim()));           //开头
            if(!string.IsNullOrEmpty(tB_Name.Text))
               query=Query.And(query, Query.Contains("Name",
                    tB_Name.Text.Trim()));           //包含
            var Selected_Stu=students.Find(query).ToList();
            if (Selected_Stu!=null)
            {   foreach(var Stu in Selected_Stu)
                {   ListViewItem Stu_Item=
                            new ListViewItem(Stu.ID.ToString());
                    Stu_Item.SubItems.Add(Stu.Name);
                    Stu_Item.SubItems.Add(Stu.StuCode);
                    Stu_Item.SubItems.Add((Const.Number_Student_Borrow-
                            Stu.BookNum).ToString());    //已借阅数
                    Stu_Item.SubItems.Add(Stu.BookNum.ToString()); //可借数
                    LV_Persons.Items.Add(Stu_Item);
                }
            }
```

```
            break;
        case 1:   //教工
            var teachers= Const.LiteDB.GetCollection<Teacher>
                    (Const.TableName_Teacher);
            //查询条件
            if(!string.IsNullOrEmpty(tB_Code.Text))
                query=Query.And(query, Query.StartsWith("JobCode",
                        tB_Code.Text.Trim()));              //开头
            if(!string.IsNullOrEmpty(tB_Name.Text))
                query=Query.And(query, Query.Contains("Name",
                        tB_Name.Text.Trim()));              //包含
            var Selected_Teach=teachers.Find(query).ToList();
            if(Selected_Teach!=null)
            {   foreach(var teach in Selected_Teach)
                {   ListViewItem teach_Item=
                        new ListViewItem(teach.ID.ToString());
                    teach_Item.SubItems.Add(teach.Name);
                    teach_Item.SubItems.Add(teach.JobCode);
                    teach_Item.SubItems.Add((Const.Number_Teacher_Borrow -
                        teach.BookNum).ToString());    //已借阅数
                    teach_Item.SubItems.Add(teach.BookNum.ToString());
                        //可借数
                    LV_Persons.Items.Add(teach_Item);
                }
            }
            break;
        default:
            return;
    }
}
```

（7）为显示查询结果的 LV_Persons 控件添加 MouseDown 事件代码，代码如下。

```
private void LV_Persons_MouseDown(object sender, MouseEventArgs e)
{   SelectedBorrower=null;
    //检查是否是右键单击，是否有借阅人选中
    if(sender is not null && e.Button==MouseButtons.Right)
    {   //获取鼠标点击位置下的 ListView 项目
        var item=((ListView)sender).GetItemAt(e.X, e.Y);   //强制类型转换
        //如果鼠标点击在项目上，并且项目非空，则显示快捷菜单
        if(item!=null)
        {   string code=item.SubItems[2].Text;
            switch(cB_Role.SelectedIndex)
            {   case 0:
                    SelectedBorrower=new Student();
                    ((Student)SelectedBorrower).StuCode=code;
                    break;
```

```
            case 1:
                SelectedBorrower=new Teacher();
                ((Teacher)SelectedBorrower).JobCode=code;
                break;
            default:
                return;
        }
        SelectedBorrower.ID=Convert.ToInt32(item.SubItems[0].Text);
        SelectedBorrower.Name=item.SubItems[1].Text;
        SelectedBorrower.BookNum=
                Convert.ToInt32(item.SubItems[4].Text);
        //还书菜单是否可用
        TSMI_ReturnBook.Enabled=
                Convert.ToInt32(item.SubItems[3].Text)>0;
        cMS_LV.Show((ListView)sender, e.Location);
    }
  }
}
```

（8）为快捷菜单"选中借阅人"添加 Click 事件代码，代码如下。

```
private void TSMI_Selected_Click(object sender, EventArgs e)
{   if(SelectedBorrower is not null)
        DialogResult=DialogResult.OK;
}
```

（9）为快捷菜单"借书"添加 Click 事件代码，代码如下。

```
private void TSMI_QueryBook_Click(object sender, EventArgs e)
 {   if(SelectedBorrower is null) return;
    var br=SelectedBorrower.QueryBorrowedBook();
    if(br!=null)
    {   string infor="";
        foreach(Book record in br)
        {   infor=infor+$"\n 书名：《{record.Title}》——借阅日期：
                {record.BorrowedDate}";
        }
        MessageBox.Show($"借阅人【{SelectedBorrower.Name}】共借阅了
                {br.Count} 本书。"+infor);
    }
    else
        MessageBox.Show("没找到借阅记录！");
 }
```

（10）为快捷菜单"还书"添加 Click 事件代码，代码如下。

```
private void TSMI_ReturnBook_Click(object sender, EventArgs e)
 {   if(SelectedBorrower==null) return;
```

```csharp
        var returnBooks=SelectedBorrower.QueryBorrowedBook();
        if(returnBooks!=null && returnBooks.Count>0)
        {   Fm_Person_ReturnBook fm_Person_ReturnBook=
                    new Fm_Person_ReturnBook();
            foreach(Book record in returnBooks)
            {   ListViewItem item=new ListViewItem("");
                item.SubItems.Add(record.ID.ToString());
                item.SubItems.Add(record.Title);
                item.SubItems.Add(record.BookCode);
                item.SubItems.Add(record.BorrowedDate);
                fm_Person_ReturnBook.LV_ReturnBooks.Items.Add(item);
            }
            fm_Person_ReturnBook.ShowDialog();
            if(fm_Person_ReturnBook.Num_Return>0)   //还书了，更新显示数据
            {   LV_Persons.SelectedItems[0].SubItems[3].Text=
                        (returnBooks.Count-
                        fm_Person_ReturnBook.Num_Return).ToString();
                LV_Persons.SelectedItems[0].SubItems[4].Text=
                        (Convert.ToInt32(LV_Persons.SelectedItems[0]
                        .SubItems[4].Text)+
                        fm_Person_ReturnBook.Num_Return).ToString();
            }
        }
    }
```

（11）为"关闭"按钮 button2 添加 Click 事件代码，代码如下。

```csharp
private void button2_Click(object sender, EventArgs e)
{   Close();
}
```

11.4.9　创建借阅人注销窗体

输入借阅人的教工号或学号，若借阅人存在，在用户确认后，将借阅人有效状态标识（Valid）修改为 0，完成注销。借阅人注销窗体的设计界面和执行界面如图 11-29 所示。

(a) 设计界面

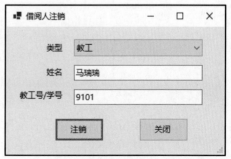
(b) 执行界面

图 11-29　借阅人注销窗体的设计界面和执行界面

具体操作步骤如下。

（1）在项目中添加窗体文件"Fm_Person_Cancel.cs"，设置窗体的 Text 属性为"借阅人注销"，StartPosition 属性为"CenterParent"，Name 属性为"Fm_Person_Cancel"。

（2）按照表 11-23 在窗体中添加控件并设置属性。

表 11-23 借阅人注销窗体主要控件及其属性设置

控件名称	控件类型	属性	属性值	属性说明
label1	Label	Text	类型	显示文本
label2	Label	Text	姓名	显示文本
label3	Label	Text	教工号/学号	显示文本
cB_Class	ComboBox	Name	cB_Class	代码中使用，获取选择的类型
		DropDownStyle	DropDownList	显示为下拉列表
		Items	学生 教工	下拉列表中显示的文本
tB_Name	TextBox	Name	tB_Name	代码中使用，获取姓名
tB_Code	TextBox	Name	tB_Code	代码中使用，获取证件号
button1	Button	Text	注销	按钮上的文本
button2	Button	Text	关闭	按钮上的文本

（3）为"注销"按钮 button1 添加 Click 事件代码，代码如下。

```
private void button1_Click(object sender, EventArgs e)
{   if(string.IsNullOrEmpty(tB_Code.Text.Trim()))
    {   MessageBox.Show("编码不能为空！");
        tB_Code.Focus();
        return;
    }
    if(tB_Name.Text.Trim().Length==0)
    {   MessageBox.Show("姓名不能为空！");
        tB_Name.Focus();
        return;
    }
    switch(cB_Class.SelectedIndex)
    {   case 0:  //学生
            Student student=new Student();
            student.StuCode=tB_Code.Text.Trim();
            student.Name=tB_Name.Text.Trim();
            student.Cancel();
            break;
        case 1:  //教工
            Teacher teacher=new Teacher();
            teacher.JobCode=tB_Code.Text.Trim();
            teacher.Name=tB_Name.Text.Trim();
            teacher.Cancel();
```

```
            break;
    }
}
```

（4）为"关闭"按钮 button2 添加 Click 事件代码，代码如下。

```
private void button2_Click(object sender, EventArgs e)
{   Close();
}
```

11.4.10　创建新书上架窗体

图书馆获得新书需上架，上架后方可借阅。新书上架需录入图书信息，采用"*"标识必须录入的信息。新书上架窗体的设计界面和执行界面如图 11-30 所示。

(a) 设计界面　　　　　　　　　　　　(b) 执行界面

图 11-30　新书上架窗体的设计界面和执行界面

具体操作步骤如下。

（1）在项目中添加窗体文件"Fm_NewBook.cs"，设置窗体的 Text 属性为"新书上架"，StartPosition 属性为"CenterParent"，Name 属性为"Fm_NewBook"。

（2）按照表 11-24 在窗体中添加控件并设置属性。

表 11-24　新书上架窗体主要控件及其属性设置

控件名称	控件类型	属性	属性值	属性说明
Label1	Label	Text	*图书编号	显示文本
Label2	Label	Text	每本图书都须有唯一内部编码！	显示文本
Label3	Label	Text	*书名	显示文本
Label4	Label	Text	*作者	显示文本
label5	Label	Text	价格	显示文本
label6	Label	Text	内容描述	显示文本

续表

控件名称	控件类型	属性	属性值	属性说明
tB_Code	TextBox	Name	tB_Code	代码中使用,获取图书编号
tB_Title	TextBox	Name	tB_Title	代码中使用,获取书名
tB_Author	TextBox	Name	tB_Author	代码中使用,获取作者
tB_Price	TextBox	Name	tB_Price	代码中使用,获取价格
tB_Description	TextBox	Multiline	True	允许输入多行
		ScrollBars	Vertical	显示垂直滚动条
		Name	tB_Description	代码中使用,获取图书描述
cB_Locked	CheckBox	Name	cB_Locked	代码中使用,获取是否可借阅
		CheckState	Checked	显示为选中状态
		Text	可借阅	显示文本
button1	Button	Text	添加	按钮上的文本
button2	Button	Text	关闭	按钮上的文本

(3)为"添加"按钮 button1 添加 Click 事件代码,代码如下。

```
private void button1_Click(object sender, EventArgs e)
{   Book book=new Book();
    book.Title=tB_Title.Text.Trim();
    book.Author=tB_Author.Text.Trim();
    if(!string.IsNullOrEmpty(tB_Price.Text))
        book.Price=Convert.ToSingle(tB_Price.Text.Trim());
    else
        book.Price=0;
    book.Price=Convert.ToSingle(tB_Price.Text.Trim());
    book.Description=tB_Description.Text.Trim();
    book.BookCode=tB_Code.Text.Trim();
    book.IsLocked=!cB_Locked.Checked;
    book.NewBookRegister();
}
```

(4)为"关闭"按钮 button2 添加 Click 事件代码,代码如下。

```
private void button2_Click(object sender, EventArgs e)
{   Close();
}
```

11.4.11 创建旧书作废窗体

通过录入图书编码获取书名,核对无误后方可作废。旧书作废窗体的设计界面和执行界面如图 11-31 所示。

具体操作步骤如下。

(1)在项目中添加窗体文件"Fm_Book_Cancel.cs",设置窗体的 Text 属性为"旧书作

(a) 设计界面

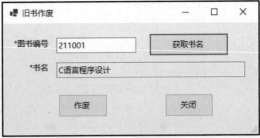
(b) 执行界面

图 11-31 旧书作废窗体的设计界面和执行界面

废",StartPosition 属性为"CenterParent",Name 属性为"Fm_Book_Cancel"。

(2) 按照表 11-25 在窗体中添加控件并设置属性。

表 11-25 旧书作废窗体主要控件及其属性设置

控件名称	控件类型	属性	属性值	属性说明
label1	Label	Text	*图书编号	显示文本
label2	Label	Text	*书名	显示文本
tB_Code	TextBox	Name	tB_Code	代码中使用,获取图书编号
tB_Title	TextBox	Name	tB_Title	代码中使用,获取书名
		ReadOnly	True	只读,不允许输入
button1	Button	Text	作废	按钮上的文本
button2	Button	Text	关闭	按钮上的文本
button3	Button	Text	获取书名	按钮上的文本

(3) 为"获取书名"按钮 button3 添加 Click 事件代码,代码如下。

```
private void button3_Click(object sender, EventArgs e)
{   if(string.IsNullOrEmpty(tB_Code.Text.Trim()))
    {   MessageBox.Show("编号不能为空!");
        tB_Code.Focus();
        return;
    }
    Book book=new Book();
    book.BookCode=tB_Code.Text.Trim();
    book.getTitle();
    tB_Title.Text=book.Title;
}
```

(4) 为"作废"按钮 button1 添加 Click 事件代码,代码如下。

```
private void button1_Click(object sender, EventArgs e)
{   if(string.IsNullOrEmpty(tB_Code.Text.Trim()))
    {   MessageBox.Show("编号不能为空!");
        tB_Code.Focus();
```

```
            return;
        }
    if(tB_Title.Text.Trim().Length==0)
        button3_Click(sender, e);
    if(MessageBox.Show($"是否要"作废"编号为【{tB_Code.Text.Trim()}】的书
        《{tB_Title.Text.Trim()}》? ", "确认", MessageBoxButtons.YesNo,
        MessageBoxIcon.Question, MessageBoxDefaultButton.Button1)==
        DialogResult.Yes)
    {   var books=Const.LiteDB.GetCollection<Book>(Const.TableName_Book);
        var book=books.Find(u=>u.BookCode==tB_Code.Text.Trim() &&
                string.IsNullOrEmpty(u.CancelDate)).ToList();
        if(book!=null && book.Count>0)
        {   if (book[0].Retire())
                MessageBox.Show("作废成功!");
        }
        else
            MessageBox.Show("图书不存在或已经作废!");
    }
}
```

（5）为"关闭"按钮 button2 添加 Click 事件代码，代码如下。

```
private void button2_Click(object sender, EventArgs e)
{   Close();
}
```

11.4.12　创建管理数据库表窗体

管理数据库表窗体可查询数据库中存储的图书表、学生表、教工表和借阅记录表的信息，单击"清空库"按钮将删除当前表中的全部数据。管理数据库表窗体的设计界面和执行界面如图 11-32 所示。

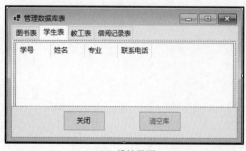
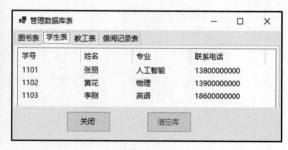

(a) 设计界面　　　　　　　　　　　　　　(b) 执行界面

图 11-32　管理数据库表窗体的设计界面和执行界面

具体操作步骤如下。

（1）在项目中添加窗体文件"Fm_DB_ShowTables.cs"，设置窗体的 Text 属性为"管理数据库表"，StartPosition 属性为"CenterParent"，Name 属性为"Fm_DB_ShowTables"。

（2）按照表 11-26 在窗体中添加控件并设置属性。窗体布局分成主区域和底部区域两个部分。主区域使用了一个包含 4 个选项卡的 TabControl 控件，在不同的选项卡页面中使用 ListView 控件分别显示图书表、学生表、教师表和借阅记录表中的记录信息。底部区域使用了一个 Panel 控件，"关闭""清空库"等控件放置于该 Panel 中。

表 11-26　管理数据库表窗体主要控件及其属性设置

控件名称	控件类型	属性	属性值	属性说明
tabControl1	TabControl	TabPages	添加 4 个成员，各成员的 Text 属性为图书表、学生表、教工表、借阅记录表	设置选项卡标题上显示的文本
		Dock	Fill	主区域，填充所有可用空间
LV_Books 图书表选项卡	ListView	Name	LV_Books	代码中使用
		Columns	添加 5 个成员，各成员的 Text 属性为图书编号、书名、作者、价格、状态	列表标题行显示的文本
		View	Details	显示详细信息
		Dock	Fill	填充所有可用空间
LV_Students 学生表选项卡	ListView	Name	LV_Students	代码中使用
		Columns	添加 4 个成员，各成员的 Text 属性为学号、姓名、专业、联系电话	列表标题行显示的文本
		View	Details	显示详细信息
		Dock	Fill	填充所有可用空间
LV_Teachers 教工表选项卡	ListView	Name	LV_Teachers	代码中使用
		Columns	添加 4 个成员，各成员的 Text 属性为教工号、姓名、院系、联系电话	列表标题行显示的文本
		View	Details	显示详细信息
		Dock	Fill	填充所有可用空间
LV_BRs 借阅记录表选项卡	ListView	Name	LV_BRs	代码中使用
		Columns	添加 4 个成员，各成员的 Text 属性为借阅人编号、图书编号、借阅日期、归还日期	列表标题行显示的文本
		View	Details	显示详细信息
		Dock	Fill	填充所有可用空间
panel1	Panel	Dock	Bottom	底部区域
button1	Button	Text	关闭	按钮上显示的文本
button2	Button	Text	清空库	按钮上显示的文本
		ForeColor	IndianRed	文本的颜色

（3）为"关闭"按钮 button1 添加 Click 事件代码，代码如下。

```
private void button1_Click(object sender, EventArgs e)
{   Close();
}
```

（4）为窗体添加 Load 事件代码，代码如下。

```csharp
private void Fm_DB_ShowTables_Load(object sender, EventArgs e)
{   tabControl1.SelectedIndex=0;
    //图书表
    var table_Book= Const.LiteDB.GetCollection<Book>
                (Const.TableName_Book);
    var list_Book=table_Book.FindAll().ToList();
    LV_Books.Items.Clear();
    foreach(var item in list_Book)
    {   ListViewItem lvi=new ListViewItem();
        lvi.Text=item.BookCode;
        lvi.SubItems.Add(item.Title.ToString());
        lvi.SubItems.Add(item.Author.ToString());
        lvi.SubItems.Add(item.Price.ToString());
        if(item.IsLocked)
        {   lvi.SubItems.Add("不可借阅");
            lvi.ForeColor=Color.Red;
        }
        else if(!string.IsNullOrEmpty(item.BorrowedDate))
        {   lvi.SubItems.Add("借出");
            lvi.ForeColor=Color.Gray;
        }
        else if(!string.IsNullOrEmpty(item.CancelDate))
        {   lvi.SubItems.Add("作废");
            lvi.ForeColor=Color.Purple;
        }
        else
        {   lvi.SubItems.Add("在馆");
            lvi.ForeColor=Color.Green;
        }
        LV_Books.Items.Add(lvi);
    }
    //学生表
    var table_Stu= Const.LiteDB.GetCollection<Student>
                (Const.TableName_Student);
    var list_Stu=table_Stu.FindAll().ToList();
    LV_Students.Items.Clear();
    foreach(var item in list_Stu)
    {   ListViewItem lvi=new ListViewItem();
        lvi.Text=item.StuCode;
        lvi.SubItems.Add(item.Name);
        lvi.SubItems.Add(item.Major);
        lvi.SubItems.Add(item.CellPhone);
        LV_Students.Items.Add(lvi);
    }
    //教工表
```

```csharp
        var table_Tea= Const.LiteDB.GetCollection<Teacher>
                    (Const.TableName_Teacher);
        var list_Tea=table_Tea.FindAll().ToList();
        LV_Teachers.Items.Clear();
        foreach(var item in list_Tea)
        {   ListViewItem lvi=new ListViewItem();
            lvi.Text=item.JobCode;
            lvi.SubItems.Add(item.Name);
            lvi.SubItems.Add(item.Department);
            lvi.SubItems.Add(item.CellPhone);
            LV_Teachers.Items.Add(lvi);
        }
        //借阅记录表
        var table_BR= Const.LiteDB.GetCollection<BorrowRecord>
                    (Const.TableName_BorrowRecord);
        var list_BR= table_BR.FindAll().ToList();
        LV_BRs.Items.Clear();
        foreach(var item in list_BR)
        {   ListViewItem lvi=new ListViewItem();
            lvi.Text=item.PersonCode;
            lvi.SubItems.Add(item.BookCode.ToString());
            lvi.SubItems.Add(item.BorrowDate);
            lvi.SubItems.Add(item.ReturnDate);
            LV_BRs.Items.Add(lvi);
        }
    }
```

（5）为"清空库"按钮 button2 添加 Click 事件代码，代码如下。

```csharp
    private void button2_Click(object sender, EventArgs e)
    {   if(MessageBox.Show("您确认要清空数据库么？", "确认",
                MessageBoxButtons.OKCancel, MessageBoxIcon.Question)
                ==DialogResult.Cancel)
            return;
        int num_delete=0;
        switch (tabControl1.SelectedIndex)
        {   case 0:  //图书表
                var table_Book= Const.LiteDB.GetCollection<Book>
                            (Const.TableName_Book);
                num_delete=table_Book.DeleteAll();
                break;
            case 1:  //学生表
                var table_Student= Const.LiteDB.GetCollection<Student>
                            (Const.TableName_Student);
                num_delete=table_Student.DeleteAll();
                break;
            case 2:  //教工表
```

```
                var table_Teacher= Const.LiteDB.GetCollection<Teacher>
                            (Const.TableName_Teacher);
                num_delete=table_Teacher.DeleteAll();
                break;
            case 3:    //借阅记录表
                var table_BR= Const.LiteDB.GetCollection<BorrowRecord>
                            (Const.TableName_BorrowRecord);
                num_delete=table_BR.DeleteAll();
                break;
        }
        Fm_DB_ShowTables_Load(sender, e);
        MessageBox.Show("成功删除【"+num_delete.ToString() + "】条记录！");
    }
```

11.4.13　创建借书窗体

通过书名、作者或者图书编号等信息找到要借阅的图书，然后双击图书实现借阅或归还功能。借书窗体的设计界面和执行界面如图 11-33 所示。

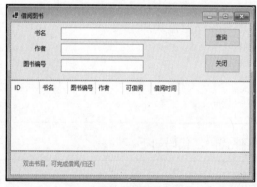
(a) 设计界面

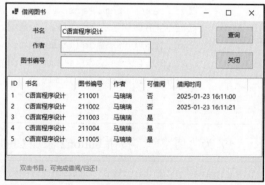
(b) 执行界面

图 11-33　借书窗体的设计界面和执行界面

具体操作步骤如下。

（1）在项目中添加窗体文件 "Fm_Book_Borrow.cs"，设置窗体的 Text 属性为 "借阅图书"，StartPosition 属性为 "CenterParent"，Name 属性为 "Fm_Book_Borrow"。

（2）按照表 11-27 在窗体中添加控件并设置属性。窗体布局分成顶部、中部和底部三个区域。顶部区域使用了一个 Panel 控件，"书名" "作者" "图书编号" "查询" 和 "关闭" 等控件放置于该 panel 中；中部区域使用了一个 ListView 控件显示图书查询结果；底部区域也使用了一个 Panel 控件，在该 Panel 中使用一个 Label 控件显示提示信息。

表 11-27　借书窗体主要控件及其属性设置

控件名称	控件类型	属性	属性值	属性说明
Panel1	Panel	Dock	Top	顶部区域
label1	Label	Text	书名	显示文本

续表

控件名称	控件类型	属性	属性值	属性说明
label2	Label	Text	作者	显示文本
label3	Label	Text	图书编号	显示文本
tB_Title	TextBox	Name	tB_Title	代码中使用，获取书名
tB_Author	TextBox	Name	tB_Author	代码中使用，获取作者
tB_Code	TextBox	Name	tB_Code	代码中使用，获取图书编号
button1	Button	Text	查询	按钮上的文本
button2	Button	Text	关闭	按钮上的文本
LV_Books	ListView	Columns	添加 6 个成员，各成员的 Text 属性为 ID、书名、图书编号、作者、可借阅、借阅时间	列表标题行显示的文本
		Dock	Fill	中部区域，填充所有可用空间
		View	Details	显示详细信息
		FullRowSelect	True	可以选中整行
		Name	LV_Books	代码中使用
Panel2	Panel	Dock	Bottom	底部区域
Label4	Label	ForeColer	IndianRed	字体颜色
		Text	双击书目，可完成借阅/归还！	显示文本

（3）在窗体类中增加下面的两个属性，以便于确定窗体功能和用户选择的图书。

```
//窗体是否需要返回用户选中的图书，布尔型;
public bool ReturnBook{get; set;}=false;
//用户选中的图书对象，Book 类。
internal Book SelectedBook{get; set;}=null;
```

（4）为"查询"按钮 button1 添加 Click 事件代码，代码如下。

```
private void button1_Click(object sender, EventArgs e)
{   if(tB_Author.Text.Trim().Length==0 && tB_Code.Text.Trim().Length==0
        && tB_Title.Text.Trim().Length==0)
    {   MessageBox.Show("请填写书名、作者、代码中至少一项内容！");
        tB_Title.Focus();
        return;
    }
    var books=Const.LiteDB.GetCollection<Book>(Const.TableName_Book);
    BsonExpression query=Query.Or(Query.EQ("CancelDate", ""),
        Query.EQ("CancelDate", null)); //初始化一个查询类。书是有效的，尚未作废
    if(!string.IsNullOrEmpty(tB_Title.Text))
        query=Query.And(query, Query.Contains("Title",
                tB_Title.Text.Trim()));
    if(!string.IsNullOrEmpty(tB_Author.Text))
        query=Query.And(query, Query.Contains("Author",
                tB_Author.Text.Trim()));
```

```csharp
        if(!string.IsNullOrEmpty(tB_Code.Text))
           query = Query.And(query, Query.StartsWith("BookCode",
                     tB_Code.Text.Trim()));
    var results=books.Find(query);
    LV_Books.Items.Clear();
    if(results!=null)
    {   foreach (var book in results)
        {   //创建一个子项目，对应列表中一行
            var listViewItem=new ListViewItem(book.ID.ToString());
            listViewItem.SubItems.Add(book.Title);
            listViewItem.SubItems.Add(book.BookCode);
            listViewItem.SubItems.Add(book.Author);
            if(book.IsLocked || !string.IsNullOrEmpty(book.BorrowedDate))
                listViewItem.SubItems.Add("否");
            else
                listViewItem.SubItems.Add("是");
            listViewItem.SubItems.Add(book.BorrowedDate);
            LV_Books.Items.Add(listViewItem);    //将创建的一行加入到列表中
        }
    }
}
```

（5）为"关闭"按钮 button2 添加 Click 事件代码，代码如下。

```csharp
private void button2_Click(object sender, EventArgs e)
{   Close();
}
```

（6）为显示图书查询结果的 LV_Books 控件添加 DoubleClick 事件代码，代码如下。

```csharp
private void LV_Books_DoubleClick(object sender, EventArgs e)
{   if(LV_Books.Items.Count==0 || LV_Books.SelectedItems==null)
        return;
    SelectedBook=new Book();
    SelectedBook.ID= Convert.ToInt32(LV_Books.
                 SelectedItems[0].SubItems[0].Text);
    SelectedBook.Title=LV_Books.SelectedItems[0].SubItems[1].Text;
    SelectedBook.BookCode=LV_Books.SelectedItems[0].SubItems[2].Text;
    SelectedBook.Author=LV_Books.SelectedItems[0].SubItems[3].Text;
    SelectedBook.IsLocked=LV_Books.SelectedItems[0].SubItems[4].Text
                      == "否";
    SelectedBook.BorrowedDate= LV_Books.SelectedItems[0]
                       .SubItems[5].Text;
    if(ReturnBook)   //返回选中的书
        DialogResult=DialogResult.OK;
    else  //借阅书，弹出借阅人录入对话框，实现借阅功能
    {   if (SelectedBook.IsLocked)
        {   MessageBox.Show("图书馆珍藏书，不可借阅！");
```

```csharp
        return;
}
else if(!string.IsNullOrEmpty(SelectedBook.BorrowedDate))
{   var borrowRecords= Const.LiteDB.GetCollection<BorrowRecord>
            (Const.TableName_BorrowRecord);
    var br=borrowRecords.Find(u=>u.BookCode== SelectedBook.
        BookCode && string.IsNullOrEmpty(u.ReturnDate)).ToList();
    if(br==null || br.Count==0)
    {   MessageBox.Show("没有找到借阅记录!");
        return;
    }
    string personCode=br[0].PersonCode;
    string personName="", role="学生";
    switch(Const.getRole(personCode))
    {   case 1:  //教工
            role="教工";
            personCode=Const.getRoleCode(personCode);
            var teachers= Const.LiteDB.GetCollection<Teacher>
                    (Const.TableName_Teacher);
            var teacher=teachers.Find(u=>u.JobCode==
                    personCode).ToList();
            if(teacher!=null && teacher.Count==1)
                personName=teacher[0].Name;
            else
            {   MessageBox.Show("未能在教工库中找到借阅人!");
                return;
            }
            break;
        case 2:  //学生
            role="学生";
            personCode=Const.getRoleCode(personCode);
            var students= Const.LiteDB.GetCollection<Student>
                    (Const.TableName_Student);
            var stu=students.Find(u=>u.StuCode==
                    personCode).ToList();
            if(stu!=null && stu.Count==1)
                personName=stu[0].Name;
            else
            {   MessageBox.Show("未能在学生库中找到借阅人!");
                return;
            }
            break;
    }
    if(MessageBox.Show($"确认归还?\n借阅人:{personName}({role})
            \n证件号:{personCode}", "确认还书",
            MessageBoxButtons.YesNo, MessageBoxIcon.Question,
```

```csharp
                    MessageBoxDefaultButton.Button1)==DialogResult.Yes)
            { SelectedBook.Return();
              LV_Books.SelectedItems[0].SubItems[5].Text=string.Empty;
              MessageBox.Show("还书成功！");
            }
            else
                return;
        }
        else  //借书
        {  //弹出借阅人查询对话框，找借阅人
           Fm_Person_Query fm_Person_Query=new Fm_Person_Query();
           fm_Person_Query.ReturnPerson=true;
           if (fm_Person_Query.ShowDialog()==DialogResult.OK)
           {  if (fm_Person_Query.SelectedBorrower!=null)
              {   if(fm_Person_Query.SelectedBorrower.BookNum==0)//可借为0
                  {  var books= fm_Person_Query.SelectedBorrower.
                            QueryBorrowedBook();
                      string infor= "";
                      if(books!=null && books.Count>0)
                         foreach(Book record in books)
                            infor=infor+$"\n 书名:《{record.Title}》——借阅日
                                期：{record.BorrowedDate}";
                      MessageBox.Show($"【{fm_Person_Query.
                            SelectedBorrower.Name}】可借阅量为0！
                            \n 借阅书目如下："+infor);
                      return;
                  }
                  string borrowDate= SelectedBook.Lend
                            (fm_Person_Query.SelectedBorrower);
                  LV_Books.SelectedItems[0].SubItems[5].Text=borrowDate;
                  LV_Books.SelectedItems[0].SubItems[4].Text="否";
                  MessageBox.Show($"借阅成功！\n 借阅人：
                            {fm_Person_Query.SelectedBorrower.Name}
                            \n 书名：{SelectedBook.Title}");
              }
           }
        }
    }
}
```

11.4.14　创建还书窗体

可按图书编号归还图书，或者按借阅人归还图书。按借阅人还书，首先需要获取该借阅人所借阅的图书清单（借书清单窗体），经过核对后进行归还，可一次归还多本图书。还书窗体的设计界面和执行界面如图11-34所示。借书清单窗体将在后面介绍。

 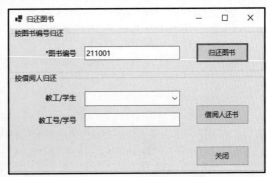

（a）设计界面　　　　　　　　　　　　　（b）执行界面

图 11-34　还书窗体的设计界面和执行界面

具体操作步骤如下。

（1）在项目中添加窗体文件"Fm_Book_Return.cs"，设置窗体的 Text 属性为"归还图书"，StartPosition 属性为"CenterParent"，Name 属性为"Fm_Book_Return"。

（2）按照表 11-28 在窗体中添加控件并设置属性。窗体布局分成顶部、中部和底部三个区域。顶部区域使用了一个 GroupBox 控件，"图书编号"和"归还图书"等控件放置于该 GroupBox 中；中部区域也使用了一个 GroupBox 控件，"教工/学生""借阅人还书"等控件放置于该 GroupBox 中；底部区域使用了一个 Panel 控件，"关闭"按钮控件在该 Panel 中。

表 11-28　还书窗体主要控件及其属性设置

控件名称	控件类型	属性	属性值	属性说明
groupBox1	GroupBox	Dock	Top	顶部区域
		Text	按图书编号归还	组标题文本
label1	Label	Text	*图书编号	显示文本
tB_Code	TextBox	Name	tB_Code	代码中使用，获取图书编号
button1	Button	Text	归还图书	按钮上的文本
groupBox2	GroupBox	Dock	Fill	中部区域，填充所有可用空间
		Text	按借阅人归还	组标题文本
label2	Label	Text	教工/学生	显示文本
label3	Label	Text	教工号/学号	显示文本
cB_Role	ComboBox	Name	cB_Role	代码中使用，获取教工/学生
		Items	学生 教工	下拉列表中显示的文本
tB_PersonCode	TextBox	Name	tB_PersonCode	代码中使用，获取教工号/学号
button2	Button	Text	借阅人还书	按钮上的文本
panel1	Panel	Dock	Bottom	底部区域
button3	Button	Text	关闭	按钮上的文本

（3）为"归还图书"按钮 button1 添加 Click 事件代码，代码如下。

```
private void button1_Click(object sender, EventArgs e)
```

```csharp
    {   if (string.IsNullOrEmpty(tB_Code.Text.Trim()))
        {   MessageBox.Show("编码不能为空！");
            tB_Code.Focus();
            return;
        }
        Book book=new Book();
        book.BookCode=tB_Code.Text.Trim();
        string bookTitle=book.getTitle();
        if (string.IsNullOrEmpty(bookTitle)) return;
        if(MessageBox.Show($"是否要归还《{book.Title}》？", "确认",
            MessageBoxButtons.YesNo, MessageBoxIcon.Question,
                MessageBoxDefaultButton.Button1)==DialogResult.Yes)
        {   if(book.Return())
            {   MessageBox.Show("归还成功！");
                tB_Code.Text = string.Empty;
                tB_Code.Focus();
                return;
            }
        }
    }
```

（4）为"借阅人还书"按钮 button2 添加 Click 事件代码，代码如下。

```csharp
    private void button2_Click(object sender, EventArgs e)
    {   if(string.IsNullOrEmpty(tB_PersonCode.Text.Trim()))
        {   MessageBox.Show("请输入证件号！");
            tB_PersonCode.Focus();
            return;
        }
        Borrower SelectedBorrower;
        //查找借阅人
        string code=tB_PersonCode.Text.Trim();
        switch(cB_Role.SelectedIndex)
        {   case 0: //学生，检测身份号码是否正确
                var students= Const.LiteDB.GetCollection<Student>
                            (Const.TableName_Student);
                var stu=students.Find(x=>x.StuCode==code && x.Valid).ToList();
                if(stu==null || stu.Count()==0)
                {   MessageBox.Show($"学生库中没有该学号【{code}】对应的学生！
                                \n 请重新输入！");
                    tB_PersonCode.Focus();
                    return;
                }
                SelectedBorrower=new Student();
                ((Student)SelectedBorrower).StuCode=code;
                break;
            case 1:         //教工，检测身份号码是否正确
```

```
                var teachers= Const.LiteDB.GetCollection<Teacher>
                            (Const.TableName_Teacher);
                var teacher=teachers.Find(x=>x.JobCode==code && x.Valid);
                if(teacher==null || teacher.Count()==0)
                {   MessageBox.Show($"教工库中没有该教工号【{code}】对应的教工!
                            \n请重新输入!");
                    tB_PersonCode.Focus();
                    return;
                }
                SelectedBorrower=new Teacher();
                ((Teacher)SelectedBorrower).JobCode=code;
                break;
            default:
                return;
        }
        //还书
        var returnBooks=SelectedBorrower.QueryBorrowedBook();
        if(returnBooks!=null && returnBooks.Count>0)
        {   Fm_Person_ReturnBook fm_Person_ReturnBook=
                        new Fm_Person_ReturnBook();
            foreach(Book record in returnBooks)
            {   ListViewItem item=new ListViewItem("");
                item.SubItems.Add(record.ID.ToString());
                item.SubItems.Add(record.Title);
                item.SubItems.Add(record.BookCode);
                item.SubItems.Add(record.BorrowedDate);
                fm_Person_ReturnBook.LV_ReturnBooks.Items.Add(item);
            }
            fm_Person_ReturnBook.ShowDialog();
        }
        else
            MessageBox.Show("该借阅人没有借阅图书!");
}
```

（5）为"关闭"按钮 button3 添加 Click 事件代码，代码如下。

```
private void button3_Click(object sender, EventArgs e)
{   Close();
}
```

（6）为控件 tB_PersonCode 添加 KeyPress 事件代码，代码如下。

```
private void tB_PersonCode_KeyPress(object sender, KeyPressEventArgs e)
{   if(e.KeyChar=='\r' &&
            !string.IsNullOrEmpty(tB_PersonCode.Text.Trim()))
        button1_Click(sender, e);
}
```

（7）为控件 tB_Code 添加 KeyPress 事件代码，代码如下。

```
private void tB_Code_KeyPress(object sender, KeyPressEventArgs e)
{   if(e.KeyChar=='\r' && !string.IsNullOrEmpty(tB_Code.Text))
        button3_Click(sender, e);
}
```

11.4.15　创建借书清单窗体

在借书清单窗体中可以查看书名、图书编号、借阅时间等信息。选择图书后，可完成归还图书操作。借书清单窗体的设计界面和执行界面如图 11-35 所示。

（a）设计界面

（b）执行界面

图 11-35　借书清单窗体的设计界面和执行界面

具体操作步骤如下。

（1）在项目中添加窗体文件"Fm_Person_ReturnBook.cs"，设置窗体的 Text 属性为"借书清单"，StartPosition 属性为"CenterParent"，Name 属性为"Fm_Person_ReturnBook"。

（2）按照表 11-29 在窗体中添加控件并设置属性。窗体布局分成主区域和底部区域两个部分。主区域中使用了一个 ListView 控件显示借阅人已借阅的所有图书信息。底部区域使用了一个 Panel 控件，"归还""关闭"等控件放置于该 Panel 中。

表 11-29　借书清单窗体主要控件及其属性设置

控件名称	控件类型	属性	属性值	属性说明
LV_ReturnBooks	ListView	Name	LV_ReturnBooks	代码中使用
		CheckBoxs	True	显示多选框
		Dock	Fill	主区域，填充所有可用空间
		Columns	添加 5 个成员，成员 2~5 的 Text 属性为 ID、书名、图书编号、借阅时间	列表标题行显示的文本
		FullRowSelect	True	可以选中整行
		Modifiers	Public	类外可以访问
		View	Details	显示详细信息
Panel1	Panel	Dock	Bottom	底部区域
button1	Button	Text	归还	按钮上的文本
button2	Button	Text	关闭	按钮上的文本

（3）在窗体类中增加下面的一个属性，以便于确定还书数量。

```
public int Num_Return{get; set;}=0;
```

（4）为"归还"按钮 button1 添加 Click 事件代码，代码如下。

```
private void button1_Click(object sender, EventArgs e)
{   int count=0;
    foreach(ListViewItem item in LV_ReturnBooks.Items)
    {   if(item.Checked && !string.IsNullOrEmpty(item.SubItems[3].Text))
        {   Book book=new Book();
            book.ID=Convert.ToInt32(item.SubItems[1].Text);
            book.Title=item.SubItems[2].Text;
            book.BookCode=item.SubItems[3].Text;
            book.BorrowedDate=item.SubItems[4].Text;
            if(book.Return())
            {   item.SubItems[4].Text = "";
                count++;
            }
        }
    }
    if(count>0)
    {   Num_Return+=count;
        MessageBox.Show($"成功归还{count}本书。\n 共归还 {Num_Return} 本。");
    }
}
```

（5）为"关闭"按钮 button2 添加 Click 事件代码，代码如下。

```
private void button2_Click(object sender, EventArgs e)
{   Close();
}
```

综上所述，图书借阅系统开发完成，读者可以自己尝试发布该应用程序，然后移植到其他计算机上执行。

习题

一、填空题

1. 面向对象程序设计的三大特征是_____、_____和_____。
2. 定义类的关键字是_____。
3. 使用 Convert 类进行类型转换时，将字符串转换为整数的方法是_____，将字符串转换为日期时间的方法是_____。
4. 动态集合类型 List<T>的_____方法可以实现将集合中的数据按从小到大的顺序排序，_____方法或属性可以获得集合中数据个数。

5. 字符串类型 string 的_____方法可以实现删除字符串前后的空格，_____方法可以实现比较两个字符串的大小

二、选择题

1. 下面关于类和对象的描述，说法正确的是（   ）。
   A．类是对象的实例，对象是类的模板
   B．对象是类的实例，类是对象的模板
   C．对象可以没有类，直接在代码中创建
   D．每个类必须有一个构造函数，否则无法创建对象
2. 设有类定义如下，以下叙述正确的是（   ）。

```
class SecretHome
{   private int littleSecret;
    public int letMeSeeSee;
}
```

   A．littleSecret 和 letMeSeeSee 在类外都能被直接访问
   B．littleSecret 和 letMeSeeSee 在类外都不能被直接访问
   C．littleSecret 在类外能被直接访问
   D．letMeSeeSee 在类外能被直接访问
3. 在 C#中，关于 bool、int 和 string 类型，以下叙述正确的是（   ）。
   A．bool 类型变量可以存储整数 0 或 1
   B．int 类型变量可以存储小数
   C．string 类型变量不能直接赋值
   D．string 类型变量可以存储 null，但 bool 和 int 类型变量不可以
4. 在 C#中，使用隐式类型 var 声明变量时，以下说法正确的是（   ）。
   A．使用 var 声明的变量在编译时其类型是未知的，运行时才能确定类型
   B．使用 var 声明的变量必须在声明时进行初始化
   C．var 可以用来声明任意类型的变量，且声明后可以随便改变其类型
   D．使用 var 声明的变量只能用于局部变量，不能用于成员变量和方法参数
5. 在 C#中，使用 MessageBox 类显示一个消息框的代码如下，以下描述正确的是(   )。

```
MessageBox.Show("Hello,World!", "Greeting", MessageBoxButtons.OKCancel);
```

   A．显示一个内容为"Hello,World!"，标题为"Greeting"，按钮为"确定"的消息框
   B．显示一个内容为"Hello, World!"，标题为"Greeting"，按钮为"确定"和"取消"的消息框
   C．显示一个内容为"Greeting"，标题为"Hello,World!"，按钮为"确定"的消息框

D. 显示一个内容为"Greeting"，标题为"Hello, World!"，按钮为"确定"和"取消"的消息框

三、编程题

结合自己的专业或兴趣，设计并实现一个小型的 Windows 窗体应用程序，尽可能使用多种 Windows 窗体控件。

附　　　录

附录 A　ASCII 码表

ASCII 码值	字符	ASCII 码值	字符	ASCII 码值	字符	ASCII 码值	字符
0	NUL	32	SP	64	@	96	`
1	SOH	33	!	65	A	97	a
2	STX	34	"	66	B	98	b
3	ETX	35	#	67	C	99	c
4	EOT	36	$	68	D	100	d
5	ENQ	37	%	69	E	101	e
6	ACK	38	&	70	F	102	f
7	BEL	39	'	71	G	103	g
8	BS	40	(	72	H	104	h
9	HT	41	)	73	I	105	i
10	LF	42	*	74	J	106	j
11	VT	43	+	75	K	107	k
12	FF	44	,	76	L	108	l
13	CR	45	-	77	M	109	m
14	SO	46	.	78	N	110	n
15	SI	47	/	79	O	111	o
16	DLE	48	0	80	P	112	p
17	DC1	49	1	81	Q	113	q
18	DC2	50	2	82	R	114	r
19	DC3	51	3	83	S	115	s
20	DC4	52	4	84	T	116	t
21	NAK	53	5	85	U	117	u
22	SYN	54	6	86	V	118	v
23	ETB	55	7	87	W	119	w
24	CAN	56	8	88	X	120	x
25	EM	57	9	89	Y	121	y
26	SUB	58	:	90	Z	122	z
27	ESC	59	;	91	[	123	{
28	FS	60	<	92	\	124		
29	GS	61	=	93	]	125	}
30	RS	62	>	94	^	126	~
31	US	63	?	95	_	127	DEL

附录 B C 语言的运算符

优先级	运算符	运算对象个数	含义	结合性
1	[ ]	单目	数组下标运算符	左结合
	( )		圆括号	
	->		结构体成员运算符	
	.		结构体成员运算符	
2	++	单目	自增运算符	右结合
	--		自减运算符	
	&		取地址运算符	
	*		指针运算符	
	+		正号运算符	
	-		负号运算符	
	~		按位求反运算符	
	!		逻辑非运算符	
	sizeof		长度运算符	
3	(类型)	单目	强制类型转换运算符	右结合
4	*	双目	乘法运算符	左结合
	/		除法运算符	
	%		求余运算符	
5	+	双目	加法运算符	左结合
	-		减法运算符	
6	<<	双目	按位左移运算符	左结合
	>>		按位右移运算符	
7	<	双目	小于运算符	左结合
	>		大于运算符	
	<=		小于等于运算符	
	>=		大于等于运算符	
8	==	双目	等于运算符	左结合
	!=		不等于运算符	
9	&	双目	按位与运算符	左结合
10	^	双目	按位异或运算符	左结合
11	|	双目	按位或运算符	左结合
12	&&	双目	逻辑与运算符	左结合
13	||	双目	逻辑或运算符	左结合
14	?:	三目	条件运算符	右结合
15	= *= /= %= += -= <<= >>= &= ^= |=	双目	赋值、复合赋值运算符	右结合
16	,	双目	逗号运算符	左结合

附录 C C 语言常用库函数

1. 输入输出函数（使用时要包含头文件"stdio.h"）

函数名	函数原型	功能	返回值
scanf	int scanf(char *format, arg_list)	按 format 指定的格式从键盘输入数据并保存到 arg_list 中	读入并赋给 arg_list 的数据个数
printf	int printf(char *format, arg_list)	按 format 指定的格式将 arg_list 中的数据输出到显示器屏幕上	输出的字符个数
getchar	int getchar( )	从键盘输入一个字符	所输入的字符
putchar	int putchar(char ch)	输出字符 ch 到显示器屏幕上	输出的字符
puts	int puts(char *str)	输出字符串 str 到显示器屏幕上，并自动将结束标志'\0'转换为换行符	成功，返回换行符；失败，返回 EOF
fopen	FILE*fopen(char *filename, char *mode)	以 mode 指定的方式打开名为 filename 的文件	成功，返回文件缓冲区的首地址，否则返回 NULL
fclose	int fclose(FILE *fp)	关闭 fp 所指文件，释放文件缓冲区	成功，返回 0，否则返回非 0 值
feof	int feof(FILE *fp)	检查 fp 所指文件的位置指针是否到达文件尾	到达文件尾，返回 1，否则返回 0
fgetc	int fgetc(FILE *fp)	从 fp 所指文件中读取一个字符	成功，返回读取到的字符，否则返回 EOF
fputc	int fputc(char ch, FILE *fp)	将字符 ch 写入 fp 所指文件中	成功，返回写入的字符，否则返回 EOF
fgets	char * fgets(char *buf, int n, FILE *fp)	从 fp 所指文件中读取长度为（n-1）的字符串保存到 buf 中	读取成功，返回 buf，否则返回 NULL
fputs	int fputs(char *str, FILE *fp)	将字符串 str 写入 fp 所指文件中	成功，返回 0，否则返回 EOF
fscanf	int fscanf(FILE *fp, char *format, arg_list)	从 fp 所指文件中按 format 指定的格式读取数据并保存到 arg_list 中	成功，返回读取到的参数个数，否则返回 EOF
fprintf	int fprintf(FILE *fp, char *format, arg_list)	按 format 指定的格式将 arg_list 中的数据写入 fp 所指文件中	成功，返回所写入的字符数，否则返回 EOF
fread	int fread(char *buf, int size, int n, FILE *fp)	从 fp 所指文件中读取 n 个长度为 size 的数据块保存到 buf 中	成功，返回读取的数据块的个数，否则返回 0
fwrite	int fwrite(char *buf, int size, int n, FILE *fp)	将 buf 中存储的 n*size 字节写入 fp 所指的文件中	成功，返回写入的数据块的个数，否则返回 0
rewind	void rewind(FILE *fp)	将 fp 所指文件的位置指针移动到文件头	无
fseek	int fseek(FILE *fp, long offset, int fromwhere)	以 fromwhere 为基准，将 fp 所指文件的位置指针移动 offset 个位置	成功，返回 0，否则返回非 0 值
ftell	long ftell(FILE *fp)	计算当前位置指针相对于文件头的偏移字节数	成功，返回偏移字节数，否则返回-1

2. 数学函数（使用时要包含头文件 "math.h"）

函数名	函数原型	功能	返回值
abs	int abs(int x)	计算整数 x 的绝对值	计算结果
fabs	double fabs(double x)	计算实数 x 的绝对值	计算结果
floor	double floor(double x)	计算不大于 x 的最大整数	计算结果
acos	double acos(double x)	计算 $\cos^{-1}(x)$ 的值，x 的单位为弧度	计算结果
asin	double asin(double x)	计算 $\sin^{-1}(x)$ 的值	计算结果
atan	double atan(double x)	计算 $\tan^{-1}(x)$ 的值	计算结果
cos	double cos(double x)	计算 $\cos(x)$ 的值	计算结果
sin	double sin(double x)	计算 $\sin(x)$ 的值	计算结果
tan	double tan (double x)	计算 $\tan(x)$ 的值	计算结果
exp	double exp(double x)	计算 e^x 的值	计算结果
log	double log(double x)	计算 $\log_e x$，即 $\ln x$ 的值	计算结果
log10	double log10(double x)	计算 $\log_{10} x$ 的值	计算结果
pow	double pow(double x, double y)	计算 x^y 的值	计算结果
sqrt	double sqrt(double x)	计算 $\sqrt{x}$ 的值	计算结果

3. 字符串处理函数（使用时要包含头文件 "string.h"）

函数名	函数原型	功能	返回值
strcat	char * strcat(char *str1, char *str2)	把字符串 str2 接到 str1 的后面	str1
strchr	char * strchr(char *str, char ch)	查找字符串 str 中首次出现字符 ch 的位置	找到，返回该位置的指针，否则返回 NULL
strcmp	int strcmp(char *str1, char *str2)	比较字符串 str1 和 str2 的大小	str1<str2 返回负数 str1=str2 返回 0 str1>str2 返回正数
strcpy	char * strcpy(char *str1, char *str2)	将字符串 str2 复制到 str1 中	str1
strlen	int strlen(char *str)	统计字符串 str 中的字符个数，不包括'\0'	返回字符个数
strstr	char * strstr(char *str1, char *str2);	查找字符串 str2 在 str1 中第一次出现的位置	找到，返回该位置的指针，否则返回 NULL

4. 字符处理函数（使用时要包含头文件 "ctype.h"）

函数名	函数原型	功能	返回值
isdight	int isdight(int ch)	检查 ch 是否是数字 0～9	是，返回 1，否则返回 0
islower	int islower(int ch)	检查 ch 是否小写字母 a～z	是，返回 1，否则返回 0
isupper	int isupper(int ch)	检查 ch 是否大写字母 A～Z	是，返回 1，否则返回 0
isspace	int isspace(int ch)	检查 ch 是否为空格、Tab 或回车	是，返回 1，否则返回 0
tolower	int tolower(int ch)	将 ch 转换为小写字母	小写字母
toupper	int toupper(int ch)	将 ch 转换为大写字母	大写字母

5. 数据类型转换函数（使用时要包含头文件 "stdlib.h"）

函数名	函数原型	功能	返回值
atof	float atof(char *str)	把字符串 str 转换为一个 float 型实数	float 型实数
atoi	int atoi(char *str)	把字符串 str 转换为一个 int 型整数	int 型整数
atol	long atol(char *str)	把字符串 str 转换为一个 long 型整数	long 型整数

6. 动态内存空间分配函数（使用时要包含头文件 "malloc.h" 或者 "stdlib.h"）

函数名	函数原型	功能	返回值
calloc	void * calloc(unsigned n, unsigned size)	分配 n*size 字节的内存区	所分配的内存区的首地址，若不成功，返回 NULL
free	void free(void *p)	释放 p 所指的内存区	无
malloc	void * malloc(unsigned size)	分配 size 字节的内存区	所分配的内存区的首地址，若不成功，返回 NULL
realloc	void * realloc(void *p, unsigned size)	将 p 所指的内存区的大小改为 size，size 可以比原来分配的空间大或小	指向该内存区的指针

附录 D 图书借阅系统中的类代码

1. Borrower 类定义的代码

```
internal class Borrower
{   //属性：数据库唯一标识 ID
    public int ID{get; set;}
    //属性：姓名，可读可写
    public string Name{get; set;}=string.Empty;
    //属性：手机号码，默认值 -1
    public string CellPhone{get; set;}="-1";
    //属性： 借阅人是否有效
    public bool Valid{get; set;}=true;
    //属性： 可借阅书的数量
    public int BookNum{get; set;}=0;
    //方法：构造方法，无任何语句，可省略
    public Borrower() { }
    //方法：借书
    public string Borrow(Book book)
    {   string result=book.Lend(this);
        return result;
    }
    //方法：还书
    public bool Return(Book book)
    {   bool result=book.Return();
        if(result) BookNum++;
```

```csharp
        return result;
}
//方法：借阅人注册
public virtual bool Register()
{   if(string.IsNullOrEmpty(Name))
    {   MessageBox.Show("用户名不能为空！");
        return false;
    }
    if(string.IsNullOrEmpty(CellPhone))
    {   MessageBox.Show("联系电话不能为空！");
        return false;
    }
    return true;
}
//方法：借阅人注销
public virtual bool Cancel()
{   //查阅该用户是否还有借阅的书籍
    var br= Const.LiteDB.GetCollection<BorrowRecord>
                (Const.TableName_BorrowRecord);
    if(br!=null)
    {   string code=Const.getBorrowerCode(this);
        var br_list=br.Find(u => string.IsNullOrEmpty(u.ReturnDate)
                    && u.PersonCode==code).ToList();
        if(br_list!=null && br_list.Count>0)
        {   //按借阅记录中标识的BookCode，逐一从Book表中找到书名
            List<string> borrowBooks=new List<string>();
            var books= Const.LiteDB.GetCollection<Book>
                    (Const.TableName_Book);
            foreach(BorrowRecord item in br_list)
            {   Book book=books.FindById(item.BookCode);
                if(book!=null)
                    borrowBooks.Add("书名："+book.Title+"——借阅日期："
                            +item.BorrowDate);
            }
            MessageBox.Show("用户【"+this.Name+"】还有本书未归还，不能注销！"
                    +borrowBooks.ToString());
            return false;
        }
    }
    return true;
}
//方法：查询借阅人当前未归还的图书
public List<Book> QueryBorrowedBook()
{   var borrowRecords= Const.LiteDB.GetCollection<BorrowRecord>(
                Const.TableName_BorrowRecord);
    string personCode=Const.getBorrowerCode(this);
```

```
            var br_Selected=borrowRecords.Find(u => u.PersonCode == personCode
                    && string.IsNullOrEmpty(u.ReturnDate)).ToList();
      if(br_Selected==null || br_Selected.Count==0) { return null; }
      List<Book> borrowedBooks=new List<Book>();
      var books=Const.LiteDB.GetCollection<Book>(Const.TableName_Book);
      foreach(BorrowRecord item in br_Selected)
      {   string id_Book=item.BookCode;
          var query=Query.EQ("BookCode", id_Book);
          var book=books.FindOne(query);
          if(book!=null)
              borrowedBooks.Add(book);
      }
      return borrowedBooks;
  }
  //方法： 查询借阅人借阅的所有书籍
  public List<Book> QueryAllBorrowedBook()
  {   var borrowRecords= Const.LiteDB.GetCollection<BorrowRecord>
                    (Const.TableName_BorrowRecord);
      string personCode=Const.getBorrowerCode(this);
      var br_Selected=borrowRecords.Find(u=>u.PersonCode==
                    personCode).ToList();
      if(br_Selected==null || br_Selected.Count==0) { return null; }
      List<Book> borrowedBooks=new List<Book>();
      var books=Const.LiteDB.GetCollection<Book>(Const.TableName_Book);
      foreach(BorrowRecord item in br_Selected)
      {   string id_Book=item.BookCode;
          var query=Query.EQ("BookCode", id_Book);
          var book=books.FindOne(query);
          if(book!=null)
              borrowedBooks.Add(book);
      }
      return borrowedBooks;
  }
}
```

2. Teacher 类定义的代码

```
internal class Teacher : Borrower
{   //属性：教工号
    public string JobCode{get; set;}
    //属性：教工所在部门
    public string Department{get; set;}=string.Empty;
    //构造方法
    public Teacher()
    {   JobCode="";
        BookNum=Const.Number_Teacher_Borrow;
    }
```

```csharp
//改写基类中的Register方法，教工注册
public override bool Register()
{   //利用基类中的方法完成注册用户基本信息（用户名+手机号）检查
    if(!base.Register()) return false;
    if(string.IsNullOrEmpty(JobCode))
    {   MessageBox.Show("教工号不能为空！");
        return false;
    }
    //写入数据库
    var teachList= Const.LiteDB.GetCollection<Teacher>
                      (Const.TableName_Teacher);
    if(teachList==null)
    {   MessageBox.Show("数据库读取失败！\n请重启程序！");
        return false;
    }
    //是否有重复记录——教工号，手机号
    var teach=teachList.Find(x=>x.JobCode==this.JobCode && x.Valid);
    if(teach!=null && teach.Count()>0)
    {   MessageBox.Show("该教工号已注册！");
        return false;
    }
    teach=teachList.Find(x=>x.CellPhone==this.CellPhone && x.Valid);
    if (teach != null && teach.Count() > 0)
    {
        MessageBox.Show("该手机号已注册！");
        return false;
    }
    var stuList= Const.LiteDB.GetCollection<Student>
                   (Const.TableName_Student);
    var stu=stuList.Find(rec => rec.CellPhone == this.CellPhone &&
                            rec.Valid).ToList();
    if(stu!=null && stu.Count>0)
    {   MessageBox.Show("该手机号已在【学生库】注册！");
        return false;
    }
    teachList.Insert(teachList.Count(), this);
    MessageBox.Show("注册成功！");
    return true;
}
//改写基类中的Cancel方法，教工注销
public override bool Cancel()
{   //基类中借阅记录查验
    if(!base.Cancel()) return false;
    //教工注销，到数据库中查找当前教师（教工号）对应的记录，之后更新
    var teachList= Const.LiteDB.GetCollection<Teacher>
                      (Const.TableName_Teacher);
```

```csharp
        if(teachList==null)
        {   MessageBox.Show("数据库读取失败！\n 请重启程序！");
            return false;
        }
        //姓名与教工号必须全部匹配，且注册借阅人有效
        var teacher=teachList.Find(tea => tea.JobCode == this.JobCode &&
                    tea.Name == this.Name && tea.Valid).ToList();
        if(teacher==null || teacher.Count()==0)
        {   MessageBox.Show("借阅人未注册！");
            return false;
        }
        if (teacher!=null && teacher.Count()==1)
        {   int id=teacher[0].ID;
            if(MessageBox.Show("借阅人已找到，ID=【"+id.ToString()+"】
                        \n 确认要注销该借阅人？", "确认",
                        MessageBoxButtons.YesNo,
                        MessageBoxIcon.Question)== DialogResult.No)
                return false;
            teacher[0].Valid=false;
            teachList.Update(id, teacher[0]);
        }
        this.Valid=false;
        MessageBox.Show("教工注销成功！");
        return true;
    }
}
```

3. Student 类定义的代码

```csharp
internal class Student: Borrower
{   //属性：学号
    public string StuCode{get; set;}
    //属性：专业
    public string Major{get; set;}
    //方法：构造方法
    public Student()
    {   StuCode="";
        Major="";
        BookNum=Const.Number_Student_Borrow;
    }
    //改写基类中的 Register 方法，学生注册
    public override bool Register()
    {   if(!base.Register()) return false;
        if(string.IsNullOrEmpty(StuCode))
        {   MessageBox.Show("学号不能为空！");
            return false;
        }
```

```csharp
        //检查注册的学生是否已经注册——学号是否重复，手机号是否注册
        var students= Const.LiteDB.GetCollection<Student>
                    (Const.TableName_Student);
        if(students==null)
        {   MessageBox.Show("数据库读取失败！\n 请重启程序！");
            return false;
        }
        if(students.Count()>0)
        {   var stu=students.Find(stu=>stu.StuCode==this.StuCode &&
                            stu.Valid).ToList();
            if(stu!=null && stu.Count()>0)
            {   MessageBox.Show("学号已注册！");
                return false;
            }
            stu=students.Find(stu=>stu.CellPhone==this.CellPhone &&
                        stu.Valid).ToList();
            if(stu!=null && stu.Count()>0)
            {   MessageBox.Show("手机号已注册！");
                return false;
            }
            var teachers= Const.LiteDB.GetCollection<Teacher>
                        (Const.TableName_Teacher);
            if(teachers!=null && teachers.Count()>0)
            {   var teacher=teachers.Find(tea=>tea.CellPhone==
                            this.CellPhone && tea.Valid).ToList();
                if(teacher!=null && teacher.Count()>0)
                {   MessageBox.Show("手机号已在【教工库】注册！");
                    return false;
                }
            }
        }
        students.Insert(students.Count(), this);
        MessageBox.Show("学生注册成功！");
        return true;
    }
    //改写基类中的 Cancel 方法，学生注销
    public override bool Cancel()
    {   //基类中借阅记录查验
        if(!base.Cancel()) return false;
        //学生注销，到数据库中查找当前学生（学号）对应的记录，之后更新
        var stuList= Const.LiteDB.GetCollection<Student>
                    (Const.TableName_Student);
        if(stuList==null)
        {   MessageBox.Show("数据库读取失败！\n 请重启程序！");
            return false;
        }
```

```
            //姓名与学号必须全部匹配,且注册借阅人有效
            var stu=stuList.Find(stu=>stu.StuCode==this.StuCode && stu.Name==
                        this.Name && stu.Valid).ToList();
            if(stu==null || stu.Count()==0)
            {   MessageBox.Show("借阅人未注册!");
                return false;
            }
            if(stu!=null && stu.Count()==1)
            {   int id=stu[0].ID;
                if(MessageBox.Show("借阅人已找到,ID=【"+id.ToString()+"】
                        \n确认要注销该借阅人?","确认",
                        MessageBoxButtons.YesNo,
                        MessageBoxIcon.Question)== DialogResult.No)
                    return false;
                stu[0].Valid=false;
                stuList.Update(id, stu[0]);
            }
            this.Valid=false;
            MessageBox.Show("学生注销成功!");
            return true;
        }
    }
```

4. Book 类定义的代码

```
internal class Book
{   //属性:数据库内部 ID
    public int ID{get; set;}=0;
    //属性:图书编号(图书馆内部管理编码)
    public string BookCode{get; set;}=string.Empty;
    //属性:书名
    public string Title{get; set;}=string.Empty;
    //属性:作者
    public string Author{get; set;}=string.Empty;
    //属性:单价
    public float Price{get; set;}=0;
    //属性:内容描述
    public string Description{get; set;}=string.Empty;
    //属性:是否可借阅
    public bool IsLocked{get; set;}=false;
    //属性:最近借出日期
    public string BorrowedDate{get; set;}=string.Empty;
    //属性:图书上架日期
    public string CreatedDate{get; set;}=
                DateTime.Now.ToString("yyyy-MM-dd");
    //属性:图书作废日期
    public string CancelDate{get; set;}=string.Empty;
```

```csharp
//方法：构造方法，无任何语句，可省略
public Book() { }
//方法：新书上架
public bool NewBookRegister()
{   if(string.IsNullOrEmpty(Title))
    {   MessageBox.Show("书名不能为空！", "警示", MessageBoxButtons.OK,
                    MessageBoxIcon.Warning);
        return false;
    }
    if(string.IsNullOrEmpty(Author))
    {   MessageBox.Show("作者不能为空！", "警示", MessageBoxButtons.OK,
                    MessageBoxIcon.Warning);
        return false;
    }
    if(string.IsNullOrEmpty(BookCode))
    {   MessageBox.Show("内部编码不能为空！", "警示",
                    MessageBoxButtons.OK, MessageBoxIcon.Warning);
        return false;
    }
    //查询书的编码是否在库中有重复
    var books=Const.LiteDB.GetCollection<Book>(Const.TableName_Book);
    var selected=books.Find(u=>u.BookCode==BookCode).ToList();
    if(selected!=null && selected.Count()>=1)
    {   MessageBox.Show("编号【"+BookCode+"】已在书库中存在！
                    \n 书名：《"+ selected[0].Title+"》
                    \n 作者："+selected[0].Author);
        return false;
    }
    CreatedDate=DateTime.Now.ToString("yyyy-MM-dd HH:mm:ss");
    int id;
    if(books.Count()>0)
        id=books.Max(u=>u.ID)+1;
    else
        id=1;
    books.Insert(id, this);
    MessageBox.Show($"《{Title}》注册成功！");
    return true;
}
//方法：因损坏或丢失等原因，作废
public bool Retire()
{   if(string.IsNullOrEmpty(BookCode))
    {   MessageBox.Show("必须指定退役书的内部编码！");
        return false;
    }
    var books=Const.LiteDB.GetCollection<Book>(Const.TableName_Book);
    var selected=books.Find(u => u.BookCode == BookCode).ToList();
```

```csharp
            if(selected==null || selected.Count()==0)
            {   MessageBox.Show($"在书库中未找到编码为【{BookCode}】的书");
                return false;
            }
            if(!string.IsNullOrEmpty(selected[0].CancelDate))
            {   MessageBox.Show($"编码为【{BookCode}】的书
                    《{selected[0].Title}》
                    已于"{selected[0].CancelDate}"退役!");
                return false;
            }
            string code=selected[0].BookCode;
            //检查该书是否已经归还
            var br= Const.LiteDB.GetCollection<BorrowRecord>
                    (Const.TableName_BorrowRecord);
            var br_Selected=br.Find(u=>u.BookCode==code &&
                    string.IsNullOrEmpty(u.ReturnDate)).ToList();
            if(br_Selected!=null && br_Selected.Count()>0)
            {   string personCode=br_Selected[0].PersonCode;
                code=Const.getRoleCode(personCode);
                switch(Const.getRole(personCode))
                {   case 1:  //教工
                        var teachers= Const.LiteDB.GetCollection<Teacher>
                                (Const.TableName_Teacher);
                        var teach_Selected=teachers.Find(u=>u.JobCode==
                                code).ToList();
                        if(teach_Selected!=null && teach_Selected.Count()>0)
                        {   MessageBox.Show($"编码为【{BookCode}】的书
                                《{selected[0].Title}》已被借阅,尚未归还,
                                不能退役!" + $"\n 借阅人是
                                "{teach_Selected[0].Department}"的教工
                                【{teach_Selected[0].Name}】"+$"\n 借阅时间:
                                {br_Selected[0].BorrowDate}"+$"\n 电话:
                                {teach_Selected[0].CellPhone}");
                            return false;
                        }
                        break;
                    case 2:  //学生
                        var students= Const.LiteDB.GetCollection<Student>
                                (Const.TableName_Student);
                        var stu_Selected=students.Find(u=>u.StuCode==
                                code).ToList();
                        if(stu_Selected!=null && stu_Selected.Count()>0)
                        {   MessageBox.Show($"编码为【{BookCode}】的书
                                《{selected[0].Title}》已被借阅,尚未归还,不能退役!
                                "+$"\n 借阅人是"{stu_Selected[0].Major}"的学生
                                【{stu_Selected[0].Name}】"+$"\n 借阅时间:
```

```csharp
                            {br_Selected[0].BorrowDate}"+$"\n 电话:
                            {stu_Selected[0].CellPhone}");
                        return false;
                    }
                    break;
                default:    //角色错误
                    MessageBox.Show("没有找到借阅人！\n 请联系管理员进行处理！");
                    return false;
            }
        }
        selected[0].CancelDate=
                    DateTime.Now.ToString("yyyy-MM-dd HH:mm:ss");
        books.Update(code, selected[0]);
        //统计该书借阅次数
        if(!selected[0].IsLocked)    //是否是可借阅书籍
        {   var records=br.Find(u=>u.BookCode==code).ToList();
            int countBorrowed=records.Count();
            MessageBox.Show($"编码为【{BookCode}】的书《{selected[0].Title}》
                    已成功退役！\n 服务期限：{selected[0].CreatedDate}-
                    {selected[0].CancelDate}
                    \n 期间共被借阅【{countBorrowed}】次！
                    \n 感谢《{selected[0].Title}》多年真诚付出！");
        }
        else
            MessageBox.Show($"编码为【{BookCode}】的书《{selected[0].Title}》
                    已成功退役！\n 服务期限：{selected[0].CreatedDate}-
                    {selected[0].CancelDate}
                    \n 感谢《{selected[0].Title}》多年真诚付出！");
        return true;
}
//方法：借阅人借阅图书
public string Lend(Borrower person)
{   string result=string.Empty;
    if(person==null || !person.Valid) return result;
    if(person.BookNum<=0)
    {   MessageBox.Show($"借阅人【{person.Name}】借阅指标已用完,
                    可借阅量为 0！");
        return result;
    }
    if(IsLocked)
    {   MessageBox.Show("该书不可借阅！");
        return result;
    }
    if(!string.IsNullOrEmpty(BorrowedDate))
    {   MessageBox.Show("该书已被借阅！");
        return result;
```

```csharp
        }
        //填写借阅记录
        BorrowRecord record=new BorrowRecord();
        record.BookCode=BookCode;
        record.PersonCode=Const.getBorrowerCode(person);
        record.BorrowDate=DateTime.Now.ToString("yyyy-MM-dd HH:mm:ss");
        var table_BR= Const.LiteDB.GetCollection<BorrowRecord>
                    (Const.TableName_BorrowRecord);
        table_BR.Insert(record);
        //更新数据库中书的状态
        var table_Book= Const.LiteDB.GetCollection<Book>
                    (Const.TableName_Book);
        var record_Book=table_Book.FindById(ID);
        if (record_Book!=null)
        {   record_Book.BorrowedDate=record.BorrowDate;
            table_Book.Update(record_Book);
        }
        //修改书的借阅状态
        if(string.IsNullOrEmpty(BorrowedDate))
            BorrowedDate = record.BorrowDate;
        //修改借阅人的借阅数量
        if(person is Student)   //学生借阅人
        {   var table_Stu= Const.LiteDB.GetCollection<Student>
                        (Const.TableName_Student);
            var record_Stu=table_Stu.FindById(person.ID);
            if(record_Stu!=null)
            {   record_Stu.BookNum--;
                table_Stu.Update(record_Stu);
            }
        }
        else if(person is Teacher)   //教工借阅人
        {   var table_Teach= Const.LiteDB.GetCollection<Teacher>
                         (Const.TableName_Teacher);
            var record_Teach=table_Teach.FindById(person.ID);
            if(record_Teach!=null)
            {   record_Teach.BookNum--;
                table_Teach.Update(record_Teach);
            }
        }
        person.BookNum--;
        return record.BorrowDate;
    }
    //方法：图书归还
    public bool Return()
    {   bool result=false;
        //填写归还记录
```

```csharp
var table= Const.LiteDB.GetCollection<BorrowRecord>
            Const.TableName_BorrowRecord);
if(table==null) return result;
//使用 LINQ 进行多条件查询
var query=table.Find(u=>u.BookCode==BookCode &&
            string.IsNullOrEmpty(u.ReturnDate)).ToList();
if(query==null) return result;
string personCode="";
foreach(var record in query)
{   personCode=record.PersonCode;
    record.ReturnDate=DateTime.Now.ToString("yyyy-MM-dd HH:mm:ss");
    table.Update(record);  //更新数据库记录
}
//更新数据库中书的状态
var table_Book= Const.LiteDB.GetCollection<Book>
                (Const.TableName_Book);
var record_=table_Book.FindById(ID);
if(record_!=null)
{   record_.BorrowedDate=string.Empty;
    table_Book.Update(record_);
}
if(!string.IsNullOrEmpty(BorrowedDate))
    BorrowedDate = string.Empty;
//更新借阅人可借阅书数量
string code=Const.getRoleCode(personCode);
switch (Const.getRole(personCode))
{   case 1:  //教工
        var table_Teach= Const.LiteDB.GetCollection<Teacher>
                    (Const.TableName_Teacher);
        var record_Teach=table_Teach.Find(u=>u.JobCode==
                    code).ToList();
        foreach(var record in record_Teach)
        {   record.BookNum=record.BookNum+1;
            table_Teach.Update(record);
        }
        break;
    case 2:  //学生
        var table_Stu= Const.LiteDB.GetCollection<Student>
                    (Const.TableName_Student);
        var record_Stu=table_Stu.Find(u=>u.StuCode==
                    code).ToList();
        foreach(var record in record_Stu)
        {   record.BookNum=record.BookNum+1;
            table_Stu.Update(record);
        }
        break;
}
return true;
```

```csharp
    }
    //方法：通过图书编号获取书名
    public string getTitle()
    {   string result=string.Empty;
        if(string.IsNullOrEmpty(BookCode))
            MessageBox.Show("缺少书的编号！\n无法获取书名！");
        else
        {   var books= Const.LiteDB.GetCollection<Book>
                    (Const.TableName_Book).FindAll().ToList();
            bool flag=false;
            foreach(var book in books)
            {   if(book.BookCode==BookCode)
                {   result=book.Title;
                    Title=book.Title;
                    flag=true;
                    break;
                }
            }
            if(!flag)
            {   MessageBox.Show($"在书库中没有编号为"{BookCode}"的书存在！
                        \n请核实编号是否正确！");
                Title=string.Empty;
                return string.Empty;
            }
        }
        return result;
    }
}
```

5. BorrowerRecord 类定义的代码

```csharp
internal class BorrowRecord
{   //属性：数据库记录 ID
    public int ID{get; set;}=0;
    //属性：图书编号
    public string BookCode{get; set;}=string.Empty;
    //属性：借阅人编码。学生"stu_"开头；教工"teach_"开头。
    public string PersonCode{get; set;}=string.Empty;
    //属性：借阅日期
    public string BorrowDate{get; set;}=string.Empty;
    //属性：归还日期
    public string ReturnDate{get; set;}=string.Empty;
    //方法：构造方法，无任何语句，可省略
    public BorrowRecord() { }
}
```

图书资源支持

感谢您一直以来对清华版图书的支持和爱护。为了配合本书的使用,本书提供配套的资源,有需求的读者请扫描下方的"书圈"微信公众号二维码,在图书专区下载,也可以拨打电话或发送电子邮件咨询。

如果您在使用本书的过程中遇到了什么问题,或者有相关图书出版计划,也请您发邮件告诉我们,以便我们更好地为您服务。

我们的联系方式:

清华大学出版社计算机与信息分社网站:https://www.shuimushuhui.com/

地　　址:北京市海淀区双清路学研大厦 A 座 714

邮　　编:100084

电　　话:010-83470236　　010-83470237

客服邮箱:2301891038@qq.com

QQ:2301891038(请写明您的单位和姓名)

资源下载: 关注公众号"书圈"下载配套资源。

书圈

清华计算机学堂

观看课程直播